U0254266

中国海洋大学"985"工程海洋发展人文社会科学研究基地建设经费资助
教育部人文社科重点研究基地中国海洋大学海洋发展研究院资助

海洋公共管理丛书

主编　娄成武

海洋社会风险与社会政策转型升级

——贫困、失业与健康等相关福利问题

耿爱生　同春芬　著

人民出版社

目　　录

序

进入 21 世纪，伴随陆地资源短缺、人口膨胀、环境恶化等问题的日益突出，各沿海国家纷纷把目光转向了海洋，一场以发展海洋经济为标志的"蓝色革命"正在世界范围内兴起。海洋的战略地位越来越凸显，海洋是国土、是资源、是通道、是战略要地，是新的经济领域、新的生产和生活空间。走向海洋，向海洋要资源，向海洋要效益，成为全球性的共识，世界范围的海洋开发利用进入了前所未有的时代。

海洋战略地位的重新确立和海洋资源价值的重新发现，在促使新一轮海洋开发热潮的同时，也把海洋管理提高到一个前所未有的重要位置。维护国家海洋权益、确保国家的海洋战略价值，需要海洋管理；保护海洋环境、保持海洋生态平衡，需要海洋管理；实现海洋经济的可持续发展，同样需要海洋管理。

尽管说，人类海洋管理的实践活动与人类开发利用海洋的实践活动一样久远，尽管基于现实需要而产生的海洋管理理论理应高于现实，对海洋管理实践活动起到引领、指导作用，但遗憾的是现实中的海洋管理理论发展却远滞后于海洋发展实践需要，并在一定程度上已影响到海洋实践活动的发展。

实践的发展，对海洋管理理论研究者提出了严峻的挑战，要求解答海洋发展所面临的种种问题，担负起引领海洋管理实践发展的重任。而要做到这一点，必须有先进、科学的管理思想理念来指导海洋管理活动。

公共管理的兴起，可以说为海洋管理提供了一种新的理论分析框架。

作为一种有别于传统行政管理学的新的管理范式，公共管理突出的特点是强调管理主体的多元化、管理客体的公共性、管理手段的多样化等。而现代海洋管理的发展也正与公共管理的特点相吻合，所以，从公共管理的视角，探讨海洋管理问题，把海洋管理置于公共管理的分析框架之中，有其合理性与必然性。正是基于此，本丛书定名为"海洋公共管理丛书"。

具体来说，理由如下：

第一，海洋管理主体日趋多元化、协同性。海洋管理的主体无疑是作为公共权力机关的政府，但在强调多元主体合作共治的改革实践冲击下，海洋管理的主体也在从政府单一主体到多元主体广泛参与的转变过程中，海洋管理的主体呈现出多元化、协同性态势。强调海洋管理主体的多层次性、协同性，并不是否定或消弱政府的主导作用。在海洋管理的多元主体中，政府是核心主体，是海洋管理的组织者、指挥者和协调者，在海洋管理中起主导作用。而同样作为公共组织的第三部门——社会组织，则是作为参与主体或协同主体帮助政府"排忧解难"。因仅靠市场这只"看不见的手"和政府这只"看得见的手"的作用仍然难以涵盖海洋管理的所有领域。因海洋管理不仅仅是制定政策、作出规划，更重要的还要将这些政策、规划转化为现实，这一过程的实现需要通过具体的实施行为才能完成，如大范围的海洋环境保护宣传工作、海洋环境保护工程项目的建设、海洋环境的整治等，这些活动的完成必须有社会组织、公众甚至企业的参与。所以说，为了更好地维护海洋权益、保护海洋生态环境，妥善处理好各种海洋公共事务，政府在依靠自身力量的同时需要动员越来越多的社会力量参与到海洋公共事务的治理之中。政府、社会各方力量同心协力，才能更好地促进海洋公共利益的提高，同时也有助于政府自身行政效能的改善和海洋管理能力的提高。

第二，海洋管理手段更趋柔性化、弹性化。传统的海洋管理主要运用行政手段，即是指国家海洋行政部门运用法律赋予的权力，通过履行自身的职能来实现管理过程。它通常表现为命令—控制手段，其前提是行政组织拥有法定的强制性权力。行政手段因其具有强制性而在管理实践中表现出权威性和针对性，但单一的管理手段显然不能适用日益变化的海洋管理实践，因而，法律手段、经济手段、教育手段等管理方式也日益在海洋管理中发挥作用，特别是经济手段，由于它的激励作用而能够促使人们主动调整海洋行为。随着新的管理理论的运用和海洋实践活动的需要，海洋综合管理的手段也在不断拓展。传统意义的海洋管理手段尽管仍然在发挥作用，但无论其内容还是形式上都在发生着非常大的变化。现代海洋管理手段变化的一个新的趋势是管理方式向柔性、互动的方向发展。所谓"柔性"是指管理者以积极而柔和的方式来实现管理目标，它克服了以往命令——控制方式的强硬性，单一性，而是以服务为宗旨，综合运用各种灵活多变的手段，并在其中注入许多非权力行政因素，如指导、引导、提议、提倡、示范、激励、协调等行政指导方式。所谓"互动"强调的是现代行政管理是一个上下互动的管理过程，它主要通过合作、协商、伙伴关系，确立认同和共同的目标等方式实施对海洋公共事务的管理，其权力向度是多元的、相互的。总之，新的管理手段突出了管理过程的平等性、民主性和共同参与性，表明由传统的管制行政向服务行政的转变。

第三，海洋管理更具开放性、国际化特征。以《联合国海洋法公约》为代表的国际海洋管理制度已经建立，世界各国都将在此基础上进一步建立和完善国家的海洋管理制度。21 世纪海洋管理将得到全面发展和进一步加强。海洋管理的范围由近海扩展到大洋，由沿海国家的小区域分别管理扩展到全世界各国间的区域性及全球性合作；管理内容由各种开发利用活动扩展到自然生态系统。海洋的开放性、海洋问题的区域性、全球性决定了海洋管理具有国际性，海洋管理的边界已从一国陆域、海岸带扩展到可管辖海域甚至公海领域，所管理的内容也由一国内部海洋事务延伸到国与国之间的区域海洋事务或全球海洋公共事务。例如，随着海上活动的愈加频繁，海洋危机发生的频率大大增加，危害程度加深，由海洋危机会引发一系列其他领域的危机，比如生态环境破坏，全球气候变化，海平面上升等，危机也逐渐走向"国际化"。海洋将全球连接在一起，海洋天然的公共性和国际性要求必须加强全球合作，治理海洋公共危机。与沿海国家合作共同治理海洋，成为海洋管理面临的一个新的课题，也给海洋管理者带来了新的挑战。

基于公共管理的研究视野，本套丛书无论在选题还是在内容写作中始终突出以下特点

其一，前瞻性与时代性相结合。海洋管理是一个极具挑战性的新的研究领域，其中既有诸多现实中存在的亟须解答的热点与难点问题，更有许多研究领域属于尚未开垦的处女地，对于研究者有很大的吸引力同时又需要研

究者有很强的学术敏感性。许多研究课题作为现实中的热点和难点，对它们的关注，需要很强的学术敏感性，所以本课题的选题和研究内容，一是体现出显明的时代性和新颖性，即回答海洋时代发展所提出的课题，二是具有前瞻性，即深刻把握海洋事业发展的未来趋向，探寻海洋社会、经济发展的规律和本质。从这些特点中可以感受到作者可贵的探索精神。

其二，实践性与科学性的统一。本丛书的具体选题都是基于我国海洋事业发展的现实需要，围绕我国海洋管理实践领域的重大课题而展开，如海洋国土资源管理、海洋环境治理、海洋渔业管理、海洋倾废管理、沿海滩涂管理等。确立这些与现实密切结合的研究课题体现出作者对海洋管理的实践活动的密切关注以及对海洋管理实务基本把握。当然，这些问题的研究并不可能一蹴而就，需要研究者的持续努力和不断深化、挖掘。

尽管本丛书尽可能选择最具典型性的海洋管理问题进行探讨，但由于受主客观各种因素影响，仍然存在不足：选题过于狭窄，研究内容的丰富性和多层次性不够，研究的学理性尚嫌不足，特别是有些层面的研究还不够深入。本套丛书所存在的不足，一方面说明了我们现有研究能力的缺憾，但同时也为我们以后的继续研究提供了可拓展的空间。

本套丛书作者主要是由中国海洋大学法政学院的一批志在从事海洋管理研究的学者承担。中国海洋大学法政学院，突出"海洋"与"环境"两大研究特色，在海洋管理、海洋政治、海洋社会、海洋法、环境法等领域进行了开拓性的研究，在国内海洋人文社会科学的主要研究领域起到了引领作用，为我国的海洋事业发展提供了有价值的法律、政策支持和人力支持。中国海洋大学的公共管理学科则致力于创建和推动海洋公共管理的发展，近年来，在海洋行政管理、海洋软实力建设、海洋环境管理、海域使用管理、海洋渔业资源管理、海洋危机管理、海洋人才资源开发与管理、海洋社会组织管理等方面取得了一系列具有重要影响力的学术成果。经过多年的积累和历练，中国海洋大学的海洋公共管理研究团队也正在显示其越来越有生命力和持续力的研究能力和研究水平。相信本套丛书的出版，对于推进我国海洋公共管理理论研究和实践发展，对于培养高素质的海洋管理人才，将起到积极的促进作用。

娄成武

第　一　章

概　述

21世纪是海洋世纪，海洋在人类社会中的地位越来越重要，作用越来越大。面对日益严峻的人口、资源、环境问题，海洋的确是"人类未来的希望"。中国既是陆地大国又是沿海大国。由于中国社会和经济发展对海洋的依赖性，党中央已将"实施海洋开发"写入十六大报告，明确提出了"逐步把我国建设成为海洋强国"的目标，将海洋经济视为中国经济布局的重要组成部分。由于我国人口向海洋地区集聚，经济增长点向海洋产业转移，海上活动越来越多，丰富多彩的海洋社会需要引起人们的重视并对其加以研究。通过研究认识海洋社会发生发展的历史，揭示海洋社会发展的内在规律和制约因素，预测海洋社会发展的前景，为人类自觉进行海洋社会建设提供理论依据。

第一节　研究背景与研究意义

一、问题提出

随着人类社会的飞速发展，粮食、能源、资源等问题成为人类面临的重大挑战，因此，海洋对人类生存发展的意义日益突出。海洋是人民生活的重要依托。世界经济、社会、文化最发达的区域，集中在离海岸线60千米以内的沿海，其人口占全球一半以上。世界贸易总值的70%以上来自海运，全世界旅游收入的三分之一依赖海洋。目前，全世界每天有 3600 人移向沿海地区。联合国《21 世纪议程》估计，到 2020 年全世界沿海地区的人口将达到人口总数的 75%。[①] 海洋作为人类生活的空间，是社会结构的构成部分之一，影响和塑造着生活于其中的个体与群体的社会行为；同时，个体和群体也塑造着海洋社会。[②] 随着人口、经济重心等日渐向海岸带聚集，人们关于海洋的各种互动关系日益频繁和复杂，海洋社会逐步发展成为一种社会形态，海洋社会发展中所面临的风险和问题成为迫切需要研究的领域。

关于"海洋社会"这一概念，杨国桢先生于 1996 年在《关于中国海洋社会经济史的思考》一文中首次提出。他从海洋社会经济史的角度，认为海洋社会是指在直接或间接的各种海洋活动中，人与海洋之间、人与人之间形成的各种关系的组合，包括海洋社会群体、海洋区域社会、海洋国家等不同层次的社会组织及其结构系统；海洋社会群体聚结的地域，如临海港市、岛屿和传统活动的海域，组成海洋区域社会。[③] 由此可见，海洋社会从本质上讲是人类关于海洋形成的各种互动关系的总和。

海洋社会有如同传统社会所特定的社会特征、社会结构，同样也会随着经济、文化等变迁而变迁。在海洋社会发展变迁的过程中，海洋社会初始体现为沿海和海域专业从事海洋活动的生产、生活群体，后来发展为民间社会的基层组织，再上升为地方性以至全国性的社会结构成分。海洋社会与海洋经济的兴衰相适应，有不同的层次，最初只是个别海洋海岸地区和岛屿上的生产生活群体，进而为一定海域的"渔村社会"、"海商社会"、"海盗社会"、"海洋移民社会"的组合，再进一步发展为面向海洋的开放型社会体系，形成"海洋区域"（以海洋发展为社会驱动力的海洋沿岸地区、岛屿和海域）和"海洋国家"（以海洋发展为国策的海洋沿岸国家或岛国）。[④]

同时，海洋社会又是一个历史范畴，海洋社会的变迁有着自身的规律。从马克思主义哲学的观点来看，海洋社会的变迁，首先遵循质量互变规律，是渐进性和飞跃性的统一。马克思在论述社会的本质时曾指出："现在的社

---

① 杨国桢：《海洋世纪与海洋史学》，《光明日报》2005 年 5 月 17 日。
② 杨敏、郑杭生：《中国理论社会学研究：进展回顾与趋势瞻望》，《思想战线》2010 年第 6 期。
③ 杨国桢：《关于中国海洋经济社会史的思考》，《中国社会经济史研究》1996 年第 2 期。
④ 杨国桢：《关于中国海洋经济社会史的思考》，《中国社会经济史研究》1996 年第 2 期。

会不是坚实的结晶体，而是一个能够变化并且经常处于变化过程中的有机体。"① 海洋社会亦是如此。在漫长的远古时期，受自然条件的束缚和人类自身的限制，海洋社会的变迁发展十分缓慢。直到工业革命以来，现代科技的出现，海洋社会才出现飞跃发展的契机。每一次科技的进步，都伴随着海洋社会的飞跃发展。可以说，现代科技在推动海洋社会发展方面起到了十分重要的促进作用。其次是曲折性和前进性的统一。海洋社会从出现以后，就不断和自然环境作艰苦的斗争，试探着摸索前进。在这过程中走过弯路，有过挫折，呈波浪式的态势，但始终保持着前进的方向，不断由低级社会向高级社会运动发展。再次是发展的必然性和全面性。海洋社会变迁是海洋社会运行过程的一种必然现象，是不可抗拒的，不是以人的意志为转移的，而是遵循着一定的客观规律不断向前发展。② 海洋社会变迁是一种全面性的发展，包括人口数量的增加和结构的变化、生产力的提高和工业社会的发展、民主法制的健全完善、社会文明的进步，等等。

然而，随着海洋世纪的来临以及对海洋开发利用的加剧，相应的海洋社会风险和问题不断出现，给人类海洋社会的发展带来了挑战。海洋社会风险作为海洋社会发展带来的一种副产品，是一种不和谐的因素，它以具体海洋社会问题的形式爆发出来，发生在海洋社会的各个领域，包括政治、经济、社会等各方面。诸如人类需求增长与海洋资源有限的矛盾、海洋弱势群体的生存问题、海洋环境的恶化、国内不同利益群体间的用海矛盾、国家海洋权益之争、海洋管理不善、不协调、海上犯罪等。国俊明、张开城认为，目前海洋社会问题突出表现在以下方面：海洋环境问题，内陆与沿海地区的发展差异问题，海洋权益侵蚀严重，海上恐怖主义盛行。③ 张国玲认为，和谐海洋社会建设中存在十个方面的问题：（1）"三渔"问题中的不和谐音符：弱势群体如何走出困境；（2）海洋管理中的不和谐音符：政出多门，"群龙闹海"与"群龙管海"；（3）人海关系中的不和谐音符：开发无序与环境危机；

① 《马克思恩格斯选集》第2卷，人民出版社1995年版，第102页。
② 范英、黎明泽：《海洋社会学研究对象》，《2011年中国社会学年会暨第二届海洋社会学论坛论文集》，2011年2月。
③ 国俊明、张开城：《我国现时期海洋社会问题与对策研究》，《济源职业技术学院学报》2010年第12期。

（4）海权问题中的不和谐音符：海洋国土危机四伏；（5）协调发展中的不和谐音符：海洋经济不能一枝独秀；（6）海洋法治中的不和谐音符：执法不力；（7）海洋观念中的不和谐音符：只见"雄鸡"，不知有海；（8）海洋决策中的不和谐音符：局部思维与海陆两分；（9）海洋产业中的不和谐音符："一产"落后，"三产"滞后；（10）海洋地理中的不和谐音符：重陆轻岛，重近轻远。①

由于海洋社会是人类从事各种直接或间接与海洋相关活动所形成的人与海洋、人与人之间关系的总和，因此它是一种具有特殊结构的地域社会共同体。海洋社会的行为模式与陆地社会（农业社会或游牧社会）有显著的差别，政策导向和管理方式、价值取向也不一样。相比一般意义上的"社会"，有其显著的特殊性，故相应形成的海洋社会风险和问题也必须有针对性地对待和解决。海洋社会风险隐性化时，表现为社会各个要素的异常运动变化造成社会动荡、冲突和损失的可能性结果；当海洋社会风险显性化时，就转化为相应的海洋社会问题，造成海洋社会损失，威胁整个社会的秩序与进步。海洋社会风险带来的影响如此重大，但目前的应对机制却没有很好地化解海洋社会风险。因此我们有必要寻找科学合理的社会政策来防范海洋社会风险，解决海洋社会问题，从而实现海洋资源的可持续开发和海洋社会的和谐发展。

二、研究综述

随着海洋世纪的到来，世界沿海各国加大了海洋开发的力度，人类针对海洋的实践活动越来越频繁，海洋经济的发展，加速了海洋社会的成长成熟，由此引发了人文社会科学对海洋社会的关注与研究。目前国内学者多从公共管理学和社会学的视角对海洋社会进行研究，对海洋社会变迁、海洋社会风险、海洋社会问题、海洋社会政策、渔民的贫困、失业和社会健康风险问题等方面进行了探讨，其中一些颇具影响力、具有学术导向的研究成果，推动着我国海洋社会管理体制与理念的创新。

从 2005 到 2015 年的 12 年中，CNKI 中以"海洋社会风险"和"海洋社会问题"为主题的中文期刊、优秀博硕士论文共 45 篇，外文期刊 16 篇，

---

① 张国玲：《和谐海洋社会建设中的问题与对策》，《中国集体经济》2009 年第 4 期。

相关专著 17 部。中文期刊、优秀博硕士论文中综合论述海洋社会风险的共 9 篇，海洋社会问题 36 篇，海洋社会政策共 17 篇，渔民贫困问题共 51 篇，渔民失业问题共 31 篇，海洋社会健康风险共 12 篇。近十年中，各个年份的中文期刊、论文分别为 9 篇、6 篇、15 篇、14 篇、10 篇、20 篇、12 篇、23 篇、18 篇、17 篇。通过图 1–1 不难发现，国内关于海洋社会风险、海洋社会问题的文章自 2005 年后呈现整体上升趋势，这表明国内学术界对这一问题的研究逐渐重视，研究成果也颇为显著。

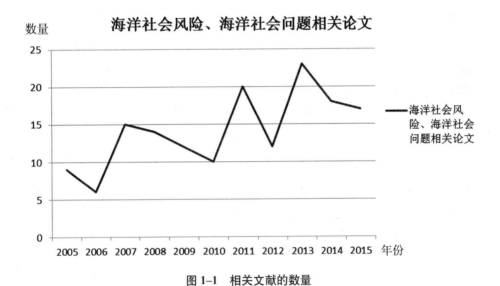

图 1–1　相关文献的数量

（一）研究现状

　　海洋社会变迁方面，学者们主要从宏观分析与微观叙述两个角度展开。宏观分析中，庞玉珍（2009）从海洋社会学视角论述海洋发展对社会变迁影响的三个历史阶段，认为海洋发展是对人类海洋活动的总概括，体现在人类活动的广泛领域，对社会变迁产生了重大的影响。借鉴海洋发展对社会变迁的历史经验，中国迫切需要构建海洋发展的大战略。① 崔凤（2012）阐述了环境与社会变迁的辩证关系，分析了改革开放以来中国沿海海洋环境变化对

---

① 庞玉珍：《海洋发展与社会变迁研究导论》，《中国海洋大学学报》（社会科学版）2009 年第 4 期。

涉海渔民群体社会分层的影响，提出只有渔民群体结构和谐才能保护海洋环境的观点。[①] 此外，刘小敏等（2011）从海洋移民这一研究对象中分析了海洋社会变迁及其相互关系。[②] 在微观叙述中，唐国建（2010）以胶东半岛牛庄为个案，分析海洋资源的有限性与涉海渔民的社会分化，认为个案经验展现了把海洋等同于土地并参照土地型村庄的模式所进行的改革，催生了渔民海洋资源的"有限所有"，加剧了社会分化。[③] 宁波（2010）以上海为个案，陈述了上海的海洋文化社会变迁历程，展现了富有"海派"气息的文化成果，展望了上海将成为富有更多海洋文化气息的国际文化中心的前景。[④] 通过宏观和微观两方面对海洋社会的变迁进行分析，不难发现海洋社会随着人类社会的发展而不断发展，并随着人类社会的日渐复杂而潜藏着更多风险。

由于受到经济、政治、文化等多种因素的影响，海洋社会变迁的过程中蕴含着潜在的风险，引起了国内外学者的广泛关注。目前国内学术界就海洋社会风险研究尚处于起步阶段，但在社会风险的研究方面取得了一定的成果。其中，刘岩（2007）将社会风险定义为"由社会各个领域中的不确定性因素引发社会动荡、社会冲突、社会损失的一种潜在的可能性关系状态"[⑤]。而冯必扬（2001）认为社会风险是指社会秩序的不确定性，且有广义和狭义之分。他从狭义的角度将社会风险定义为"由个人或团体反叛社会行为所引起的社会失序和社会混乱的可能性"[⑥]。转型期的中国面临着复杂多样的社会问题，其产生原因必定是多方面的。冯必扬（2001）从市场和社会两个方面揭示了社会风险产生的原因。他认为导致社会风险的直接原因是非自致性损失和无补偿损失，根本原因是竞争的不公平和社会分配的不公平。[⑦] 吴忠民（2013）也指出，中国目前社会风险之所以不断增加，原因有三：其一，社

---

① 崔凤、张双双：《海洋渔民群体分层现状及特点——对山东省长岛县北长山乡和砣矶镇的调查》，《2012年中国社会学年会暨第三届中国海洋社会学论坛：海洋社会学与海洋管理论文集》，2012年6月。

② 左晓斯、刘小敏、缪怀宇：《城乡移民与乡村重构》，《广东社会科学》2011年第6期。

③ 唐国建：《村改革与海洋渔民的社会分化——基于牛庄的实地调查》，《科学经济社会》2010年第1期。

④ 宁波：《从海洋文化视角看上海城市变迁》，《首届海洋文化与城市发展国际研讨会论文集》，2010年7月。

⑤ 刘岩：《当代社会风险问题的显与理论自觉》，《社会科学战线》2007年第1期。

⑥ 冯必扬：《我国转型期竞争导致社会风险的原因探析》，《江苏行政学院学报》2001年第1期。

⑦ 冯必扬：《我国转型期竞争导致社会风险的原因探析》，《江苏行政学院学报》2001年第1期。

会整体利益结构的大幅度调整和社会成员利益诉求意识的增强；其二，社会经济领域缺乏正常的秩序和健全的规则体系；其三，从心理角度分析，社会风险是社会焦虑导致的。① 中国的社会转型具有复杂性，而且在转型过程中社会风险滋生蔓延有着极大可能性，所以，建构转型期社会风险的防范机制十分必要。如果没有制度化的渠道给予保证，社会风险必然会随着利益群体之间的冲突而大大增加，因此，蔡禾（2012）认为，随着转型期社会主体的利益诉求从传统的"底线型"向"增长型"转变，需要建立公平的利益诉求机制。② 田毅鹏、陶宇（2011）在对东北"典型单位制"的"单位人"集体行动的考察中，认为介于单位和个人之间的工会既是保障工人权益的重要条件，又是缓和管理者与工人冲突的重要渠道。最终，它将有助于伸张社会正义，促进社会公平和经济发展。③

就海洋社会问题研究方面，学者们分别从宏观和微观的视角进行分析。从宏观的角度概括海洋社会问题时，张国玲（2008）以全球化为背景进行分析，指出海洋社会存在海洋安全问题更加复杂、各国之间海上矛盾加强、海上航行安全问题、"群龙闹海"和"群龙管海"的困扰。④ 国俊明等（2010）从社会学角度进行研究，指出海洋社会问题主要体现在四个方面：海洋环境问题、内陆与沿海地区的发展差异问题、海洋权益侵蚀严重、海上恐怖主义盛行，并基于现实情况和系统理论，将其分为海洋生态系统模块、海洋经济系统模块、人类社会系统模块三部分来加以针对性的解决。⑤ 崔凤（2004）从环境社会学和发展社会学的角度指出海洋与社会协调发展中存在的主要问题是海洋环境问题和区域发展差距问题。⑥ 在从微观的视角探讨社会问题时，巩建华（2011）对南海问题进行了政治社会学分析，认为多方利益、多元力量、"六国七方"组成了南海问题的主体系统，相互联系、相互制约的

---

① 吴忠民：《中国现阶段社会矛盾凸显的原因分析》，《马克思主义与现实》2013 年第 6 期。

② 蔡禾：《利益诉求与社会管理》，《广东社会科学》2012 年第 1 期。

③ 田毅鹏、陶宇：《"单位人"集体行动的实践——基于东北老工业基地 H 厂的个案考察》，《学术研究》2011 年第 2 期。

④ 张国玲：《全球化视野下的海洋社会问题与控制》，《魅力中国》2008 年第 19 期。

⑤ 国俊明、张开城：《我国现时期海洋社会问题与对策研究》，《济源职业技术学院学报》2010 年第 4 期。

⑥ 崔凤：《海洋与社会协调发展：研究视角与存在问题》，《中国海洋大学学报》（社会科学版）2004 年第 6 期。

内在利益结构和力量结构的变化，左右着南海政治系统的内在秩序或失控关系。① 周静（2010）从现代民族—国家视角探讨海洋渔业资源何以均衡问题，分析了传统国家弱治理和现代民族国家进程中的治理状况差异。② 还有一些学者指出，近年来我国近岸海域污染程度日益加剧引发了渔区现代化受阻、渔民生活质量下降甚至破产失业、传统渔村逐渐衰落甚至消失等一系列亟待解决的问题。海洋生态环境的恶化，构成现实的治理风险，需要引发高度的重视。在利益博弈中，治理机制需要调整中央政府、地方政府和企业驱利的结构失衡，环保政策须与相应经济利益挂钩，用激励机制把环保内化为自觉的经济行为，合理引导环境主体的群体行为。

目前关于我国海洋社会问题的研究多集中在海洋社会的宏观方面，如海洋环境污染、海洋权益、海洋经济发展、海洋安全等方面，而有关渔民的群体相关社会问题并没有得到重视或研究较少。尤其在关系到渔民基本生存的贫困、失业、社会风险问题方面，相关的文献资料相对匮乏。以下主要对国内学术界有关渔民贫困、渔民失业、渔民社会健康风险的文献进行梳理。

在渔民贫困问题研究中，学者关注的重点在于整个社会弱势群体的贫困，由于渔民群体的贫困问题在整个社会人群中并不是十分突出，所以相关研究文献较少，主要从渔民社会保障的角度展开研究。杨国祥对失海渔民的权益保障问题进行研究，指出完善渔民权益保障应从以下三个方面着手：第一，实施法律救济，建议进一步建立健全"失海"渔民各项权利和利益保障机制；第二，实施社会救济，建议进一步建立健全"失海"渔民利益补偿与社会保障机制；第三，实施出路救济，建议凭借港口优势，为"失海"渔民谋求转业和再就业的新路子。③ 王磊等（2012）基于目前"失海"渔民的社会保障现状及现行的社会保障体系，对保有农民身份的"失海"渔民及农转非"失海"渔民的社会保障体系进行了构建，认为"失海"渔民社会保障体系应至少包含养老保险、医疗保险、就业保障及社会救济4个方面。④ 葛京等（2013）对安新县境内白洋淀纯水区村留守渔民经济收入进行调查，并提

① 巩建华：《海洋政治分析框架及中国海洋政治战略变迁》，《新东方》2011年第6期。
② 刘勤、周静：《海洋渔业资源均衡方式的变迁》，《中国经贸导刊》2010年第12期。
③ 杨国祥：《"失海"渔民权益保障问题的调查与对策》，《政策瞭望》2006年第10期。
④ 王磊、姚玉琴、彭铃铃：《"失海"渔民社会保障体系的构建》，《水利经济》2012年第1期。

出了渔民增收的建议对策：加强渔业生态环境保护；倡导建立合作社或协会等中介组织；整合初加工企业；强化实用技术培训等。① 张英（2006）则分析了浙江省舟山市的渔区社会保障现状及主要问题，并提出了建立渔民最低生活保障制度的政策建议，主要有提高认识，加强领导；科学确定渔民最低生活保障线标准；合理筹集渔民最低生活保障资金；准确界定渔民最低生活保障对象；正确选择渔民最低生活保障资金的管理方式与保障方式等。② 李勇（2010）则对近代苏南渔民贫困的原因进行探究，发现渔民渔业权的丧失，封建势力的盘剥，外来势力的掠夺和进行水产品倾销以及市场失灵等是苏南渔民贫困的主要原因。③ 邓为民（2011）则从社会民生的视角对专业捕捞渔民的贫困问题进行研究，提出整体推进捕捞渔民解困措施，诸如实施渔民低保救助，将符合条件的困难渔民纳入城乡低保救助；将捕捞渔民纳入当地血吸虫病防治重点对象；禁渔期间每年安排财政预算对捕捞渔民进行生活补助；对渔民子女的九年制义务教育全部纳入经费保障体系，对寄宿的渔民子女全部纳入寄宿生活补助范围；停止征收渔业资源增殖保护费、渔业船舶登记费、渔业船舶检验费、渔业船舶牌照工本费、捕捞许可证工本费、渔业登记证工本费6项涉渔行政事业性收费等。④ 张义浩（2006）对建立集体或国营渔区捕捞渔民基本生活保障体系进行了初探，认为政府应当建立捕捞渔民基本生活保障制度、捕捞渔民下岗失业金制度、捕捞渔民养老保险制度以及渔区的社会保障基金。⑤ 有关渔民生活保障的对策建议，对于解决渔民贫困问题、改善渔民生活质量、促进渔民转产专业等具有指导性意义。但从国家社会保障的实践和目前学术研究情况来看，"失海"渔民的社会保障形势十分严峻，相关问题有待进一步的研究。

有关渔民失业问题。20世纪90年代以来，渔民失海现象逐步显现并得到重视。有关"失海渔民"的概念，殷文伟等（2008）认为应该包括两个部分，一是指传统渔民（世代以渔为生的沿海居民）因资源衰退和其他非自然

---

① 葛京、赵士超、高倩、田铁锋：《白洋淀纯水区村留守渔民经济收入调查》，《河北渔业》2013年第11期。

② 张英：《关于建立渔民最低生活保障制度的探讨》，《管理科学文摘》2006年第10期。

③ 李勇：《近代苏南渔民贫困原因探究》，《安徽史学》2010年第6期。

④ 邓为民：《关注民生 关心渔民 全面推进专业捕捞渔民解困工作》，《中国水产》2011年第2期。

⑤ 张义浩：《关于建立捕捞渔民基本生活保障体系的探讨》，《中国渔业经济》2006年第4期。

的原因（即不包含年老或疾病退业）已经脱离海洋捕捞这一群体。这部分失海渔民确切地讲也可以称为脱海渔民，我们称之为显性失海渔民。另一部分是指现在仍在进行海洋捕捞、但承受作业空间减少的压力而面临退出捕捞的渔民（包括新加入海洋捕捞的内地农民），我们称之为隐性失海渔民。随着捕捞能力的进一步压缩，他们中的一部分将不断地转为显性失海渔民。① 江燕娟等（2006）对渔民失海现象进行了分析，指出渔民失海表现在渔民收入普遍下降，"失海"等于"失业"，渔民失海等于失去了保障。同时将渔民失海的原因归结为历史原因、私人非法占有、城市化和工业化。② 鲍谦等（2012）则从渔业用海、其他项目用海（交通运输用海、海底工程用海、排污倾倒用海、工矿用海、围海造地用海、旅游娱乐用海）来分析了渔民"失海"现状。③ 然而，"失海渔民"不同于"失地农民"，相对于比较成熟的"失地农民"社会保障机制，"失海渔民"这个概念本身就存在相当大的模糊性，更遑论针对失海渔民的社会保障探索了。当前国内对于"失海渔民"的研究大多是基于"失地农民"的概念，很多对策也只是参照"失地农民"的保障政策，停留在微观的层面上。全永波等（2008）对现有的渔民失业保障进行归纳，指出，目前我国对失海渔民的安置补偿主要有两种类型：一种是国家行使宏观调控政策，推进渔民转产转业，用资金购买马力，从而报废船只，达到保护渔业资源的目的；另一种是国家出于项目建设的需要，强行占用渔民的海域使用权，然后给予一定金额的补偿。④ 这两种情况虽然出发点不同，但结果却是一样的，就是用金钱去买断渔民的海域使用权，而且购买方式和赔偿金额还是单方面决定的，处于完全的买方市场。除金钱补偿之外，国家对于失海渔民的就业保障政策就只是把他们计入农村剩余劳动力之中，通过短期培训后，推向劳务市场。至于养老金、失业救济金之类的保险，则一概付之阙如，虽也有部分城市（如广西省钦州市）实施了对失海渔民的培训就业和社会保障制度，但毕竟范围不大，难以全盘而论。⑤ 张国玲（2009）分

---

① 殷文伟、陈静娜、李隆华：《沿海失海渔民补贴政策之效果研究》，《中国渔业经济》2008年第2期。

② 江燕娟、韦汉吉：《渔民失海现象的成因及对策探讨》，《甘肃农业》2006年第5期。

③ 鲍谦、黄硕琳：《中国渔民"失海"现状的分析研究》，《海洋开发与管理》2012年第9期。

④ 全永波、胡瑕：《"失海"渔民权益保障的公共政策分析》，《中国水运》2008年第5期。

⑤ 《钦州市被征地农民、失海渔民培训就业和社会保障试行办法》，钦州市人民政府办公室。

析了海洋渔业资源萎缩引发的严重社会问题，需要实施控制捕捞强度、完善休渔制度、推动渔民转产转业，推行渔业捕捞准入制度等具体措施。① 李艳霞（2013）则分析了失海渔民转产转业的困境，并从宏观、中观、微观的角度提出了支持渔民转产转业的路径。宏观支持路径主要包括：第一，财政支持；第二，货币政策；第三，建立健全利益保障支持机制；第四，产业支持。中观支持路径主要包括：第一，执法支持；第二，行业准入支持；第三，信息支持。微观支持路径主要包括：鼓励劳动力市场中介组织为失海渔民转产转业提供信息支持、指导支持（进行转产转业意愿摸底、能力评估及职业定位）；鼓励培训机构和学校对失海渔民提供有针对性的转产转业培训，提升失海渔民的转产转业技能；引导有实力的失海渔民成立生产合作社；鼓励涉海企业吸纳失海渔民就业以及失海渔民的自主创业等。② 还有一些学者从其他角度进行了总结分析，韩兴勇（2010）分析了渔村妇女在现代渔业中的就业观念变化，指出渔村妇女随着海洋社会转型，正在转变就业观念，增加家庭收入，提高自身地位，实现自我。③ 陈鹏等（2005）则针对捕捞渔民的转产转业政策如渔船报废补助、渔民转产培训补助、渔业产业项目扶持及渔业税减免等措施进行研究，指出它们不足的同时提出了完善捕捞渔民转产转业政策的建议：（1）制订总体规划；（2）延续补助政策；（3）建立海洋捕捞渔民的养老保险制度；（4）落实渔业权保障渔民权益。④

社会风险同样会对健康造成负面的影响，一些偶然因素、保障不力、从众惶恐和社会不公同样给人民健康带来不幸和冲击，不断减弱社会的安全感、正义感、惠民感、悯怀感、救助感、期望感和满足感，对公民的幸福感造成一定影响，公民幸福的品质下降。这种社会因素造成的健康风险，同样在渔民群体中有所体现，但是由于渔民身份的特殊性，国内学者并未对渔民

---

① 张国玲：《和谐海洋社会建设中的问题与对策》，《中国集体经济》2009 年第 10 期。

② 李艳霞：《中国"失海"渔民转产转业的现状及支持路径——基于青岛市的调查》，《经济研究导刊》2013 年第 35 期。

③ 韩兴勇、郭飞：《妇女在海洋渔业中劳动就业的变化》，武汉大学、美国 James Madison 大学、美国科研出版社，Proceedings of International Conference on Engineering and Business Management (EBM2010) [C] .武汉大学、美国 James Madison 大学、美国科研出版社，2010 年 4 月。

④ 陈鹏、黄硕琳、陈锦辉：《沿海捕捞渔民转产转业政策的分析》，《上海水产大学学报》2005 年第 4 期。

的社会健康风险进行探讨，相关研究尚处于起步阶段。但是，学者们从不同角度对社会健康风险进行了分析，海洋社会健康风险的研究也有所涉足。Heaton and Lucas (2000)，Edwards (2008) 对健康风险的性质进行了分析，指出健康是个体的一种风险资产，但不能交易也不可储蓄和跨期配置，不满足组合配置的基本前提，因而健康风险不能通过组合配置来分散，是一种重要的背景风险。[①] 孙荫众等（2011）分析了社会风险对人民身心健康与幸福感的影响，指出社会风险频发构成人类现代化进程的一大特征，不管是自然性风险、人为性风险还是综合性风险，都会在客观上给人民的生命安全带来威胁，给正常的生活带来麻烦，在主观上给受害者心理投下阴影，带来苦痛和恐慌，都在不同程度上影响人民的身心健康和幸福感受。[②] 在健康风险的经济影响方面，Edwards（2008，2010）指出近期基于消费资产定价模型框架，对背景风险及健康风险进行理论研究，揭示了健康风险影响金融资产的组合配置和消费的金融财富水平、预防性储蓄和风险规避度等渠道。[③] 何兴强等（2014）利用2009年"中国城镇居民经济状况与心态调查"数据，研究基于健康状况主观感受的健康风险对家庭消费的影响渠道、机制和效应，并区别对待户主和家庭其他成员的健康状况感受，有针对性地考察了医疗保险的健康风险缓解和消费促进效应，得出这样一些结论：户主自身的健康状况感受通常对家庭甚至低收入家庭的消费都没有显著负影响，但老年户主的健康状况感受却是家庭重要的健康风险来源；健康风险对家庭消费的影响主要源于除户主外的健康感受差的成员和老年成员，健康风险大的家庭人均总消费、食品和非食品消费均更低，家庭会通过调整非食品消费来稳定食品消费以应对消费的健康风险效应；医疗保险有助于缓解家庭的健康风险，促进家庭消费，特别是对于低收入家庭而言。[④] 罗楚亮（2006）则通过对重

---

① Edwards, R. D., "Health Risk and Portfolio Choice", *Journal of Business and Economic Statistics*, Vol. 2008, pp.472-485. Heaton, J., and D. Lucas, "Portfolio Choice in the Presence of Background Risk", *Economic Journal*, Vol. 2000, pp. 1-26.

② 孙荫众、王伟：《从社会风险谈人民身心健康与幸福感》，《中国医学伦理学》2011年第5期。

③ Edwards, R. D, "Health Risk and Portfolio Choice", *Journal of Business and Economic Statistics*, Vol. 2008, pp. 474-485. Edwards, R. D, "Optimal Portfolio Choice when Utility Depends on Health", *International Journal of Economic Theory*, Vol 6, 2010, pp.205-225.

④ 何兴强、史卫：《健康风险与城镇居民家庭消费》，《经济研究》2014年第5期。

庆市巫溪县 2002 年入户调查数据的研究，发现贫困人口的消费对健康风险有较强的平滑能力，健康风险对家庭消费通常没有显著的冲击。[①] 杨多贵等（2007）通过深入研究，将人类健康风险解析环境污染、食物安全、疾病流行和医疗保障 4 个方面，并在建立一套评价人类健康风险指标体系的基础上，对 40 个样本国家进行评估。在对每一类国家的人类健康风险特点进行对比发现，在同等经济发展水平下，中国的人类健康风险相对较高。通过分析人类健康风险与经济发展水平的关系得出，人均 GNI1000—3000 美元是国家经济发展的关键时期，同样也是改善人类健康状况的关键时期，这一时期国家要高度重视改善人类健康状况。[②] 关于海洋健康风险，国内学者多从生态系统的角度进行研究。祁帆等（2007）指出，健康的海洋生态系统是指在特定的自然边界范围内，可维系其正常的结构（现存物种类别、种群大小和组成）和功能（食物网物质和能量流动）的海洋生态系统，并以海洋生态系统的特点为依据，综述了海洋生态系统健康评价的方法、指标筛选原则和研究思路等，系统地列出了海洋生态系统健康评价的一些相关量化指标。[③]李会民（2007）等则对影响海洋生态健康的因子进行分筛，选出溶解氧、无机磷、无机氮、化学耗氧量等 13 个参评因子，并根据查阅样点数据，分析了各参评因子与海洋生态健康水平之间的关系，采用层次分析法确定了各参

表 1–1　当前网民对不同类型社会风险的心理感受统计[④]

社会风险	对生活影响的严重程度	承受着不良心理感受
1. 生活成本不断增加	64.5%	紧张、担忧、压力增大
2. 食品安全和环境安全	61%	忧虑、不满、不信任
3. 罹患癌症	37.7%	恐惧、焦躁、自暴自弃
4. 自然灾害等突发事件	34.8%	恐慌、惊吓、脆弱无助
5. 酒后驾驶和超速驾驶	30.6%	哀伤、愤怒、悲观厌世
6. 收入差距不断拉大	28.1%	不满、仇富、暴力倾向

① 罗楚亮：《健康风险与贫困人口的消费保险》，《卫生经济研究》2006 年第 1 期。

② 杨多贵、高飞鹏：《人类健康风险的定量评估与分析》，《中国人口、资源与环境》2007 年第 3 期。

③ 祁帆、李晴新、朱琳：《海洋生态系统健康评价研究进展》，《海洋通报》2007 年第 3 期。

④ 表格数据来源于孙荫众、王伟《从社会风险谈人民身心健康与幸福感》，《中国医学伦理学》2011 年第 5 期。

评因子的权重,从而最终建立了海洋生态健康评价指标体系,同时对海洋生态系统的健康程度作出评价。① 通过对相关文献的梳理,不难发现社会健康风险的研究尚处于起步阶段,有关海洋社会健康风险也少有涉足。渔民作为海洋社会的构成主体同样面临着潜在的社会健康风险,对此值得深入研究。

　　海洋社会问题需要海洋社会政策解决。有关海洋社会政策的研究中,同春芬等(2013)在对我国海洋渔业政策实施中存在的问题进行分析的基础上,指出由于我国海洋渔业政策的公平目标和制度设计存在一定的缺陷,这些政策的核心在于其价值及其取向问题。对于海洋渔业而言,公平作为最基本的价值,其地位越来越明显。因此应该对海洋渔业政策的价值取向进行重新定位,即将扶持弱势产业、弱势群体作为海洋渔业政策的基本价值目标,将海洋渔业政策由公共政策转向社会政策。② 贺义雄(2011)探讨了我国现行海洋政策在宏观政策规划和相关法律法规方面存在的缺陷,指出对于中国现行海洋政策问题原因的分析,应从海洋观这一角度入手,并从海洋战略、海洋管理理念和海洋意识3个方面分析缺陷存在的原因。黄凤兰等(2013)也指出了我国海洋政策的问题主要存在于缺乏海洋政策宏观规划机构、中央政策与地方政策的矛盾、政策制定过程缺乏公众参与、海洋法律制度建设仍不完善等方面。③ 王琪等(2011)从海洋环境问题引发的公共危机及其应对为讨论对象,结合北部湾、京津冀、渤海湾等海域的个案分析后,指出海洋环境突发事件具有偶发性、多样性、危害性、影响巨大等特征,需从预防预警服务机制、海洋环境应急管理长效机制及其支撑体系等层面进一步完善我国海洋环境应急管理体制和政府协调机制。④ 宋广智(2009)分析了涉海人群社会保障的制度困境与缺位,指出近年来海洋生计中的若干重大变迁已经造成渔民收入下降和部分的生活困难,需要采取多种措施建立和完善海洋渔区渔民社会保障。⑤ 汪树民(2011)强调了海洋强国战略的若干层面,指出需要辩证认知海洋战略的后发劣势和后发优势,才有助于我国构建海洋强国

---

① 李会民、王洪礼、郭嘉良:《海洋生态系统健康评价研究》,《生产力研究》2007年第10期。

② 同春芬、安招:《我国海洋渔业政策价值取向的几点思考》,《中国渔业经济》2013年第4期。

③ 黄凤兰、王溶媄、程传周:《我国海洋政策的回顾与展望》,《海洋开发与管理》2013年第12期。

④ 王琪、赵璟:《海洋环境突发事件应急管理中的政府协调问题探析》,《2011年全国环境资源法学研讨会(年会)论文集》(第二册),2011年5月。

⑤ 宋广智:《海洋社区渔民社会保障问题探讨》,《法制与社会》2009年第21期。

宏大目标。① 针对海洋政策在制定和实施中遇到的问题，黄凤兰等（2013）提出了主要对策，认为应从构建宏观海洋政策制定机构、协调中央与地方的政策矛盾、鼓励公民参与海洋政策制定、完善海洋政策法律法规制度等方面进行完善。② 李巧稚（2008）则对国外海洋政策的发展趋势进行梳理发现，实现综合管理成为海洋管理的最终目标，以生态系统为基础成为海洋管理的理想模式，加强海洋教育及海洋知识的普及、发挥信息在海洋发展中的重要作用、注重海洋资源的保护，确保海洋的可持续利用是其主要的政策发展方向，并在此基础上指出我国制定、实施海洋战略政策应重点考虑提高全民海洋意识，不断完善海洋综合管理体系，注重海洋资源与环境的保护，推进海洋产业结构调整，形成广泛的参与机制，强化规划的跟踪监督和评价等方面。③ 可见，我国渔业发展政策随着海洋经济发展新形势而不断趋于完善，但是海洋社会中出现的有关渔民的社会问题仍没有得到重视，有关渔民社会问题的解决对策或关注较少，或融入农民社会保障政策之中，并没有考虑渔民社会群体的特殊性，而这些渔民群体的社会问题正是学术界需要关注的重点。

（二）研究展望

总体上说，相关海洋社会风险、海洋社会问题及相应对策的研究，随海洋渔业经济的发展和农业部相关政策的出台而逐渐升温，其研究的视角不断丰富，内容推陈出新，有价值的研究成果大量涌现并呈现出三大特点：

第一，在研究角度上，展现出跨学科及交叉研究的趋势。如从政治学、历史学、公共管理学和社会学的角度展开研究，既丰富了海洋社会管理体制理论，又符合我国海洋社会管理体制的实践，初步体现了研究的"本土化"倾向。但需要指出的是，大多数研究仍然主要以社会学为视角，是社会学研究范式在公共管理领域的延伸，其研究的出发点、假设前提和论证体系均深刻地印着社会学的烙印，政治学、法学、公共管理理论等视角的研究依然偏弱。

---

① 汪树民：《论海洋政治对海洋社会的功用》，《第二届海洋文化与社会发展研讨会论文集》，2011年5月。

② 黄凤兰、王溶媄、程传周：《我国海洋政策的回顾与展望》，《海洋开发与管理》2013年第12期。

③ 李巧稚：《国外海洋政策发展趋势及对我国的启示》，《海洋开发与管理》2008年第12期。

第二，在研究内容上，呈现出既重视历史经验的总结又注重对现实问题的分析。如对我国海洋社会问题的梳理，对我国现阶段海洋社会存在问题实事求是的分析以及影响因素的概括都是符合实际的，所提出的一些海洋社会政策也都具有实际应用价值。但是，还必须看到，其研究多局限于对一些海洋社会问题如环境问题、海上安全问题、"三渔"进行宏观分析，但是对海洋社会主体渔民的社会问题研究并不深入，尤其对与渔民生活质量息息相关的贫困、就业和社会健康问题研究甚少，视角也较为狭隘。

第三，从研究结果看，缺乏对经验事实的观察以及提供机制与方式的提炼，强调理论推演而缺少可行性考虑。尤其对于海洋社会中渔民群体的海洋社会问题，并没有考虑其特殊性，所提出的政策指导性意义不强。总之，对于海洋社会风险、海洋社会问题及相应对策的研究仍处于起步阶段，没有形成系统的理论框架，尤其渔民群体的社会问题关注较少，缺乏翔实而具体的海洋社会政策进行指导。

总之，关于我国海洋社会风险、海洋社会问题及其对策研究还处于初期阶段，所取得的研究成果还需接受实践的检验，从这个意义上说，开展深层次的研究具有较大拓展空间。为此，本书提出未来研究的几点建议。

首先，相关理论探讨有待深入，研究视域仍需扩大。尽管近年来关于海洋社会的研究视角不断丰富，理论研究也取得了一定的突破，但是，关于海洋社会风险的理论建构还是空白，渔民社会健康风险的研究也尚未涉足，相应的海洋社会政策研究也缺乏针对性和实证分析。另外，从公共管理学、制度经济学、法学等角度仍有较大的研究空间和价值。

其次，对于海洋社会风险、海洋社会问题及政策案例的总结、分析有待加深。对于海洋社会问题的分析，从渔民群体的角度，其案例总结较少，也缺乏研究深度；同时对国外海洋社会政策的成功案例，应去粗取精，去伪存真，尤其要对相对成熟的管理模式进行总结和推广，以此完善和推动我国海洋社会政策的改革。与此同时，还应结合我国各地实际情况，因地制宜，提炼出适合我国国情的海洋社会发展政策，重视政策的针对性、可行性和有效性。

再次，重视配套政策及政策评价体系的研究。已有的海洋社会政策文献，多从宏观的角度进行探讨，缺乏渔民社会问题的深入研究。因此有必要对与渔民群体利益切身相关的贫困、就业和社会健康风险展开深入研究，并针对这些问题在理论和实证分析的基础上提出相应的保障性社会政策。与此同时，应研究建立针对海洋社会政策的评价体系，包括政策对政治、经济、社会、文化、人口等方面的影响，以保证政策的合理性与科学性。

最后，应倡导研究方法的多样性与科学性。以往的研究多采用归纳式逻辑架构，定性分析及归纳评价，而定量分析的研究方法偏少。因此，应进行全面而系统的调查研究，以获取翔实的资料，并对其进行统计分析，提高政策的科学性和针对性。同时，还可以使用比较研究法、案例分析法、内容分析法等开展研究工作。

三、研究意义

"21世纪是海洋世纪"，海洋关系到一个沿海国家的未来发展。进入21世纪，海洋在人类社会中的地位越来越重要，作用越来越大，人类经济社会活动越来越多地从陆地向海洋转移。相应地，潜在的海洋社会风险越来越严重，与海洋有关的社会问题也显得越来越突出，需要人们认真应对，加以研究和解决。本研究对现有的海洋社会风险及相关问题、政策的研究文献进行梳理，对海洋社会风险的类型进行划分，总结了现阶段海洋社会中存在的海洋环境、渔民贫困、失业、社会健康风险等相关问题，并对与渔民群体生存息息相关的贫困、失业、社会健康风险这三个现实问题进行具体分析，归纳现阶段针对性的社会政策及管理手段对于解决这些问题的有效性。本研究对于唤醒学术界对于海洋社会的关注，弥补现阶段理论界有关海洋社会风险、问题及政策研究的不足，具有重要的意义。

随着海洋社会经济的发展，海洋社会风险和相关问题的威胁也越来越突出。而政府对于海洋社会风险的防范、海洋社会问题的解决是其执政职能的重要组成部分。本研究分析了现有的海洋社会风险和问题，并对现有海洋社会风险的防范措施、解决海洋社会问题的相关政策进行系统归纳，为有关部门在制定海洋社会风险防范措施和出台海洋社会问题相关政策时梳理思路。

第二节   研究对象与基本思路

一、研究对象的选择

本书选择海洋社会风险、海洋社会问题及海洋社会政策作为研究对象，首先基于研究目的，即探讨海洋社会存在的风险及相关问题的特殊性，并应用相应的海洋社会政策加以解决。海洋社会是一个复杂的系统，其中包括人海关系和人海互动、涉海生产和生活实践中的人际关系和人际互动。以这种关系和互动为基础形成包括经济结构、政治结构和思想文化结构在内的有机整体。[1] 在这样一个复杂的系统中，海洋社会必然潜藏着风险，如工伤、失业、生病、因年迈而失去劳动力、因贫穷失去教育机会、儿童因失去父母而无法正常成长、公共危机及各种天灾人祸等。海洋社会风险因波及面广、影响严重，故还暗藏着巨大的危害性。这些海洋社会中的风险如果长期存在下去，必然造成矛盾的集聚和加深，海洋社会风险的显性化就凸显为海洋社会问题。而海洋社会的地缘特征又决定了这一地区的社会问题往往具有国际性、频发性、复杂性，同时也意味着这一研究的必要性和重要性。海洋社会主要是由海洋社会群体、海洋社会组织、海洋区域社会以及海洋区域社会结构几个部分构成。作为海洋社会的主体，海洋社会群体是指在人类征服海洋的过程中，一些直接或间接从事海洋活动的人群以其独特的生活方式、行为方式和思维方式，形成的具有特殊结构的群体。[2] 而渔民作为直接的涉海群体，由于他们常年在海上生活和工作，形成了独特的生活方式及文化观念，因此渔民群体在整个海洋社会中所形成的问题也具有特殊性。就中国的海洋社会而言，不仅需要面对传统的海洋安全问题、海洋环境问题，而且需要面对这些特殊的海洋社会问题：渔民贫困、失业和社会健康风险等问题。这些有关渔民群体的社会问题长期存在，但国内学术界对于海洋社会问题的研究多集中于海洋安全、海洋环境、海洋权益、海洋管理等方面，由于渔民群体

---

① 张开城：《应重视海洋社会学学科体系的建构》，《探索与争鸣》2007 年第 1 期。

② 庞玉珍、蔡勤禹：《关于海洋社会学理论建构几个问题的探讨》，《山东社会科学》2006 年第 10 期。

的特殊性，其所存在的社会问题尚未被广泛关注。而针对渔民群体长期被忽视的社会问题，必须采取符合公平、民主价值观的海洋社会政策加以解决。因此，分析渔民群体所存在的贫困、失业、社会健康风险等海洋社会问题，不仅符合以人为本的发展理念，而且能够保障渔民群体的权益，形成和谐的人海关系，促进海洋社会的可持续发展。着眼于和谐的海洋建设，服务于海洋社会生活质量的改善和海洋社会稳定的维护，归根结底，是新世纪人类生存和发展的需要。

其次，基于研究分析的需要。海洋问题的研究是一个炙手可热的领域。在新世纪，"海洋社会"成为亟待研究的课题。"海洋社会"的研究，在全球化和生存关怀的语境中具有特殊意义和价值。现代社会风险的实质是"文明风险"，其逻辑基于风险既作为内容又作为特征，且现代社会风险不再局限于对个体的影响，具有不可感知性、难以预料性和全球性。同样，由于海洋的流动性，海洋社会风险渐渐全球化，面对日益加剧的隐患，必须加强对海洋社会风险的认识及防范。海洋社会问题的由来是伴随着人类活动的扩大而从大陆迈向海洋，对海洋进行开发、利用造成的。随着人类开发利用海洋活动的加强，海洋社会问题也日益凸显和尖锐。诸如人类需求增长与海洋资源有限的矛盾、海洋弱势群体的生存、海洋环境的恶化、国内不同利益群体间的用海矛盾、国家海洋权益之争、海洋管理不善、不协调、海上犯罪等。而以往的研究文献多是集中于宏观的海洋社会问题，面对日渐复杂的海洋社会，微观层面的渔民群体社会问题不断凸显。因此，必须深化对海洋社会政策的研究，只有解决上述宏观和微观层面的海洋社会问题，海洋社会才能和谐发展。

二、基本思路

本研究从分析海洋社会的背景入手，引入现代社会潜在的海洋社会风险和凸显的海洋社会问题，分析了海洋社会政策对于解决海洋社会问题的必要性和重要意义，进而对渔民群体的贫困、失业和社会健康风险问题进行分析，提出了解决这些问题的海洋社会政策建议。研究关注的焦点是海洋社会风险和海洋社会政策的内在联系。以渔民群体所面临的贫困、失业和社会健康风险这三个具体的海洋社会问题为重点，由此来分析以发展型社会政策、新型就业保障体系、针对海洋社会健康风险的风险管理手段为主要内容的新型海洋社会政策，突出了其在解决海洋社会问题中的重要作用。因此，本研究的具体内容包括四个方面：

第一，海洋社会变迁过程中所形成的海洋社会风险，正是由于现代海洋经济的发展及其过程中利益关系的复杂化，海洋社会风险的危害性逐渐增加。本研究在分析现代海洋社会风险的成因及危害的基础上，提出了相应的防范措施，以期减少海洋社会风险对海洋社会所造成的损失。

第二，海洋社会问题及其成因、危害和控制。目前海洋社会所面临的主要问题有渔民贫困问题、海洋环境污染问题、渔民社会保障缺失问题、渔村衰落现象、海上犯罪问题、渔民失业问题、海洋航行安全问题等。这些海洋社会问题的形成都是在特定的背景下由多种因素诱发，并造成了巨大的负面影响，威胁着和谐的海洋社会建设。由此，研究认为对这些海洋社会问题必须采取相应的社会问题控制策略与手段，形成规范化的问题解决路径。

第三，海洋社会政策。作为一种特殊的公共政策，海洋社会政策在制定过程中其价值更趋向于平等、公平、正义与效率。随着经济社会的发展，我国的海洋社会政策在发展取向上更加注重以社会公正为基础、以提高社会福利为目标、以民主为手段，最终实现海洋经济增长和社会发展的统一。

第四，渔民的贫困、失业和社会健康风险问题及新型海洋社会政策。由于渔民群体的特殊性，现有文献对渔民群体的海洋社会问题关注较少，而贫困、失业和社会健康风险这三个问题与渔民群体的生存发展息息相关，只有加深对这些问题的认知并加以解决，才能最终实现和谐的人海关系。研究从这三个问题入手，提出了有针对性的新型海洋社会政策和保障体系、管理手段，相信对于完善海洋社会政策体系有一定的借鉴意义，这也是本研究的价值所在。

第三节　基本框架

本研究主要归纳了现阶段的海洋社会风险和相关问题，针对被社会和学术界长期忽视的渔民贫困、失业和社会健康风险问题进行具体分析，总结了针对这些问题的发展型社会政策及保障体系、管理手段，阐释了针对海洋社会问题应用海洋社会政策加以解决的主要观点。

本着这个思路，全书共分七章，具体内容主要是：

第一章是绪论，主要介绍了海洋社会风险的背景及海洋社会问题的严重性，梳理归纳海洋社会的相关学术研究成果，并在此基础上提出本书要研究的问题和研究对象，结合本书的研究问题，阐述本书的研究对象和研究思路，最后对全书的学术观点进行阐释。

第二章是关于海洋社会风险的介绍。以时间为线索介绍了海洋社会的变迁历史，对海洋社会风险的概念和特征进行界定，并依据以往文献的研究对海洋社会风险进行分类。在分析海洋社会风险的成因和危害的基础上，提出了防范海洋社会风险的对策建议，以期最大限度减少海洋社会风险带来的危害。

第三章是关于海洋社会问题的陈述。根据海洋社会的特殊性阐释了其基本特征，介绍了主要的海洋社会问题，并针对具体背景分析了这些问题的成因及危害。最后介绍了本章的重要观点，即针对海洋社会问题的控制策略和手段，并提出了本研究的主要观点即以海洋社会政策作为重要的控制手段。

第四章明确了海洋社会政策的概念、功能和特征，以时间为主线阐述了我国海洋社会政策的历史变迁，并对其进行分类；提出了当今海洋社会政策的发展趋向和价值追求，即从单一的经济政策到综合的利用政策、从解决问题为主到增进社会的福利为目的、从关注海洋到关注海洋社会、从地方性、碎片化的政策到全国性、统一性的政策。

第五章分析了海洋社会中渔民群体所面临的贫困问题。对现代社会中的边缘化贫困进行系统阐释，解释了渔民群体在现代海洋社会的经济、政治和社会领域所面临的相对贫困问题，并对贫困治理的政策依赖进行具体阐释；第二节在介绍了发展型社会政策的基础上，提出了将发展型社会政策嵌入渔民反贫的构想和基本思路。

第六章分析了渔民群体的失业问题。总结了渔民群体的失业问题及其严重性，分析了针对渔民的新型就业保障——转产转业政策及其不足，提出了从根本上解决渔民失业问题、提高渔民生存能力的新型就业保障体系，通

过落实促进就业、扶持就业、社会保障及市场支持政策并构建新型就业保障
的运行机制，来解决渔民群体的失业问题。

第七章分析了渔民群体的社会健康风险问题。介绍了海洋社会健康风
险的概念、特征，对海洋社会风险的类型进行归纳总结，分析了海洋社会新
型健康风险的形成因素及其在渔民群体中的危害，并针对这一问题提出了应
用风险管理中的识别、评估、控制、评价等方法对海洋社会健康风险进行控
制，并总结了对其进行风险管理和防范的具体措施。

第 二 章

海洋社会风险

第一节 社会与海洋社会

一、海洋社会概述

（一）海洋社会的概念

早在 2500 年前，古希腊雅典政治家地米斯托克利（Themistocles）就说过："谁控制了海洋，谁就控制了一切。"1994 年的联合国大会确定 1998 年为国际海洋年；同年《联合国海洋公约法》生效。2001 年联合国正式提出21 世纪是海洋世纪。[①] 杨国桢指出："海洋是人民生活的重要依托：世界经济、社会、文化最发达的区域，集中在离海岸线 60 公里以内的沿海，其人口占全球一半以上；海运对世界贸易总值的贡献率达 70% 以上；海洋旅游收入为全球旅游收入的三分之一。据可靠估计，未来五年全球沿海地区人口将占人口总数的四分之三。"[②] 随着海洋成为世界瞩目的焦点，学术界对海洋的研究也不断深入。其中，"海洋社会"已成为学者研究的重要内容。"海洋社会"作为人类社会的重要组成部分，是与陆地社会相对应的社会类型。但究竟什么是海洋社会，诸多学者都对其作出了界定。

---

① 宁波：《关于海洋社会与海洋社会学概念的讨论》，《中国海洋大学学报》（社会科学版）2008 年第4 期。

② 杨国桢：《海洋世纪与海洋史学》，《光明日报》2005 年 5 月 17 日。

1996 年，研究社会经济史的杨国桢先生在国内首次提出"海洋社会"这一概念。杨国桢（1996）认为："海洋社会是指向海洋有力的社会组织、行为制度、思想意识、生活方式的组合，即与海洋经济互动的社会和文化组合。海洋社会初始体现为沿海和海域专业从事海洋活动的生产、生活群体，后来发展为民间社会的基层组织，再上升为地方性以至全国性的社会结构成分。"①2000 年他又提出了海洋社会是指在各种海洋活动中，人与海洋之间、人与人之间形成的各种关系的组合，包括海洋社会群体、海洋区域社会、海洋社会群体聚结的地域组成的海洋区域社会。② 中国海洋大学庞玉珍教授（2004）从更多角度对海洋社会作了分析："海洋社会是人类缘于海洋、依托海洋而形成的特殊群体，这一群体以其独特的涉海行为、生活方式形成了一个具有特殊结构的地域共同体。"③ 崔凤（2006）认为："海洋社会是人类基于开发、利用和保护海洋的实践活动所形成的区域性人与人关系的总和。"④张开城（2007）认为："海洋社会是人类社会的重要组成部分，是基于海洋、海岸带、岛礁形成的区域性人群共同体。"⑤ 闫臻（2006）认为："海洋社会是指处于海洋及周边地区，以海洋为主要生活资源和生活方式的，并且有着共同的文化的人类生活的共同体。"⑥ 而宁波（2008）认为，目前的海洋社会仍是陆地社会的延伸，海洋上的个体与人群，其互动关系仍是在陆地上形成的各种规章制度、风俗习惯和法律条文等，因此，比较成熟意义上的海洋社会还没有形成。⑦

（二）海洋社会的特征

作为一种社会形态，海洋社会也有着一般社会的特征。首先，它是有文化、有组织的系统，也是由人群组成一定的文化模式组织起来的。其次，同一般社会一样也进行生产活动。作为具体社会形态，它有明确的区域界

---

① 杨国桢：《关于中国海洋经济社会史的思考》，《中国社会经济史研究》1996 年第 2 期。
② 杨国桢：《论海洋人文社会科学的概念磨合》，《厦门大学学报》（哲学社会科学版）2000 年第 1 期。
③ 庞玉珍：《海洋社会学：海洋问题的社会学阐释》，《中国海洋大学学报》（社会科学版）2004 年第 6 期。
④ 崔凤：《海洋社会学：社会学应用研究的一项新探索》，《自然辩证法研究》2006 年第 8 期。
⑤ 张开城：《应重视海洋社会学学科体系的建构》，《探索与争鸣》2007 年第 1 期。
⑥ 闫臻：《海洋社会如何可能——一种社会学的思考》，《文史博览》2006 年第 24 期。
⑦ 宁波：《关于海洋社会与海洋社会学概念的讨论》，《中国海洋大学学报》（社会科学版）2008 年第 4 期。

限，存在于一定空间范围之内。再次，海洋社会同时存在连续性和非连续性。连续性其实就是对前人的继承和发扬，当其具有自己的特点且与周围的社会发生横向关联时，表现出非连续性。最后，海洋社会有一套自我调节的机制，能够主动地调整自身与环境的关系，创造有利于自身发展的条件。

"海洋社会"作为一个区域社会，它有着不同于陆地社会的鲜明特征：首先，海洋社会的发展是不断变化的。从地球上出现的沿海居住的人群开始其实就已经出现了海洋社会，随后随着现代化进程加快，我们逐渐向海洋靠拢、发展重心也逐渐转移至沿海，沿海城市群逐渐增多。由于海洋社会在人类活动中的作用加大，使得沿海城市的发展水平远高于内陆城市，沿海国家也远远发达于内陆地区，滨海地区强大的发展动力和经济实力着实令人惊叹；其次，海洋社会区域性十分明显。海洋社会不仅包括沿海渔区、海内岛屿，还包括浩瀚的海面和深远的海底。而沿海生活的广大人口群体聚集成的城市和渔村无疑是海洋社会的主体，这些海滨城市逐步成为了国家对外开放的口岸和国际贸易的中心，近海资源为国家现代化发展提供了强劲动力；最后，海洋社会拥有独特的海洋文化圈，以海为生的群体具有共同的文化信仰。这些人群在生产方式、生活方式以及交往方式上的相似性决定了他们形成了独特的海洋文化。可见，海洋社会在许多方面还是有其独特之处的，我们在研究海洋社会时应充分考虑到其特殊性。①

二、海洋社会的变迁

在当代社会，我们非常重视变迁问题。变迁已经成为人们关注的中心，而且我们相信变迁不可逆转、不可抗拒、不可消除。② 在任何一个社会，都存在变迁。那么何为海洋社会变迁？海洋社会经历了怎样的变迁过程呢？

海洋社会变迁指海洋社会现象和海洋社会结构发生运动、发展、变化的过程。自从出现了以海洋为生的渔民群体时，海洋社会就已出现，但早期的海洋社会对人类社会发展的影响微弱，海洋社会的真正崛起和变迁是到现代以后。③ 我们认为，海洋社会的变迁经历了起源、发展和现代化三个阶段，

---

① 张开城：《海洋社会概论》，海洋出版社 2010 年版，第 8—9 页。
② 张开城：《海洋社会概论》，海洋出版社 2010 年版，第 118 页。
③ 张开城：《海洋社会学概论》，海洋出版社 2010 年版，第 118 页。

以下分别进行详细叙述。

（一）海洋社会的起源

关于海洋社会的起源存在诸多假说。恩格斯曾指出，劳动是人类社会区别于猿群的特征，劳动在由古猿到人类的转变过程中有非常重要的决定意义。恩格斯认为，"真正的劳动是从制造工具开始的，最古老的工具便是打猎和捕鱼的工具"，这种从主体行为方面对人类起源的研究开辟了研究海洋社会起源问题的科学新途径。"[①] 英国人类学家爱利斯特·哈戴教授经过对地史的多年研究提出了新颖的"海猿学说"，完全不同于进化理论所认为的人类元祖是生活在距今 1400 万年至 800 万年前的古猿说法。哈戴教授推论，在几百万年前非洲陆地地区因遭受海水入侵，使得古猿开始下海谋生、进化成海猿，由此在海相环境里学会直立行走、控制呼吸，最终为解放双手、学会语言交流提供了重要条件。另外，哈戴还通过其他证据指出人与海水中的兽类更加相似而非灵长类动物。[②] 根据这个"海猿上岛"假说，我们认为海猿的出现和进化都与海洋关系密切，他们可以算是以海洋为生的群体，这时便可认为海洋社会已经出现。除了以上假说，劳利斯理论认为，地球早期的原始海滨中存在一种金属泥土，它有利于氨基酸和核苷酸（生物体的基本构造成分）的集中。金属泥土如催化剂一般帮助有机物添加到复杂的化学结构中去，从而促进了生命诞生。[③] 艾伦提出了另一种猜想，他认为人类祖先从热带大草原迁徙到了海边生活，为躲避猛兽整天泡在海里，最终身体发生了巨变。这两种假说都有比较大胆的猜想，启发人们去关注海洋在人类起源中的作用，但仍需要细致考究。

（二）海洋社会的发展

海岛人在历史发展中形成了丰富的海洋文化，创造了繁荣的海洋社会。海洋社会的发展虽包含了人意识活动的发展过程，但其最终形成还是建立在人类活动的基础之上的，是生产力和生产关系不断矛盾的过程。[④] 在历史发展过程中，复杂的海洋社会是不断前进和发展的。沿海居民在生产过程中不

---

① 沈佳强：《海洋社会哲学——哲学视阈下的海洋社会》，海洋出版社 2010 年版，第 82 页。
② 沈佳强：《海洋社会哲学——哲学视阈下的海洋社会》，海洋出版社 2010 年版，第 81—82 页。
③ 沈佳强：《海洋社会哲学——哲学视阈下的海洋社会》，海洋出版社 2010 年版，第 81—82 页。
④ 沈佳强：《海洋社会哲学——哲学视阈下的海洋社会》，海洋出版社 2010 年版，第 93 页。

断积累经验、掌握技术，这些都推动了海洋社会生产力的进步。①

海洋社会的初步形成是在秦汉时期，当时便已开始开发和利用海洋，较远古和夏商周时期有了较大进步。首先，船舶趋于大型化并开始使用尾舵，逐渐认识到海洋季风的规律；其次汉朝时，汉人一方面将帆和舵配合使用，利用风力航行，另一方面还学会利用北斗星、北极星进行导航定向；这些先进的造船和航海技术使得秦汉时期成为航海事业蓬勃发展的时期，这一时期著名的"徐福东渡"直接体现了海洋社会的发展。据司马迁《史记》记载，徐福上书秦始皇称海中有三位神仙，请求率领童男童女拜访仙人，为秦始皇寻找长生不老之药。在徐福的谎言欺骗之下，秦始皇消耗了诸多财力，不但没有得到长生之药而且还帮助了徐福移民海外。徐福的东渡一方面是因为当时的造船和航海技术进步，使得远洋航行具有可能性；另一方面，由于徐福等人具有先进的海洋意识，懂得利用海洋获取利益并且掌握了一定的海洋科学知识和经验，最终被历史铭记。②

唐宋时期的海洋社会十分发达，这一时期无疑是海洋社会的鼎盛发展期。唐宋时期的指南针作为四大发明之一，开始被应用于远航，帮助开辟了诸多国际航线，航海事业获得发展；唐朝组建水师、设立海洋机构、宋朝海商贸易繁盛等都使得我国成为海洋大国。③

海洋社会的发展，主要表现在以下几个方面：首先，人们对海产品需求量增加。由于并不是所有沿海居民都参与捕捞，同时朝中有权势之人对名贵海产品需求量增大，这一时期的海产品无论在数量、种类上都不能满足日益增长的需要；其次，捕捞能力大大提升。为适应人们对海产品的需求，沿海居民已开始运用多种方式进行捕捞作业、捕捞产量逐渐增多；最后，海盐业获得巨大发展。舟山作为全国 9 个海盐产区之一，成为重要的海盐生产之地。④

由于两次极具破坏性的"海禁"，使得明清时期成为海洋社会发展的停滞期。明太祖为防止倭寇骚扰沿海居民，将渔民和商人作为"海禁"政策实

---

① 沈佳强：《海洋社会哲学——哲学视阈下的海洋社会》，海洋出版社 2010 年版，第 106 页。
② 沈佳强：《海洋社会哲学——哲学视阈下的海洋社会》，海洋出版社 2010 年版，第 106—107 页。
③ 沈佳强：《海洋社会哲学——哲学视阈下的海洋社会》，海洋出版社 2010 年版，第 107 页。
④ 沈佳强：《海洋社会哲学——哲学视阈下的海洋社会》，海洋出版社 2010 年版，第 108 页。

施对象，下令将其内迁，这使得沿海居民和商人的渔业生产、海上贸易受到严重阻碍。清顺治十四年，清政府以舟山不可守为由再次迁海，直到康熙年间的"展海令"颁布才解除海禁。这两次长时间的海禁，不仅没有使其成为有效的海防手段，而且破坏性十分巨大：舟山人口由 3 万骤减至 8000 余人；渔民正常的生产交易受阻，使其大多数沦为海盗。①

（三）海洋社会的现代化

海洋社会的现代化是一个过程，也是一个值得追求、通过努力可以达到的社会发展状态。② 海洋社会的现代化包括以下几个方面：

海洋科学技术现代化是海洋社会现代化的重要内容。由于海洋不同于陆地的特殊性，决定了它是一个并未被人类完全认知和开发的领域。在现代社会，海洋产业是一个名副其实的高新技术产业，海洋资源的开发和利用，需要大力发展海洋科技实力。由此，世界各国为发展海洋经济都加强了海洋技术开发，有选择性的发展海洋高新科技，加大海洋基础性研究，我国也不例外。③ 为与大力建设海洋强国的战略相契合，我国加快提升海洋科技自主创新能力，跟踪和探索海洋领域重大科学问题，提高勘探开发海洋资源以及保护海岸带、海洋生态环境的水平，加强海水淡化、海冰淡化和海水直接利用新技术研究，进一步研发具有自主知识产权的深水油气勘探和安全开发技术等。

海洋经济发展的工业化是海洋社会现代化的基础和核心内容，它是指以海洋资源的开采和加工的现代经济体系取代以晒盐、捕鱼为主的传统海洋经济体系的变革过程。建国以来，我国在海洋勘探、开发、利用等方面实力大增，传统海洋产业的工业化、机械化明显增强，我国已经成为了海洋实力不容小觑的国家，中国的水产品产量占世界的三分之一。④《中国现代化报告 2005——经济现代化研究》指出，2002 年，中国香港、澳门和台湾已经完成经典经济现代化，香港和澳门已经进入第二次经济现代化；香港已经达到经济发达水平，澳门和台湾已经达到中等发达水平，北京和上海处于经济

---

① 　沈佳强：《海洋社会哲学——哲学视阈下的海洋社会》，海洋出版社 2010 年版，第 109 页。
② 　张开城：《海洋社会学概论》，海洋出版社 2010 年版，第 143 页。
③ 　张开城：《海洋社会学概论》，海洋出版社 2010 年版，第 143 页。
④ 　张开城：《海洋社会学概论》，海洋出版社 2010 年版，第 144—145 页。

初等发达水平，其他地区是经济欠发达水平。除了港澳台京津沪这 6 个省份（特别行政区）外，中国大陆内地的 28 个省级地区中，经典经济现代化指数排前 10 位的地区是浙江、江苏、广东、辽宁、福建、山东、黑龙江、河北、湖北和吉林；综合经济现代化指数排前 5 位的是广东、浙江、福建、江苏和辽宁。由此可见，浙江、广东、江苏、福建和辽宁这 5 个地区的经济是比较发达的，它们均集中在沿海地带。① 可以看出沿海地区的经济现代化优势已经非常明显。

　　海洋社会城市化和海洋社会生活方式的现代化也是海洋社会现代化的重要表现。随着沿海城市化的发展，沿海人口数量逐渐增多、乡村人群迁入沿海城市、生产要素向东部沿海地区聚集，这无疑加快了沿海地区的城市化进程。② 海洋社会群体的生活方式也有了很大改善，物质生活水平提高，精神文化生活丰富，沿海居民的健康幸福指数逐渐提高。沿海城市群便利的交通设施、生活设施以及现代化建筑都使得沿海居民的居住满意度提高，沿海群体的生活方式逐渐走向现代化。③

　　除上述内容外，海洋社会现代化还包括海洋社会全球化和海洋社会文化的现代化。全球化已经成为任何国家和地区都无法脱离的事实，它不仅包括经济全球化，还包括信息、文化、生态等多个领域的全球化，而沿海城市的全球化进程更为明显。④ 第一，沿海城市作为对外开放口岸，地理位置优越、交通便利，这都使得沿海城市在海洋运输、领海以及共同海域的开发上与国家交流密切。第二，沿海社会比较开放、良好的氛围和投资环境增加了沿海城市在全球化过程中的竞争力，有助于吸引外资、发展经济。第三，沿海城市的开放特性促进了人员流动，外籍人士来此观光定居、国内人士出国投资旅游，这大大促进了技术、资金以及商品的流动性。这些都使得沿海城市的全球化进程加快，很大程度上促进了海洋社会发展。⑤ 对于国内外的海洋社会文化的现代化建设，我们也不能忽视。沿海地区在经济迅猛发展的同

---

　　① 中国现代化战略研究课题组：《中国现代化报告 2005——经济现代化研究》，北京大学出版社 2004 年版，第 229 页。

　　② 张开城：《海洋社会学概论》，海洋出版社 2010 年版，第 145 页。

　　③ 张开城：《海洋社会学概论》，海洋出版社 2010 年版，第 145 页。

　　④ 崔凤：《海洋发展与沿海社会变迁》，社会科学文献出版社 2015 年版，第 128—129 页。

　　⑤ 崔凤：《海洋发展与沿海社会变迁》，社会科学文献出版社 2015 年版，第 129 页。

时，其文化建设日益凸显海洋特色。贝壳状的悉尼歌剧院、迪拜七星帆船酒店、水母酒店等都是具有浓郁"海味"的特色建筑，这种仿生设计方法结合了生物学、美学和自然界的科学规律，把人类的建筑结构、功能和自然生态进行了巧妙的结合和搭配。除了海洋特色建筑，还有海味十足的城市文化设施，如海洋公园、海底世界、贝壳博物馆等。还有一大批像"国际海洋年"、"世界海洋日"、"航海日"等丰富多彩的海洋节日，也为海洋社会文化现代化作出了贡献。

最后是海洋社会群体以及教育的现代化，同时还有海洋社会政治生活民主化。人的现代化也是社会现代化的重要内容，它是指人的心理、态度、观念的转变，是人的素质不断提高的过程。[①] 在海洋社会现代化过程中，渔民的素质虽然整体较低，但是较以前已有所提高。特别是国家大力鼓励发展水产养殖后，定期实行的"科技下乡"培训使得渔民掌握了基本的渔业科学知识，改变了原来完全依靠经验进行生产活动的状况，使得渔民的素质进一步提高。近年来，发展较好的渔村社区纷纷建立了自己的幼儿园或中小学，解决了偏远渔村孩子求学难的问题，促进了教育资源的均衡分配。可见，只有教育实现了现代化，才能实现人的现代化。在海洋社会政治生活方面，民主生活和民主意识已经深入人心。渔民是否拥有参与选举和被选举的权利，他们的言论、出版、人身方面的自由是否都能得到切实保障，政治生活是否都是按照民主程序运作直接决定了他们的政治生活是否实现现代化。海洋社会政治生活现代化，是指渔民真正参与渔村社区的政治生活，从民主选举到定期座谈，其政治地位不断提升的过程。

总之，海洋社会现代化是一个漫长的、复杂的社会变迁过程，这一变迁包括科学技术在海洋经济发展中的作用日渐突出，海洋社会经济逐步实现工业化，海洋社会实现城市化、全球化，海洋社会群体观念明显变化。然而，由于海洋社会变迁是一个动态的过程，在这个过程中不可避免地会出现诸多不利于海洋社会发展的因素，这就对海洋社会持续健康发展带来隐患，也就形成了所谓的海洋社会风险。

---

① 张开城：《海洋社会学概论》，海洋出版社 2010 年版，第 145 页。

第二节　海洋社会风险概述

一、海洋社会风险概念及特征

(一) 风险、社会风险及海洋社会风险的概念

风险的历史悠久，而"风险"范畴之所以进入学者的研究视野是因为现代社会风险的复杂多变。从渔猎社会至今，自然风险最早出现，伴社会发展而来的则是日渐引人关注的社会风险，再到如今的全球化风险，风险影响力逐渐超过了传统社会，风险的复合性增强，这使得学者们开始纷纷关注风险问题。[①] 从词源学考察"风险"一词，其来源模糊，学者意见不一；而最先使用"风险"一词是在航海贸易与保险业中，它是指一种自然现象或者航海中遇到礁石、风暴等事件即客观危险；现代则从不同角度为风险赋予了新内涵：风险不仅仅是指遇到危险，还包括受到损失或破坏的机会。经济学研究中首先应用此概念，经济学家将风险与经济相联系，为以后的分析提供了理论铺垫。美国学者威雷特 (H. A.Willett) 最早对风险一词做出较为成型定义，指出'风险是关于不愿发生的事件发生的不确定性的客观体现。"[②] 风险通常不愿被发生。1921 年美国学者奈特 (F.H.Knight) 在其《风险、不确定性和利润》一书中，着重区分了风险与不确定性。他认为风险不是一般的不确定性，而是"可度量的不确定性"。[③]1964 年，美国学者威廉和汉斯 (Williams Jr.&Richard M.Heins) 从新的角度阐释了风险与不确定性问题，他们认为风险与人们的主观认识和预期联系在一起。日本学者武井勋提出了风险的新定义，即风险是在特定环境中和特定时期内自然存在的导致经济损失的变化。法国学者莱曼 (Lehman) 认为，风险是损害发生的可能性。从风险概念发展历程来看，它是一个具有动态意义的概念。基于不同学科背景的风险概念有很多，但得到大家认同的有以下几个：首先是基于经济学背景的风险概念，认为风险是某个事件造成损失的可能性或概

---

① 袁方：《社会风险与社会风险管理》，经济科学出版社 2013 年版，第 35 页。
② 王巍：《国家风险——开放时代的不测风云》，辽宁人民出版社 1987 年版，第 14 页。
③ [美] F. H. 奈特：《风险、不确定性与利润》，安佳译，商务印书馆 2006 年版，第 199—233 页。

率；① 其次是基于管理学的风险概念，认为风险是确定性消失的时候世界存在不确定性的一种特性；再次是基于文化学的风险概念，认为风险是某个群体对危险的认知，同时具有辨别群体所处环境是否危险的作用；② 最后是基于社会学的风险概念，其代表人物为德国社会学家乌尔里希·贝克。他认为风险具有现代性，是可以预测和控制人类未来行为后果的现代方式。③ 我国学者对风险的概念也不尽相同，于川、潘振峰认为人们采取某种行动时，他们事先能够肯定的所有可能的后果及每种后果出现的可能性都叫风险④。宋林飞从三方面对风险的内涵作出解释：第一，风险是关于不愿发生的事件发生的不确定性；第二，风险是可测定的不确定性；第三，风险并非只是在实现决策时带来的损失，而且也指偏离决策目标的可能性。⑤ 虽然不同主体对风险的理解差异较大，但都存在着风险的共性，即风险的不确定性和损失性。

本文在对海洋社会风险概念进行界定之前，我们需要对"社会风险"进行归纳。社会风险一般是与自然风险相对而言的，在现代意义上，社会风险的概念不仅是风险分类的结果，而且是为了凸显现代社会风险问题的社会性特征。社会风险在当前语境下主要用来指现代社会所造成的风险以及带来的社会性影响的灾害。⑥20 世纪后半期，首先对社会风险进行了较深入研究的学者是乌尔里希·贝克（Ulrich Beck），除贝克外，吉登斯、卢曼、拉什等西方社会学者也对社会风险进行了探讨，学者们主要有两种视角：风险的不确定性和损失性。关于社会风险，学术界主要有以下几个定义。我国最早研究社会风险的宋林飞教授指出，社会风险是社会难以承受的损失或影响。冯必扬（2004）学者很早就开始系统地研究社会风险的内涵。他从风险两大特性——不确定性和损失性的视角出发，认为风险的损失性更能彰显其本质属性，进一步推导出社会风险是社会损失的不确定性。而社会损失可以认为是社会常态的失序，因此社会风险就可能是因自身不满于现状而作出的对抗

① 袁方：《社会风险与社会风险管理》，经济科学出版社 2013 年版，第 37—38 页。
② 杨雪冬：《风险社会与秩序重建》，社会科学出版社 2006 年版，第 13 页。
③ 袁方：《社会风险与社会风险管理》，经济科学出版社 2013 年版，第 40 页。
④ 于川等：《风险经济学导论》，中国铁道出版社 1994 年版，第 2 页。
⑤ 宋林飞：《中国社会风险预警系统的设计与运行》，《东南大学学报》（社会科学版）1999 年第 1 期。
⑥ 袁方：《社会风险与社会风险管理》，经济科学出版社 2013 年版，第 46 页。

社会的行为，进而使社会秩序紊乱的可能性。① 程玲（2007）认为社会风险是指由于自然灾害、经济、技术以及社会等多种因素引起社会动荡的可能性，社会风险则意味着有可能爆发社会危机。② 李永超（2006）也探讨了和谐社会构建与社会风险治理的关系，认为社会风险是由客观因素引发的社会失序或动荡。③ 李忠根据西方学者研究的两个视角总结出社会风险就是社会系统损失发生的不确定性。④ 除此以外，吴雪明等（2006）对于这一概念的界定主要是基于公民的基本生活和发展权而总结得出。⑤ 王全印（2008）认为社会风险实质就是人与人、自然和自我关系的不和谐。他认为社会风险就是社会有机体的风险，是指社会有机体内部各组成要素、结构及其社会运行过程中的不平衡状态所带来的反社会态势。⑥ 王伟勤（2013）则从社会学的视角去理解社会风险，并认为社会风险有广义与狭义之分：广义强调的是社会发展中不确定性因素导致社会动荡或产生社会冲突的可能性；狭义社会风险主要是技术发展带来的包括核危机、资源匮乏、生物工程等不确定性的威胁。⑦ 宋林飞教授将广义的社会风险称为国家风险，而将狭义的社会风险称为社会风险。而后他进一步明确了社会风险的狭义和广义两种含义，即："狭义的社会风险是与政治风险和经济风险相区别的一种风险；广义的社会风险是指由于经济、政治、文化等子系统对社会大系统的依赖，任何一个领域内的风险都会影响和波及整个社会，造成社会动荡与不安，成为社会风险。"⑧ 通过对以上社会风险概念的梳理，我们发现学者们将社会风险发生的结果都归结为"社会失序"、"社会动荡"或"社会损失"，只是在分析产生此结果的原因时存在不同观点。

由于学术界对于海洋社会风险的关注度不高，所以对于海洋社会风险学术界并没有确切的定义，学者们关注较多的还是海洋自然风险。因此，我

---

① 冯必扬：《社会风险：视角、内涵与成因》，《天津社会科学》2004 年第 2 期。
② 程玲：《社会转型时期的社会风险研究》，《学习与实践》2007 年第 10 期。
③ 李永超：《和谐社会构建与社会风险治》，《学习论坛》2006 年第 3 期。
④ 李忠等：《转型期社会风险问题探析》，《贵州社会科学》2009 年第 1 期。
⑤ 吴雪明等：《中国转型期的社会风险分布与抗风险机制》，《上海行政学院学报》2006 年第 3 期。
⑥ 王全印：《"社会风险"内涵的多维度解读》，《长春工业大学学报》(社会科学版) 2008 年第 6 期。
⑦ 谢棋君：《当代中国社会风险研究的演进轨迹》，《理论研究》2014 年第 3 期。
⑧ 宋林飞等：《变迁之痛——转型期的社会失范研究》，社会科学文献出版社 2006 年版，第 1 页。

们在研究海洋社会风险之前，应首先对海洋社会风险进行概念界定。在借鉴前人研究成果的基础上，笔者认为海洋社会中由于诸多客观因素原因引起海洋社会失衡，最终可能造成海洋社会动荡或损失，我们将这种海洋社会动荡或损失发生的不确定性称作海洋社会风险。

（二）海洋社会风险的特征

对海洋社会风险的概念进行界定以后，我们开始思考海洋社会风险存在哪些特点呢？可以肯定的是，海洋社会风险肯定具有风险的基本特征。首先是主体性，风险的发生都与行为主体有关，如个人的健康风险、农民的病虫害风险、人类社会的风险等，这些行为主体是风险发生的载体。其次是损失性或危害性，风险一旦产生，行为主体就存在发生损失的的可能性，对他们的生命财产安全造成威胁。[①] 除此以外还有风险多发性、风险发生的不确定性、风险发生后的损失性等基本特征。海洋社会风险除了具有风险一般特征外，还具有社会风险的特征。王全印认为社会风险具有四种属性：一种自然性存在、一种社会性存在、一种历史性存在以及一种价值性存在，海洋社会风险自然也存在以上属性。[②] 自然性存在是指社会发展过程中既会有所获得也会有所损失，而这种损失能否获得弥补通常是不确定的，这使得社会存在风险；社会性存在是指由于人类自身资源、能力有限性，人的发展需要依靠其他资源如人与社会的互动，如果社会不能有效克服这种互动带来的反作用，那么社会就存在损失风险；历史性存在是指在历史局限性下，所有社会活动都会带来消极影响，社会就会存在风险；价值性存在是指人的社会活动都有目的性，最终都是为了自身的发展；由此可知，海洋社会风险作为社会风险的一种，也是具备以上特征的。[③] 赵华等认为存在不同风险源也是社会风险的重要特征，同时社会主体对风险源的影响越来越大，对于海洋社会风险也是如此。

另外，海洋社会风险作为一种特殊的风险，也具备其自身的独特属性。需要指出的是，这种独特属性并不是指完全不同于其他风险特征，只是强调其海洋性特征更加明显而已。

动态性。从海洋社会的起源到海洋社会的历史发展再到海洋社会的现

---

① 袁方：《社会风险与社会风险管理》，经济科学出版社 2013 年版，第 50—51 页。

② 王全印：《"社会风险"内涵的多维度解读》，《长春工业大学学报》（社会科学版）2008 年第 6 期。

③ 谢棋君：《当代中国社会风险研究的演进轨迹》，《理论研究》2014 年第 3 期。

代化，我们知道海洋社会的发展是一个动态的过程。在这个动态过程中，海洋社会风险本身及我们对海洋社会风险的重视程度也是不断变化的。在海洋社会形成初期，社会发展落后，还没有出现真正意义上的海洋社会风险；在海洋社会历史发展时期，社会生产力提高，人们对海洋的认识和开发加快，当时的海洋社会风险如海洋政策风险开始出现并产生作用，但人们关注的重点还是海洋自然风险；在海洋社会的现代化过程中，海洋社会风险的概念和内涵逐渐丰富，其类型也不断增加，由于其潜在的巨大危害性我们开始深入研究其形成机理和规避措施。

多源性。海洋社会中一切可能引起海洋社会风险的社会现象和事物都是海洋社会风险的来源。海洋社会风险来源众多，具有客观性、依附性、渐显性、多样性、隐患性和可控性等多种特征。海洋社会风险来源主要有：人口、信息、制度（政策）、政治、经济、文教、技术等，这种海洋社会风险的多源性也决定了海洋社会风险的复杂性，应当引起更多重视。

特定主体性。海洋社会风险的承担主体主要是涉海人群这一特定主体，不论选择何种分类标准，所有的海洋社会风险的承担主体都离不开涉海人群。因为海洋社会群体直接或间接从事涉海实践活动，实践过程中会面临各种风险，如海洋社会政策风险、海洋社会市场风险等，这些风险对涉海人群的影响是多层面的。正是由于海洋社会风险的特定主体性，我们更应当关注涉海人群的特殊性，帮助其克服多种多样的风险。

二、海洋社会风险基本类型

（一）社会风险的分类

西方学界中对风险类型的划分有诸多代表性观点。乌尔里希·贝克（Ulrich Beck）在研究社会风险时，根据不同的社会形态将社会风险划分为三类：第一，前工业社会的风险如地震等，通常是自然作用的结果。第二，工业社会早期风险如劳资矛盾、贫富分化，这都是资本原始积累的结果。第三，后工业社会时期的风险，也称现代风险，主要包括生态破坏、基因污染等，这类风险是人口膨胀和科技进步的产物。[①] 吉登斯（Anthony Giddens）分

---

① 刘庆珍：《转型期的社会风险及防范机制》，《大连海事大学学报》（社会科学版）2007 年第 1 期。

别从不同的层面和角度对风险进行了划分，我们将其概括为以下几种说法。

其一是两分法，将社会风险分为外部风险与被制造出来的风险或人为风险，所谓外部风险就是来风险来源于外部，如自然带来的风险；人为风险指的是我们对知识的掌握和运用时，由于缺少历史经验而导致的风险；其二是三分法，吉登斯认为社会制度性危机必定会引起个人生活领域的焦虑和不安，人类在制造风险的同时却使自己陷入了风险的两难困境：1. 联合与分裂；2. 无力感与占有；3. 权威与不确定性；其三是四分法，吉登斯认为在四种主要的情况下人类面临着来自人为不确定性扩展的高风险，主要表现为经济的两极分化、生态的威胁、对民主权利的否定和大规模战争的威胁四类；其四是七分法，具体内容不再赘述。① 斯特科·拉什将风险划分为三个基本领域：社会政治风险、经济风险、自然风险。② 宋林飞教授认为，社会风险包括政治社会风险、经济社会风险和社会风险。

（二）海洋社会风险的分类

在海洋社会发展过程中，遇到的海洋社会风险是多种多样的，因而海洋社会风险也是有多种形态存在的，应根据不同的分类标准进行划分。

首先按海洋社会风险来源进行划分，社会风险源即社会风险的来源。人类社会中一切可能引起社会风险的自然现象和社会事物都是社会风险的来源。谢俊贵（2009）曾按社会系统的基本要素构成，将社会风险源分为自然、人口、信息、制度风险源；按海洋社会系统的各子系统构成，将其分为政治、经济、文教、科技风险源；按社会风险源的显隐性状态，又将其分为显在、准在、潜在以及突生风险源。海洋社会风险作为社会风险的一种，其风险源基本相同，因此海洋社会风险可根据社会风险源的不同进行划分。③

袁方（2013）以人类对社会风险的认知程度为依据将社会风险划分为已知的、疑似的以及假定的社会风险。④ 借鉴此种划分依据，海洋社会风险也做类似划分。已知的海洋社会风险主要包括已被科学论证的自然因素、政

---

① 钱雪飞：《安东尼·吉登斯的社会风险思想初探》，《社会科学家》2004 年第 4 期。

② Scott Lash. Social Culture. In Barbara Adam, Ulrich Beck, Joostvan Loon eds.The Risk Society and Beyond：*Critical Issues for Social Theory*，London：Sage Publications，2000，p.50.

③ 谢俊贵：《当代社会风险源：特征辨识与类型分析》，《西南石油大学学报》（社会科学版）2009 年第 4 期。

④ 袁方：《社会风险与社会风险管理》，经济科学出版社 2013 年版，第 52 页。

策因素、经济因素等诸多因素引起的海洋社会失衡风险，比如海洋社会自然风险、海洋社会经济风险和海洋社会政策风险、海洋社会文化风险等；另外还分为疑似的海洋社会风险和假定的海洋社会风险。

袁方（2013）根据社会风险在社会发展中的地位、作用和性质分别从风险的主体、客体、性质、结构等方面加以划分。海洋社会风险运用此种划分依据后，呈现出了多层次的、纵横交错的网络结构。

由于海洋社会风险具有主体关涉性，因此我们根据海洋社会风险承担的主体不同分为海洋社会个体风险、群体风险和人类风险三种基本类型。海洋社会个体风险就是涉海人员个人在生存和发展过程中需要承担的各种风险，包括涉海人员自身文化风险、技术不足风险、收入风险、失业风险等；海洋社会群体风险就是某一群体生存的发展遭遇到的风险，是社会发展过程中造成此群体损失的可能性，主要有渔民群体社会保障的制度风险、渔民群体教育风险、渔民群体贫困风险和渔民群体失业风险等；海洋社会个人风险在一定条件下会发展成为群体共同风险，这种群体风险进而会发展成为整个人类的风险。[1]

在海洋社会发展过程中，根据风险与海洋社会发展的联系方式不同分为海洋社会发展风险与海洋社会发展中的风险。前者主要包括海洋社会环境风险、海洋社会人口风险、海洋社会健康风险和海洋社会信息风险，这些风险的形成都与海洋社会发展息息相关。而海洋社会发展中的风险则与发展不存在必然性联系，例如海洋社会文教风险。[2]

按主体对海洋社会发展风险的主观自觉程度可分为自觉性和自发性风险，可承受和不可承受风险；[3] 按海洋社会风险的结构分为单一风险和复合风险；按海洋社会风险对社会主体的作用可分为必要性风险和非必要性风险；[4] 根据持续时间长短可分为海洋社会长期性风险和暂时性风险。[5]

最后，还可根据海洋社会风险的典型性进行划分，将海洋社会风险主要分为海洋社会贫困风险、海洋社会失业风险和海洋社会健康风险。这也是

---

① 袁方：《社会风险与社会风险管理》，经济科学出版社 2013 年版，第 53 页。
② 袁方：《社会风险与社会风险管理》，经济科学出版社 2013 年版，第 54 页。
③ 袁方：《社会风险与社会风险管理》，经济科学出版社 2013 年版，第 54 页。
④ 袁方：《社会风险与社会风险管理》，经济科学出版社 2013 年版，第 55 页。
⑤ 赵家祥：《历史哲学》，中共中央党校出版社 2003 年版，第 231—234 页。

本书选取的海洋社会风险的划分标准。众所周知，在整个社会发展过程中，贫困、失业和健康风险都是人们面临最多且较为典型的风险，这些风险可能带来的贫困问题、失业问题和健康问题均与人们的生活息息相关，直接影响到人们的生活质量。海洋社会作为一种新的社会形态，在其快速发展过程中不可避免地也会遇到这些最为普遍且危害性极大的风险。对于贫困，既可以看作收入匮乏的风险，也可以视为能力丧失或权利剥夺的风险。① 贫困风险在不同个体之间的分布和发生概率也不一样。贫困风险概率具有风险特征，各个体之间的风险概率不同，很难通过精算原则进行风险预防和分担。其次，贫困风险具有阶层性。在同一社会发展阶段，同一国家和地区，不同职业、不同教育程度的人面临的贫困风险是不一样的。贫困风险可按照权利、知识和财富等级排序的，等级低的人注定面临更大的贫困风险。不同的职业群体、不同受教育者、不同的民族国家在面临风险时，能够处理、避免和应对的可行能力也具有层级性。② 关于海洋社会贫困风险的研究主要以渔民群体为代表，由于渔民只具备单一捕捞或养殖技能，加之渔民整体文化水平低导致的学习能力不足，不能及时进行其他技能的学习，其社会适应能力也较差，这种能力的不足将会使渔民面临更多的贫困风险。在权利方面，由于渔民一般处在较偏远的渔村，渔民本应享有的政治、经济、文化权利极有可能被忽视，或者他们根本没有渠道去行使自己的权利。这种能力和权利不足将会使渔民在整个社会中权利、知识方面的等级排序极低，面临的贫困风险更大，且缺少处理和应对贫困风险的能力。渔民面对的贫困风险是海洋社会贫困风险的重要体现。关于海洋社会失业风险，其承担主体主要是渔民，其失业风险主要有两个来源：第一，海洋开发和沿海城市化致使养殖渔民面临失业风险。一方是海域村民的海水养殖，一方是谋求区域发展的地方政府，双方的矛盾因城市规划占用了养殖空间而生，在经济发展大潮中，这样的矛盾似乎已经成为普遍现象。随着我国城市化的加快，政府加快了征用海水养殖用地的行动，逐渐收回了养殖户的养殖滩涂，将之用于工业用地、城市开发和房地产。世世代代的渔民以捕捞和养殖为生，而政府的征用行为使得养殖

---

① 韦璞：《贫困、贫困风险与社会保障的关联性》，《广西社会科学》2015 年第 2 期。
② 韦璞：《贫困、贫困风险与社会保障的关联性》，《广西社会科学》2015 年第 2 期。

户失去了赖以生存的生产场所，养殖范围和规模逐渐缩小。加之渔民生存技能单一、文化程度较低、学习能力不足，导致这些养殖渔民失去滩涂后转产转业存在困难，其失业风险较大。第二，捕捞渔民随着年龄的增大身体状况变差，逐渐退出捕捞业。然而渔民在五六十岁下船"退休"以后，由于自身能力有限无法进行其他工作，便意味着失去了生活来源，他们也没有土地保障，因此捕捞渔民面临的问题则是"下船即失业"。渔民的文化水平和学习能力也决定了他们是海洋社会中面临失业的主要人群，在失业风险面前无法有效应对和解决。在海洋世纪，发生海洋社会健康风险的可能性越来越大。海洋社会健康风险对海洋社会的影响也较为明显，越来越引起海洋社会各界的关注。如随着我们开发和利用海洋的力度加大，不可避免地面临海洋环境污染风险，整个海洋生态健康则面临着较大风险；海洋生态健康遭到破坏后，随着食物链和能量的流动，沿海居民面临自身健康风险。海洋社会中渔民的贫困、失业风险带来的各种问题，可能影响渔民身体和心理健康。海洋生态调节的有限性、自然界能量的流动性以及渔民生活环境和工作性质的特殊性，都会使各个主体非常容易受到健康风险的威胁，若各种健康风险不能得到有效控制，其带来的健康问题会直接影响到海洋社会的高效发展。

（三）海洋社会风险可能引发的潜在危害

现在我们所面临的首要问题已经不是物质匮乏，而是风险前所未有的多样性以及风险所造成结果的严重性。[①] 海洋社会风险正在威胁海洋社会健康发展，这一潜在的危险因素比任何常规危险都更加复杂、更具有不可预见性和结果的严重性。

首先导致涉海人群的存在性焦虑。随着中国社会转型，整个社会已经进入高风险时代，也就是所谓的风险社会。在风险社会中，海洋社会风险也是其中不可忽视的一部分。一方面由于风险是隐性的，其具有不可预测性和不可确定性，海洋社会中的涉海人群面对未知的风险时，不自觉地表达为"我害怕"。由于不安全感和恐惧感，担心因风险而蒙受损失，因此相关人员产生不同程度的焦虑心理。这种焦虑心理对相关人群的心理健康造成危害，长此以往形成了社会心理疾病。

---

① 薛晓源等：《全球风险世界：现在与未来》，《马克思主义与现实》2005 年第 1 期。

其次，不管何种形式的海洋社会风险，都会不同程度地影响涉海人员个体、群体以及整个海洋社会的发展。对个体而言，渔民个人在生存和发展过程中需要承担的海洋社会风险直接威胁到其自身利益如遭受损失、面临生命危险等，比如海水养殖个体户需承担自身养殖损失；对群体而言，此群体具有损失的可能性，如渔民群体面对的市场风险对其生存发展产生威胁。对个体的影响在一定条件下会发展成为对群体的影响，属于不良影响的聚集效应。海洋社会中，如果个体和群体的发展遭遇到威胁，那么不可避免地会阻碍整个海洋社会的发展进程。因此，海洋社会风险对个体、群体以及海洋社会的影响是环环相扣、逐步加剧、不可分离的。

最后，根据本书选取的分类标准，我们将着重介绍海洋社会贫困风险、海洋社会失业风险和海洋社会健康风险的潜在危害性。风险代表着损失发生的不确定性；那么海洋社会贫困风险则是海洋社会中贫困现象带来损失的不确定性。这种风险如果得不到有效控制，那么涉海人群中的主要群体——渔民将会因"贫困"带来诸多损失，产生"贫困问题"。在前面的论述中，我们了解到渔民面临着"能力贫困"和"权利贫困"的风险，这种非物质上的、非传统意义上的潜在贫困同样会给渔民带来损失，如能力不足使得渔民无法掌握新技能，导致生活环境和质量无法提高；权利得不到保障使渔民自身需求无从表达，加之社会各界不同程度的排斥使得渔民群体的"边缘化"成为必然，根本不能实现自身利益的诉求。如果海洋社会失业风险没有得到有效防范，渔民群体将会面临严重的"失业现象"。对失业者个人来说，涉海人员失业将会使其失去收入来源，自尊心受到打击，如果长时间找不到替代工作将会对整个社会现状进行激进的批判等，这些都不利于失业者个人的生存发展。同时又对整个国民经济也存在不利影响，如渔业劳动力的闲置带来的经济损失、海洋社会失业现状引起海洋社会经济发展停滞等。这些不良后果又会加剧现有的失业现状，形成恶性循环，最终影响到政治、经济和社会稳定。同样，如果海洋社会健康风险未能得到有效控制，将会引发诸多连锁性的健康问题。海洋社会生态系统失衡会影响涉海人群的身体健康，甚至引发整个海洋社会的失衡；涉海人群的心理和社会的亚健康状态对海洋社会的健康发展也将起不良作用。海洋社会健康风险的潜在危害覆盖多主体，从不利于个体发展到生态系统遭遇危机再到海洋社会失衡，其危害程度不断加大。作为最具典型性的三种海洋社会风险，具有易发生、危害大、难预测的特点，如果不能得到有效防范，将会引发诸多社会问题，这将是我们所不愿看到的结果。

第三节 海洋社会风险成因及防范

一、社会风险成因

当前中国社会历时性的风险类型并存，风险总量不断累积，其中也包括海洋社会。究其产生的原因，与涉海人群风险意识薄弱、海洋社会转型与制度转轨、海洋社会相关政策、海洋经济全球化等因素密切相关。在海洋社会现代化发展过程中，海洋经济发展与海洋社会发展严重失调，最终导致利益分配的不均衡，这些都是我国海洋社会风险不断增加的重要原因。

（一）涉海人群社会风险意识薄弱

涉海人员特别是从事较为传统捕捞的渔民，大多关心台风、寒潮等自然灾害为主的海洋自然风险以及病害风险，很少有人注意防范海洋社会风险。面对城市化政策带来的失渔，养殖渔民缺少自我保护的意识，不能有效争取失渔补偿，对于政策制定、执行及评估中的风险缺少认知。在市场风险来临时，不懂得运用市场规律规避风险，甚至会盲目采取措施，缺少理论指导。不能充分认识到自身的科学文化素质不高，自我学习意识缺乏，没有树立活到老学到老的心态，学习积极性不高导致自身文化素质无法提高。渔民因为文化水平有限，在转产转业过程中困难重重，学习新技能、新知识的能力有限，这种情况下渔民对于如何克服自身缺点与不足并没有进行深入思考。然而，根据贝克的风险社会理论，我们需要培养和增强当代社会民众的风险意识特别是渔民的风险意识，需要帮助他们树立正确的风险思想，保持其健康的心理状态，使他们从容地应对将来可能出现的各种危机和挑战，保障社会的长期稳定。①

---

① 林丹：《风险社会理论对中国社会发展的启示》，《大连理工大学学报》（社会科学版）2011 年第 4 期。

（二）海洋社会转型与制度转轨

我国海洋社会既存在社会转型又存在制度转轨，海洋社会的各领域都不同程度地存在秩序和规则体系不健全的现象，也未形成健全的社会风险防范机制。显然，这是促进我国海洋社会风险产生的重要因素。

1. 海洋社会转型

根据世界经济发展和社会演进的规律可知，经济快速增长时会伴之以社会经济结构的调整和转型，这一时期容易发生分配失衡、居民失业、伦理失范、社会失序等问题，是各种社会风险频发的时期。据中国海洋经济统计公报，2013 年我国海洋经济发展突破 50000 亿元，海洋生产总值占国内生产总值的 9.5% 左右。因此，按照西方发达国家的经验，中国现阶段是海洋社会快速发展的时期，也会是海洋社会风险的"高发期"。

当前我国海洋社会转型与海洋社会风险不断增加密切相关。中国的社会转型是指从传统的、封闭性的农业社会向现代的、开放的工业社会变迁和发展。由此可知，海洋社会的转型主要是指从传统到现代、从封闭到开放、从粗放发展到可持续发展的转变。近年来，海洋社会结构发生深刻变化，导致涉海人群（主要为渔民）收入与陆地居民收入差距扩大。近十年来，渔民收入虽有所提高但是与城镇居民相比总体收入还处于较低水平，且上升幅度逐渐趋缓，与城镇居民的差距越拉越大（见图 2–1）。涉海人群与城镇居民的收入差距扩大在一定程度上引起了海洋社会底层人群的心理失衡，他们开始对社会强烈不满，由此可能引发一系列严重的社会问题。

行业内部也存在收入差距问题，以某一海洋渔村的实际情况为例（见表 2–1）。其中，收入最高的家庭年收入可达 50 万—150 万元，而这样的家庭只有 7 户，不到全村户数的 9%；而年收入 2 万元及以下的共有 67 户，占总户数 86%。[①] 这说明渔民群体中的大部分仍是收入较低的群体，高收入者仅占极少数。从表中可以看出，养殖承包户的收入远远高于养殖工人，退休渔民或无固定收入者的收入更低。

2. 海洋社会制度转轨

我国海洋社会不仅面临着转型，而且还面临着制度转轨。主要体现在两

---

① 同春芬等：《海洋渔民何以边缘化——海洋社会学的分析框架》，《社会学评论》2013 年第 3 期。

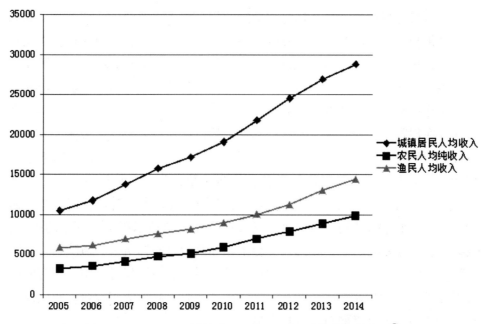

图 2–1　2005—2014 城镇居民、农民及渔民人均收入趋势图①

表 2–1　某渔村户主职业分类及其收入状况②

户主职业	户数（户）	年收入（元）
个体养殖承包户／大型捕捞船船主	0/7	50 万—150 万
养殖队长／大型捕捞船船长	1/3	6 万—50 万
普通养殖工人／大型捕捞船的渔工／"下小海"渔民	8/13/8	2 万—4 万
退休渔民／其他有薪水者	10/13	4000—1 万
无固定收入或没工作收入的村民	15	1280（均）
总计	78	

个方面：首先是计划经济到社会主义市场经济转变；其次是中央集权制到社会主义民主政治转变。不可否认的是，这些转变同样发生在海洋社会中，且影响巨大。在这个急速变革的时期，原来的许多规则已经不适用于当下的环

---

① 所用数据均来源于中国农业出版社 2005—2014 年出版的《中国渔业统计年鉴》、国家统计局网站公开发布的《中国统计年鉴》数据库及农业部官方网站统计数据中的相关数据整理统计得出。

② 唐国建：《海洋渔村的终结——海洋开发、资源再配置与渔村的变迁》，海洋出版社 2012 年版，第 103 页。

境，而能够同现代海洋社会环境相适应的规则体系还未健全，这个时期的利益不平衡和分配不均衡将会引发各种各样的社会风险。在这海洋社会快速发展期间，因为海洋社会预防和应急响应系统落后使得海洋社会缺乏缓冲系统，海洋社会的风险防御能力下降，最终使得各种不安全因素增加。与此同时，海洋社会目前正处在规则的重建时期；或者从一定意义上讲，海洋社会目前处在规则的真空时期。海洋社会目前的信用体系之所以比较薄弱，一个重要的原因就在于此。对一些社会成员来说，容易产生各种各样的不正当行为。一方面，社会和经济领域存在诸多越轨行为，导致社会失去正常秩序；[1] 另一方面，在社会心理上，社会不安将会放大人们对社会问题的不满情绪。[2] 在传统的计划经济时期，海洋社会相关单位承担了大部分的医疗、教育、养老等社会功能，在海洋社会个体和风险之间构筑了一道防护层、缓冲带，对海洋社会个体起到了重要的保护作用。但在转型过程中，原有的社会保障机制逐渐修改，而新的社会保障机制一时难以形成和健全，致使海洋社会个体不得不直接面对各种社会风险。

（三）海洋社会相关政策因素

1. 改革开放政策

长期以来，中国的改革开放实行的是一种重点发展战略，亦即不平衡发展战略，为社会主义现代化建设作出了重要贡献，取得了显著成效。随着海洋社会现代化的推进，这种不平衡发展战略难以避免地会出现一些负面影响：第一，海洋社会事业发展明显落后于海洋经济发展，涉海人群民生问题突出，社会保障、就业、收入分配、住房、卫生、教育、司法、安全和社会治安等方面关系群众自身利益的问题仍然很多，部分低收入群众生活比较困难，海洋社会中的代表群体——渔民不能充分享受经济发展成果，降低了政府的公信力。第二，海洋经济增长的资源环境代价过大。在相当长的一段时期，特别是改革开放的发展初期，中国基本上是以资源消耗为代价推动经济增长，造成了人口、资源、环境之间关系日益紧张的局面，严重影响了海洋社会的可持续发展。第三，陆地社会与海洋社会、海洋社会内部在城乡发

---

① 吴忠民：《中国现阶段社会风险增多的原因分析》，《中共中央党校学报》2006 年第 6 期。

② 杨青等：《中国社会风险成因研究》，《武汉理工大学学报》（信息与管理工程版）2007 年第 8 期。

展、区域发展上存在不平衡，城乡矛盾已经成为制约海洋经济社会发展的主要矛盾。同时，海洋社会与经济发展的不平衡导致涉海主体之间的利益分配失衡，海洋社会内部分化程度加剧。一部分海洋社会精英群体利用自己在政治、经济、社会等资源占有方面的优势，成为改革的主要受益群体，而以捕捞、养殖为生的渔民等弱势群体，却拥有极少的资源。这种不合理的利益分配容易引起海洋社会底层群体的社会不满情绪，如果不注重解决这些问题，必然会引发不同海洋社会群体之间的矛盾和冲突。

2. 社会保障政策

除了改革开放政策以外，社会保障政策也是影响海洋社会风险的重要政策因素。社会保障是社会和谐的稳定器，是国家长治久安的保证，是社会文明公平的标志，但当前我国的社会保障制度建设远远不能适应我国社会发展的需要。广大的群众不仅没有享受到经济增长的成果，还加剧了基本民生问题的严重性，而且引发了一系列社会矛盾。[1]1986 年我国开始进行社会保障制度改革，虽取得了巨大的成就，但是还存在忽略渔民群体特殊性的社会保障制度建设等问题。[2] 原有社会保障体制未能避免主要群体弱势化趋势，中国存在着数量十分巨大的弱势群体成员，广大渔民群体就在其中。[3] 养殖渔民由于城市化失去养殖滩涂，捕捞渔民随年龄增大退出劳动领域，他们存在的生老病死风险不能得到有效保障。特别是渔民这一特殊群体，无论是捕捞渔民还是养殖渔民，都是靠海为生。他们在捕捞或养殖过程中遇到的风险复杂多样，可是我国的社会保障制度建设却没有考虑到这一庞大群体的特殊性，一般的社会保障政策难以适应他们的实际需求。渔民这一职业的风险系数很高，渔业生产的不确定性较大，这些不确定性都在威胁着他们的生命和财产安全；海洋环境的种种变化，也显著地影响着渔业生产，使其渔获量、劳动收入处于不稳定状态，从而影响其基本生活的安全和稳定。[4] 凡此种种，表明渔民迫切需要国家在制定相关政策时考虑到其特殊性所在，真正满足渔

① 程玲等：《社会转型时期的社会风险研究》，《学习与实践》2007 年第 10 期。
② 林兴发：《当前中国的社会风险及其治理》，《云南行政学院学报》2008 年第 1 期。
③ 杨青等：《中国社会风险成因研究》，《武汉理工大学学报》(信息与管理工程版) 2007 年第 8 期。
④ 张晓鸥：《对渔民社会保障的法律思考》，硕士学位论文，华东政法学院法律专业，2004 年，第 16 页。

民的需求。

（四）海洋经济全球化

海洋经济全球化使世界海洋经济互相依赖，社会交往关系也日益复杂，也使得海洋社会风险的不确定性、流动性迅速增加，"社会风险全球化"已成为一种趋势。这也是我国海洋社会风险产生的外部因素。众所周知，人员、物质、资本、信息等要素在世界范围内的流动是经济全球化的核心内容。风险以海洋经济全球化为依托，由沿海国家向其他国家扩散，风险之间也能产生交互作用，形成新的风险源，增强海洋社会风险的影响，同时也加剧了海洋社会财富分配不均，容易引发各国之间的利益冲突。对发展中国家而言，经济全球化在提供发展机遇的同时，也带来了更大的风险。乌尔里希·贝克认为，我们现代社会已经进入风险社会，因此，中国融入经济全球化的过程就是融入世界风险社会的过程。中国作为最大的发展中国家，经济全球化带给我们诸多机遇，但其所具有的风险传递和生成机制也随全球化进程传入了中国，使我们不得不面临更多的社会风险，特别是在全球化特征极为明显的海洋社会，风险传入的速度明显加快。[1]

需要知道的是，海洋社会风险的产生不是偶然的，而是海洋社会发展到一定程度必然出现的现象。我们既不能忽视海洋社会风险的存在，也不能过于紧张。国家、社会、行业组织和渔民应当在充分认识海洋社会风险的基础上进行风险调研、分析以及管理和控制，建立适合海洋社会发展的风险防范体系，将涉海人群及产业的损失降到最低。

另外，庄友刚学者从马克思主义的视野进行分析，认为风险社会各种风险的出现，是由于人们的相互作用、人们自身的物质活动而产生的异己的力量。[2] 海洋社会风险也正是由于涉海人群间的相互影响以及各种涉海生产活动出现不适应海洋社会发展的力量，然而这种阻碍发展的力量最终还要靠人们的实践本身来克服。

---

① 熊光清：《当前中国社会风险形成的原因及其基本对策》，《教学与研究》2006 年第 7 期。
② 庄友刚：《从马克思主义视野对风险社会的二重审视》，《探索》2004 年第 3 期。

三、海洋社会风险防范

（一）加强社会风险认知

1.强化风险意识

增强风险意识是建立我国社会风险规避机制的根本前提。风险教育有助于扩大涉海人员对于各种风险的认知，从而克服两种极端的情形，一是完全忽视风险的存在，二是对于如何规避风险过度自信。这两种极端情形对于风险防范与控制都是非常不利的。我国涉海人群中普遍存在着两种情形：许多人过于乐观地憧憬着未来，认为海洋社会风险不足为惧；另外一些人则对这个海洋社会风险缺乏应有的、初步的认识，因此在采取措施方面非常滞后。我们认为，在海洋社会甚至是全社会范围内加强社会风险教育势在必行，风险教育对于及时发现、防范和控制社会风险具有重要意义。[1] 海洋社会政策要统筹兼顾，顾全大局，协调好涉海人员各方面的利益关系，尽可能少地制造海洋社会不稳定因素。同时有针对性地普及各种风险防范知识，包括海洋社会风险防范知识，增强防范风险的意识和能力。

2.加强风险研究

不仅要深入研究海洋社会自然风险在内的传统风险，还应该多加关注新型海洋社会风险。对于风险发生的原因、危害、预防及处理进行研究，为海洋社会风险控制提供理论指导。为了把海洋社会风险控制在一定的范围之内，确保以最小的成本获得最大的安全保障，维护海洋社会相对稳定性，我们应该重视海洋社会风险的预警及应急机制的研究及设计。在海洋社会风险预警指标体系中，特别要注意对影响海洋社会稳定的各项指数进行全面监控。同时，要根据社会风险的警示指数采取积极措施，防患于未然。[2]

（二）推进海洋社会结构转型

在海洋社会转型期需通过推进海洋社会结构转型来有效缓解矛盾避免风险累积。推进海洋社会结构调整需要理清海洋社会中所有利益相关者的相互关系，最终实现涉海人群的共同利益。

---

[1] 哈斯其其格：《完善我国社会保障体系与强化社会风险管理策略探讨》，《兰州商学院学报》2010年第1期。

[2] 刘庆珍：《转型期的社会风险及防范机制》，《大连海事大学学报》（社会科学版）2007年第1期。

　　共同利益的维护，通常离不开制度的保障。因此要想保障海洋社会共同利益，就需要建立一系列的利益保障机制。彭远春（2009）指出社会转型期间需要建立健全利益表达机制、利益协商机制、利益保障机制以及宣传教育机制来防范社会风险。我们认为在海洋社会转型中，同样需要这些机制发挥作用。首先，保障涉海人群有表达自身利益诉求的有效渠道，可以充分了解不同社会成员的利益需求，保证每位海洋社会成员都有表达诉求的机会，尤其是海洋社会弱势群体如广大渔民；其次，涉海人群通过利益协商机制听取和尊重多方利益，找出共同利益所在，这一环节的设置必不可少；再次，通过利益保障机制保障涉海人群的正当权益，特别是大家的共同利益，避免受到利益侵害；最后，通过必要的宣传教育手段是涉海人群清醒认识到维护共同利益的重要性，并在此基础上协调各种利益冲突。①

（三）健全海洋社会政策

　　社会政策是政府向社会成员提供社会服务和实施社会管理的政策体系。从政策实践上看，政府的社会政策首先旨在向广大的社会成员提供各种社会服务。政府通过一定的社会政策建立运行规则、调动必要的资源以及建立组织体系等。② 而海洋社会在其不断的发展过程中，政府制定较多的还是经济政策，对海洋社会政策的重视不足。这就使得海洋社会的各种资源不能公平分配，海洋社会风险防范不到位致使海洋社会问题增多，最终威胁到海洋社会的健康发展。因此，健全海洋社会政策建设势在必行，加强海洋社会政策建设将会为海洋社会制度建设指明方向。事实证明，当前我国海洋社会转型中制度建设的滞后性已经影响到涉海人员之间的各种关系，造成某种程度的海洋社会失序，给海洋社会发展带来了诸多风险与挑战。面对这种情况，我们应加大海洋社会政策建设力度，利用现代人文社科以及自然科学所积累的知识技术，健全相关制度安排，保障涉海人群的共同利益。与此同时，保障和改善涉海人群的民生建设，大力推进海洋社会事业发展、建立健全涉海风险管理制度势在必行。③

　　目前的当务之急是在识别主要海洋社会风险的基础上，拟订全面的风

---

①　彭远春：《我国转型期的社会风险及其防范》，《理论月刊》2009 年第 8 期。

②　关信平：《社会政策概论》，高等教育出版社 2004 年版，第 14 页。

③　彭远春：《我国转型期的社会风险及其防范》，《理论月刊》2009 年第 8 期。

险管理规划并依照这个规划协调现有的一些法律条例和规章，补充完善一些缺失的管理制度，最终建立健全风险管理体系。社会风险管理策略框架是在极其复杂的社会经济发展背景下提出的系统处置社会风险问题、实现经济社会协调发展的新思维。① 大体上说风险管理的制度体系可以分为两大类型和四个层次。② 两大类型是指风险事前预防与事后补救，例如预防风险的社会保险制度与事后补救的社会救助制度；所谓四个层次是指全面的风险管理规划与战略、风险管理法律、风险管理的行政条例以及各个管理部门的具体规章。

具体说来，首先要在制度设计过程中保证制度的民主性和科学性，动员海洋社会各界广泛参与到政策设计过程中去，吸收利益相关者合理的政策建议，彻底杜绝以往政策制定者"拍脑袋"的现象发生、确保制度不仅仅为精英群体服务。其次，合理的制度设计还需要有效的制度实施，杜绝政策实施形式化、变通运作，研究并提供制度实施所需条件，对实施时发现的问题及时予以纠正，避免受到利益集团的影响。无论是合理的政策设计还是有效的政策执行，最终都是为了实现政策的公平与公正性，使海洋社会政策真正为海洋社会服务，而不是为特权阶层、强势群体所左右。③

为建设"海洋强国"，我们对海洋的认识、开发和利用逐渐增多，依海富国、以海强国的道路选择已经影响到海洋社会的发展。在这个过程中，我们如何认识海洋社会与海洋社会风险，如何分析海洋社会风险成因以及采取何种方法防范海洋社会风险的发生，都对海洋社会的健康发展带来诸多不确定性因素。但有一点可以确定的是，如果海洋社会风险没有得到有效预防，则会出现严重的海洋社会问题，这会成为阻碍海洋社会发展的不利因素，最终将会影响到整个社会的可持续发展。

① 哈斯其其格：《完善我国社会保障体系与强化社会风险管理策略探讨》，《兰州商学院学报》2010年第1期。

② 郑杭生等：《中国转型期的社会安全隐患与对策》，《中国人民大学学报》2004年第2期。

③ 彭远春：《我国转型期的社会风险及其防范》，《理论月刊》2009年第8期。

第 三 章

海洋社会问题

海洋社会风险是海洋社会问题的引致因素，更为直接地说，海洋社会风险意味着爆发海洋社会危机、危及海洋社会稳定的可能性，若不加以防范，这种可能性就会变成现实性，潜在的海洋社会风险直接演变为海洋社会问题。在某种程度上，正是海洋社会问题的凸显，才彰显了海洋社会学这门新兴学科的现实价值。在"人类向海洋进军"和人类海洋开发实践活动不断深入的背景下，海洋社会问题正以越来越多的形式表现出来。本章在阐述海洋社会问题含义及特征的基础上，在宏观上把握四个主要的海洋社会问题，分别是海洋社会中的环境问题、贫困问题、失业问题及相关健康问题。这些问题符合海洋社会问题的一般属性，尤其是其破坏性要求我们必须通过一定的海洋社会问题控制机制加以解决。

第一节 概 述

一、社会问题的概念

"社会问题"一词源于英文"social problem"。关于社会问题，最简洁的定义当属美国社会学家米尔斯（Charles Wright Mills）的观点。他认为社会问题是社会环境中的公众问题，而不是局部环境中的个人困扰，这一公众问题影响了社会生活中多数人的生活，而不仅仅是对个人生活产生影响。他在定义社会问题时写道："社会的公众问题常常包含着制度上、结构上的危机，也常常包含着马克思所说的"矛盾"和"斗争"。① 在西方，除米尔斯之外，乔恩·谢泼德（Jon Shepard）和哈文·沃思（Harvin Voss）对社会问题的界定也具有代表性，他们认为："一个社会中的大部分成员和社会中一部分有影响的人物认为不理想、不可取的，因而需要社会予以关注并设法加以改善的那些社会情况即为社会问题。"②

中国社会学者对社会问题的界定，有代表性的当属以下几个：

我国老一代社会学家孙本文先生认为社会问题即社会全体或一部分人的共同生活或进步发生障碍的问题。当社会秩序安定，人与人之间的共同生活顺利安全，社会是没有问题的。③ 而北京大学社会学系组织编写的《社会学教程》中认为社会问题是"社会中发生的被多数人认为是不合需要或不能容忍的事件或情况，这些事件或情况，影响到多数人的生活，是必须以社会群体的力量才能进行改革的问题"。④ 由北京大学袁方教授主编的《社会学百科词典》中对社会问题是这样定义的："社会中的一种综合现象，即社会环境失调、影响社会全体成员的共同生活，破坏社会正常运行，妨碍社会协调发展的社会现象。"⑤ 郑杭生在《社会学概论新修》（第三版）中认为"社会问题有广义和狭义之分，所谓广义的社会问题，泛指的是一切与社会生活有关的问题；狭义的社会问题则特指社会中的病态或失调现象。"⑥ 陆学艺在《社会学》一书中写道："凡是影响社会进步与发展，妨碍社会大部分成员的正常生活的公共问题就是社会问题。它是由社会结构本身的缺陷或社会变迁过程中社会结构内出现功能障碍、关系失调和整合错位等原因造成的；它为社会上相当多的人所共识，需要运用社会力量才能消除和解决。"⑦ 朱力对社会问题的定义是："社会问题是影响社会成员健康生活，妨碍社会协调发展，

---

① ［美］赖特·米尔斯等：《社会学与社会组织》，何维凌、黄晓京译，浙江人民出版社 1986 年版，第 10 页。

② ［美］乔恩·谢泼德、哈文·沃思：《美国社会问题》，乔寿宁、刘云霞译，山西人民出版社 1987 年版，第 1 页。

③ 孙本文：《社会学原理》（下册），商务印书馆 1945 年版，第 167 页。

④ 北京大学社会学系：《社会学教程》，北京大学出版社 1997 年版，第 246 页。

⑤ 袁方：《社会学百科词典》，中国广播电视出版社 1990 年版，第 49 页。

⑥ 郑杭生：《社会学概论新修》，中国人民大学出版社 2003 年版，第 3 页。

⑦ 陆学艺：《社会学》，知识出版社 1996 年版，第 78 页。

引起社会大众普遍关注的一种社会失调现象。"① 雷洪在《社会问题——社会学中的一个中层理论》中指出："社会问题是在一定时期和一定范围内产生和客观存在的，影响或妨碍社会生活和社会机能，引起社会普遍关注并期望予以解决，目前需要且只有社会力量才能解决的社会失调现象。"②

由此可见，社会问题是个复杂的社会现象，对于社会问题概念的界定也是众说纷纭。一般而言，广义的社会问题泛指一切与社会生活有关的问题，狭义的社会问题特指社会的病态或失调现象。社会学研究通常是在狭义的概念上使用，指的是社会关系或社会环境失调，影响社会全体成员或部分成员的共同生活，破坏社会正常活动，妨碍社会协调发展的社会现象。③

社会问题的复杂性与多样性决定了对社会问题类型的划分也是仁者见仁智者见智，通过梳理，我们可以发现，学术界对社会问题的分类主要有以下几种：

1. 两类法：默顿（Merton）与尼斯特（Bannister）在1978年合编的《当代社会问题》中讲社会问题分为两大类，其一是从社会行为角度划分出来的社会问题，称为偏差行为问题，包括犯罪、青少年犯罪、自杀、精神病、娼妓、吸毒等；其二是从社会结构角度划分出来的社会问题，称为社会失范问题，如世界人口危机、灾难、种族关系、都市交通问题、社区解组、家庭解组等，这种分类受到了当时流行的社会解组论的影响。

2. 三类法：1978年，乔恩·谢泼德（Jon Shepard）与哈文·沃斯（Harvin Voss）所著的《美国社会问题》中，将结构性社会问题分为两类：一类是社会结构对立性问题——不平等，如政治与权力、贫富两级分化、教育不公平、偏见和种族歧视；另一类是社会结构功能失调性问题，如变化着的价值观（环境危机、人口问题与都市化、对工作的不满情绪、家庭危机等）。弗·斯卡皮蒂（Vladimir ska Petey）所著的《美国社会问题》的分类是社会失范性问题、异端行为问题、技术与社会变迁引发的问题。理查·富勒（Richard Fuller）和理查·麦尔兹（Richard Myers）在《价值冲突》一文中，把社会问题分为三个层次，第一层次是自然的问题（physical problem），第二层次是修正过的

---

① 朱力：《当代中国社会问题》，社会科学文献出版社2008年版，第6页。
② 雷洪：《社会问题——社会学中的一个中层理论》，社会科学文献出版社1999年版，第8页。
③ 张开城：《海洋社会学概论》，海洋出版社2010年版，第66页。

问题（ameliorative problem），第三层次是道德问题（moral problem）。

3. 四类法：H. 奥杜姆在1947年所著的《了解社会》中，针对第二次世界大战后出现的社会病态现象，将社会问题分为四种类型：①个人病态问题，如残疾、心理缺陷、自杀、酗酒、个人解组、精神失常等；②社会病态问题，如不负责的离婚、遗弃等；③经济病态问题，如贫富悬殊、分配不均、贫困、失业等；④社会制度病态问题，如政治腐败及宗教中的病态等。我国著名社会学家孙本文在《现代中国社会问题》一书中的分类是：农村问题、人口问题、家庭问题、劳资问题。这种分类偏向于社会上的具体问题，尤其是劳资问题更是当时中国工商业发展所面临的必然问题。①

4. 五类法：兰迪士（Landis）在1959年出版的《社会问题和世界》一书中将社会问题分为五类：政治经济问题、社会政策制度的失调、社会结构的缺憾、个人对适应的失败、个人调适的失败。②

不同时期所表现出来的社会问题有所差异。现阶段，我国正处于社会转型期，其突出的社会问题主要表现为人口老龄化、城乡二元制结构、劳动就业问题、住房问题及雾霾问题等。受自然环境、社会条件的影响，其特征突出表现为整体性、交织性、伴生性、复杂性、生长性等。

二、海洋社会问题的概念及特征

海洋社会问题是海洋中的问题在社会层面的反应，随着现代化进程速度的加快和人类对海洋开发程度的加深，越来越多的海洋问题带有明显的社会性特征。海洋问题已经不仅仅表现在物理层面上的海洋环境破坏和生态污染等方面，更重要的是海洋中的一些问题与人类社会经济活动和人类生活密切相关，因而同时它们又具有重要的社会特征，甚至有些海洋问题已经成为重要的社会问题。如海洋环境问题、海洋权益等问题就是重要的社会问题。在当今时代，几乎社会发展的所有重大问题，都能反映到海洋问题中，这就使我们必须从社会发展的视角对海洋问题加以研究。③

① 许传新、祝建华、张翼：《社会问题概论》，华中科技大学出版社2011年版，第7页。
② 李飞龙：《建国初期社会问题研究综述》，《桂海论丛》2009年第2期。
③ 庞玉珍：《海洋社会学：海洋问题的社会学阐释》，《中国海洋大学学报》（社会科学版）2004年第6期。

海洋社会问题是海洋社会学的基本研究内容。从某种程度上讲，正是海洋社会问题的存在及其日益显性化，才凸显了海洋社会学这门学科的现实价值。关于海洋社会问题的概念，学术界对其定义较少。张开城认为海洋社会问题，指的是在海洋社会运行过程中存在某些使社会结构和环境失调的障碍因素，对海洋社会正常秩序和海洋社会运行安全构成一定威胁，影响社会成员的共同生活，需要动员社会力量进行干预的社会现象。① 崔凤对海洋社会问题的界定同样遵循了"社会运行论"的框架，但强调人类海洋开发实践活动这一重要变量。他认为，所谓海洋社会问题是在人类的海洋开发实践活动中产生的社会问题，它影响了社会的良性运行和协调发展，产生了广泛而深刻的社会效应，引起了社会舆论乃至国家层面的广泛关注，需要动员社会力量才能加以解决。从根源上说，海洋社会问题的出现源于人类盲目的、不合理的以及过度的海洋开发实践活动及其所导致的"张力"。② 我们认为，所谓海洋社会问题，简单来说，是海洋社会中各种关系失调的表现，它以海洋社会这一特殊背景为视角，研究其中影响海洋社会成员正常生活、破坏海洋社会正常活动、妨碍社会协调发展的现象。它能够被人们感知觉察到，由于规范、价值和利益冲突引起并迫切需要加以解决的状况。

海洋社会问题具有典型性特征，正是因为某些问题具备了如下特征，才将其归并为社会问题，也就具有了研究的意义和价值。崔凤（2014）将海洋社会问题的特征概括为如下几点：社会性、破坏性、集群性、频发性以及复杂性五个方面。③

（一）社会性

海洋社会问题在某种程度上具有社会性特征，它并非单纯的由某一特定因素导致，换言之，某一社会问题的产生，可能涉及包括经济、技术、政策、制度、法律、价值观念、宗教习俗等在内的一系列因素，并且越来越多的与人类社会实践活动密切相关。以海洋社会群体中的渔民作为特定研究对象，渔民的贫困问题也是多种因素作用的结果。由于本身对于渔民"贫困"的界

---

① 张开城：《海洋社会学概论》，海洋出版社 2010 年版，第 67 页。
② 崔凤：《海洋社会学的建构——基本概念与体系框架》，社会科学文献出版社 2014 年版，第 228 页。
③ 崔凤：《海洋社会学的建构——基本概念与体系框架》，社会科学文献出版社 2014 年版，第 229 页。

定就具有多重性，包括相对贫困、能力贫困、权利贫困等，因此贫困问题的产生也是由多重因素相互交织作用的结果。近年来，导致渔民贫困的很大一部分原因是渔民的失海失渔现象，渔民失去相关海域，自然也就无鱼可捕，资源限制的结果是中断了原有的经济收入，而国家相应的补助政策并不能从根源上解决这一问题，自然使渔民陷入贫困的境地。而渔民失海失渔的原因又是多种多样的，包括政策、经济、环境等，根据联合国海洋法公约，为了重新划分和界定作业海域，我国与日本、越南、韩国等临海国签订双边渔业协定，致使原先依赖这些海域生存的渔民失去传统的作业海区，此外，随着沿海地区经济发展速度的加快，一部分海洋污染现象随之而来，为了保护相关海域生态环境，政府通过政策限制海洋捕捞业、养殖业、海上开采等活动，加重了渔民失海的程度。因此，单就失海失渔导致的贫困问题就涉及政治、经济、环境、价值观念等多方面，因此，海洋社会问题具有社会性特点。

（二）破坏性

破坏性是海洋社会问题较为突出的特点之一，不管是何种海洋社会问题，都具有一定的破坏效力，造成一定的负面影响。尤为突出的是海洋环境问题，根据国家统计局相关数据，2013年，我国海洋灾害以风暴潮、海浪、海冰和赤潮灾害为主，绿潮、海岸侵蚀、海水入侵与土壤盐渍化、咸潮入侵等灾害也均有不同程度发生。各类海洋灾害造成直接经济损失163.48亿元，死亡（含失踪）121人。在2013年各类海洋灾害中，造成直接经济损失最严重的是风暴潮灾害，占全部直接经济损失的94%。人员死亡（含失踪）全部由海浪灾害造成，单次过程中，造成直接经济损失最严重的是1319"天兔"台风风暴潮灾害，为64.93亿元，造成死亡（含失踪）人数最多的是1321"蝴蝶"台风浪灾害，为63人。根据各省市情况，海洋灾害直接经济损失最严重的省（自治区、直辖市）是广东省，因灾直接经济损失74.41亿元；较严重的省（自治区、直辖市）是福建省和浙江省，因灾直接经济损失分别为45.08亿元和28.23亿元。[1] 由此看来，海洋环境问题的破坏性不仅体现在一定的经济损失上，更为严重的还会涉及人员的伤害，造成无法估计的损失。

---

[1]　国家海洋局：《2013年中国海洋灾害公报》，2014年3月14日，见 http://www.mlr.gov.cn/zwgk/tjxx/201403/t20140326_1309196.htm。

（三）集群性

海洋社会问题的集群性是指，海洋社会问题的出现并不单纯的只有某一社会问题，而是具有一定的连锁反应，并常常与其他社会问题交织在一起，错综复杂。并且，它造成的影响也会牵连到整个国家、乃至国际上的各个方面。2011年日本福岛核泄漏事故中，影响范围波及福岛以东以及东南方向的西太平洋海域，放射性污染范围相当大，海水、海洋生物受到核泄漏的显著影响。其造成的损失不仅表现在经济损失和生态污染方面，还体现在相当大程度的社会效应上。在短短一个月的时间里，核泄漏危机向世界范围内蔓延，造成全世界人民的恐慌。人们开始对核能安全性问题发出质疑声，甚至有的国家出现大规模示威游行活动，迫使政府关闭核电站。在此事件后，奥巴马政府原计划推行建造的核电厂计划面临新的不确定性，其安全问题备受外界争议；德国决定暂停或关闭1/3的核电站，其延长核电站使用期限的政策也被停止；英国重新启动和建设核电站的计划停滞；俄罗斯总理普京要求对俄核工业进行全面检查，防止意外；意大利通过全民公决放弃了核能；印度和澳大利亚宣布要进一步讨论核电站的安全性。① 由此看来，这一海洋社会问题的爆发，各个国家纷纷做出相应举动，其连锁效应可见一斑。

（四）频发性

频发性是指海洋社会问题出现的频率较高，这是由于人类开发海洋的能力在提升，因而海洋开发的程度在不断加大。以渤海地区溢油事件为例，自上世纪70年代起，由海上船舶碰撞、事故泄漏、石油平台违章排污、井喷等造成的海洋突发性溢油事故，在渤海海域几乎年年发生。1979年胜利油田排入渤海的原油达45708吨；1987年秦皇岛港输油站溢出原油1470吨；1986年渤海2#平台井喷，泄漏大量原油；1990年巴拿马籍货轮与利比亚货轮在老铁山水道碰撞，造成溢油面积达120平方公里，并于四天后诱发面积达1000平方公里的赤潮；1998年底，胜利油田发生油井架倒塌，持续溢油近6个月……即便是进入本世纪，溢油事故的风险防范能力和技术水平大大提高，但溢油事故的发生频率并未因此降低。根据国家海洋局的数据显示，"十五"期间，

---

① 杨晖玲：《日本福岛核泄漏事件的案例分析》，硕士学位论文，郑州大学公共管理专业，2012年，第10页。

渤海海域发生溢油事故 16 起，占同期全国海域溢油事故的近一半，而进入"十一五"，海洋溢油事故的风险"不降反升"。仅 2008 年，渤海海域便发生 12 起小型油污染事故，发生频率高于南海、东海等海域。① 因此，随着人类海上实践活动的的频繁，所引发的海洋社会问题必然具有频发性特征。

（五）复杂性

海洋社会问题的社会性、集群性决定了其通常也伴随着复杂性特征，这一特征体现在表现形式、解决进程等多个方面。从表现形式上看，海洋社会问题包括环境问题、贫困问题、失业问题、相关健康问题等等多种形式，而且这些问题往往不是单一地存在，而是常常交织在一起的。例如，渔民失海失渔的现象导致部分渔民失业，无法保证正常生活来源，在物质和精神上受到双重打击，威胁其生理健康与心理健康，而没有健康的身体和乐观的心态也就无法参与到转产转业的政策上去，造成贫困的恶性循环。从解决进程看，同样具有一定的复杂性。以渤海问题为例，根据有关统计数据显示，30 年间，在该问题的治理上，仅在国家层面上的治理计划就多达数次，尽管如此，结果并不乐观。1982 年 6 月，《渤海、黄海近海水污染状况和趋势》完成，迄今渤海所遭遇的污染问题在当时已全部提及，并进行了详细的论证分析，但最终未能落实。2000 年 8 月，国家海洋局制定的《渤海综合整治规划（2001—2015）》立项失败。2001 年 10 月，原国家环保总局一份计划投资 555 亿元、为期 15 年（2001—2015）的《渤海碧海行动计划》出台。尽管当时很快获得国务院批准，但在由于资金渠道不畅，计划项目进展缓慢。② 由此可见，海洋社会问题的解决相当复杂，通常需要较长时间，并非一蹴而就。

第二节 主要的海洋社会问题

改革开放以来，我国沿海地区经济飞速发展，取得显著成果，与此同时，在海洋社会中，也不可避免地引发了一些社会问题，造成一定的社会危害。本书将对以下 4 个主要海洋社会问题进行重点分析：海洋环境问题、贫

---

① 张瑞丹：《海洋治污体系瘫痪，渤海或成下一个死海》，《财经国家周刊》2011 年 8 月 8 日。

② 邵好：《渤海生态忧思》，《经济导报》2011 年 8 月 15 日。

困问题、失业问题、海洋相关健康问题。

一、海洋环境问题

（一）海洋环境现状

海洋是生命支持系统的重要组成部分，海洋不但为人类提供了无尽的鱼类和其他生物资源，而且还吸收和稀释了人类活动所产生的污染物。然而，随着世界人口向海岸带的集中，尤其到了工业化时代，人类对海洋生物的过度捕捞、对海洋资源过度的开发利用，海洋正在向"荒漠化"方向发展，海洋环境污染和生态破坏严重，海洋环境问题由此成为社会问题。

从世界范围看，海洋环境污染表现为个别国家的海域生态系统有所修复，但全球的海洋生态系统破坏严重。在美国，近海"死亡区域"正从南向北呈现逐渐蔓延趋势。所谓"死亡区域"是指海水中溶解氧含量低于2mg/L的缺氧区。在这一区域，来不及逃离缺氧区的鱼类和贝类等海洋生物全部死亡。从1995年开始，墨西哥湾每年夏天出现"死亡区域"，20世纪90年代，受缺氧影响的死亡区域年平均面积约12432平方千米，2006年观测到的死亡区域面积扩大到17255平方千米，2007年扩大到22015平方千米。① 可见即使在美国这样的发达国家，海洋环境污染问题也已经相当严峻，海洋环境污染问题是个全球性的社会问题。

就我国而言，海洋环境状况同样不容乐观，尤其是进入20世纪80年代以后，经济高速发展，用短短20年的时间走完了发达国家上百年的历程，这种高速腾飞的经济发展背后是以环境污染为代价。随着对海洋经济的日益关注和海洋开发力度的加大，中国人口越来越多地涌向海边城市，海洋环境逐渐受到侵蚀。根据往年统计的《中国海洋灾害公报》和《中国海洋环境质量公报》，我们可以发现，就我国而言，海洋环境问题主要指向两个方面：一是海洋污染日益严重；二是海洋生态环境遭到严重破坏。所谓海洋污染是指"人类通过直接或间接的手段把物质或能量引入海洋环境（包括河口湾），其中某些不适当的行为妨碍捕鱼和其他正当用途在内的各种海洋活动，造成某些生物资源或海洋资源遭到损害、人类健康受到威胁，并损害了海水使用

---

① 石莉、林绍花、吴克勤：《美国海洋问题研究》，海洋出版社2011年版，第116页。

的质量，减弱了环境美观感"。①

（二）海洋环境问题造成的危害

第一，海洋环境污染导致经济损失严重。2014 年《中国海洋灾害公报》显示，2014 年我国海洋灾害以风暴潮、海浪、海冰和赤潮灾害为主，绿潮、海岸侵蚀、海水入侵和土壤盐渍化等灾害也均有不同程度的发生。各种海洋灾害造成直接经济损失 136.14 亿元，死亡（含失踪）人数 24 人。其中，在各类海洋灾害中，造成直接经济损失最严重的是风暴潮灾害，占全部直接经济损失的 99.7%；造成死亡（含失踪）人数的 75%。单次过程中，造成直接经济损失最严重的是 1409"威马逊"台风风暴潮灾害，直接经济损失为80.80 亿元。2014 年因海洋灾害导致直接经济损失最严重的省（自治区、直辖市）是广东省，因灾直接经济损失为 60.41 亿元；较严重的省（自治区、直辖市）是海南省和广西壮族自治区，因灾直接经济损失分别为 36.61 亿元和 28.30 亿元。② 由此可见，不管是从全国范围看还是缩小到某个城市，海洋灾害导致的经济损失都是巨大的。

第二，海洋环境问题对人类身体健康造成一定隐患。海洋环境问题除了造成经济损失之外，对人体健康的影响也是潜在的、长期的，并且容易被人们忽略的。沿海地区人口稠密，工业不断发展，生活污水和含有有害物质的工业废水大量流入海洋，蓝色宝库成为了名副其实的"垃圾箱"，每年大约有 6.5 亿吨垃圾排入海洋。③ 不难想象，这些污水污物进入海洋后，给海洋生态带来极大的伤害，但是需要注意的是海洋自身的净化能力是有限的，超过了这个限度，若不采取人为措施，会很难修复并且愈演愈烈，产生某些有毒物质，污染海洋生物整体的生存环境，导致海洋生物的急剧减少或大量死亡，一旦人们没有及时发现该情况，误食有害有毒的海洋水产品，就会引发食物中毒、传染病等恶性事件，危害人体健康，产生不良影响。

第三，海洋环境问题使海洋经济的可持续发展受到阻滞。改革开放以来，我国海洋经济发展迅猛，据统计，2013 年全国海洋生产总值达到 54313

---

① 崔凤：《改革开放以来我国海洋环境的变迁：一个环境社会学视角下的考察》，《江海学刊》2009年第 2 期。

② 国家海洋局：《2014 年中国海洋灾害公报》，2015 年 3 月 23 日。

③ 张开城：《海洋社会学概论》，海洋出版社 2010 年版，第 92 页。

亿元，比上年增长 7.6%，海洋生产总值占国内生产总值的 9.5%。这表明海洋经济对国民经济和社会发展的支撑作用越来越明显，已经成为沿海地区经济现代化发展新的增长点。① 但同时不可忽视的是，海洋经济的发展壮大不可避免的会引发海洋环境污染问题，而海洋环境污染问题又会影响海洋经济的可持续性发展。我国近海面临着日益严峻的污染现状，渔业资源大幅度减少，渔民捕捞量持续下滑，严重威胁海洋经济的发展速度。2004 年，我国海洋捕捞产量为 1451.09 万吨，扣除远洋捕捞产量 145.11 万吨，比上年减少 10.56 万吨，负增长 0.8%。② 因此，要保持海洋经济的可持续发展必须解决海洋环境问题。

第四，海洋环境问题会激化社会矛盾，影响社会稳定。海洋社会问题中的破坏性对海洋环境问题同样适用，若不加以防范，必将衍生成引致社会不稳定的因素。我国是一个海洋渔业大国，渔民、捕鱼量和渔船等都居世界首位，在这样特殊的国情背景下，海洋环境污染对传统渔业的破坏作用是巨大的，目前，海洋环境污染问题已经导致了很大部分渔民面临失海失渔的境地，由于长期从事海洋作业与生产，渔民本身就对大海有着一种特殊的依赖感与亲切感，也正是由于这种不可割舍的情愫，才使得转产转业政策实施起来并非易事，因此，会有一部分渔民陷入贫困的边缘。由于失去一定的收入来源，渔民很容易产生心理上的不平衡，若不妥善处理，将会进一步激化社会矛盾，引发社会冲突，进而影响社会稳定。

（三）海洋环境问题的原因

海洋污染的日益严重引起了人们对海洋环境问题的关注，现在人们已经形成了共识，即海洋污染的主要原因：一是陆源污染（主要由沿海地区的工业化和城市化引致）；二是海洋开发所带来的污染。③ 由此，我们可以把海洋环境问题的社会根源归结为以下四点：

第一，沿海地区工业污染严重。由于濒临海洋，交通便利，沿海地区

---

① 崔凤：《海洋发展与沿海社会变迁》，社会科学文献出版社 2015 年版，第 92 页。
② 崔凤：《改革开放以来我国海洋环境的变迁：一个环境社会学视角下的考察》，《江海学刊》2009 年第 2 期。
③ 崔凤：《改革开放以来我国海洋环境的变迁：一个环境社会学视角下的考察》，《江海学刊》2009 年第 2 期。

与内陆相比有着得天独厚的优势，因此沿海地区的发展较为迅速，相应的工业化基础设施建设已形成一定规模，工业化发展迅速。与此同时，工业化发展在带给我们高收益的同时，也造成一些负面影响，大量的废水废气排入海洋，在海洋有限的自净能力下，工业排污所造成的污染问题不容忽视。[①] 根据国家海洋局发布的《中国海洋环境质量公报》，2014 年，在实施监测的445 个陆源入海排污口中，工业排污口占 35%，造成入海排污口邻近海域环境质量状况总体较差，90% 以上无法满足所在海域海洋功能区的环境保护要求。在检测的 72 条河流中，入海的污染物量分别为：CODCR 1453 万吨，氨氮（以氮计）30 万吨，硝酸盐氮（以氮计）237 万吨，亚硝酸盐氮（以氮计）5.8 万吨，总磷（以磷计）27 万吨，石油类 4.8 万吨，重金属 2.1 万吨，砷 3275 吨。[②] 以上数据显示工业污染仍然是海水污染的主要来源之一。

第二，沿海地区城市污染严重。与内陆地区相比，沿海地区不仅工业化发展速度快，城市化进程也快，高速的城市化建设产生了一些令人堪忧的环境问题，生活在沿海地区的居民每天都会产生大量的生活垃圾和生活污水，目前我国除了上海、天津这样的大城市外，污水处理率普遍还处于较低水平。因此，这些生活垃圾和生活污水未经任何处理直接排入大海，其造成的后果十分恶劣。据调查，至 2010 年底，对 472 个入海排污口的排污状况开展了监督性监测，其中在监测的入海排污口中，市政排污口占 36%，[③] 由此可见，城市化所带来的大量生活污水是近海污染日益严重的重要原因之一。

第三，海洋开发活动频繁。随着我国海洋经济的迅猛发展，对海洋的开发程度也在加强，海上活动的日益频繁在给我们带来较高附加值的同时，也造成了较为严重的海洋污染。如海洋溢油现象，就是海洋开发过程中造成的负面影响，2011 年 6 月 4 日和 6 月 17 日，蓬莱 19-3 油田先后发生两起溢油事故，该事故造成蓬莱 19-3 油田周边及其西北部面积约 6200 平方公里

---

① 崔凤：《改革开放以来我国海洋环境的变迁：一个环境社会学视角下的考察》，《江海学刊》2009年第 2 期。

② 国家海洋局：《2014 年中国海洋环境状况公报》，2015 年 3 月 11 日。

③ 国家海洋局：《2010 年中国海洋环境状况公报》，2011 年 5 月 25 日，见 http://www.coi.gov.cn/gongbao/huanjing/201107/t20110729_17486.html。

的海域海水受到污染（超第一类海水水质标准），其中 870 平方公里海水遭到严重污染（超第四类海水水质标准）。① 由此看来，多度频繁、非科学的海洋开发活动势必引发海洋环境污染和生态破坏问题。

二、贫困问题

贫困问题一直是困扰世界的难题之一，人们对贫困的认识一开始只是狭隘的绝对贫困，把贫困仅仅定义为一种经济现象，其意味着一些人的生活条件在物质和社会生活方面被剥夺的状态，而且这种状况严重威胁到了他们的健康和生活质量。后来，人们认识到对贫困问题的定义是一种综合性的定义，贫困现象是一个多面的社会现象，它意味着在某个社会群体中，一部分人所拥有的资源少于他们维持生活必须的内容，这是一种经济状态，也是一种社会状态。因此，贫困问题不单单指的是收入方面，还包括知识贫困、权利贫困、能力贫困等等诸多方面。同样，贫困问题放置在海洋社会中，它也不只是一种经济不足的状态，同样还有权利、个人自尊以及机会等等多方面。② 由于海洋社会的特殊性，导致其中一部分群体在海洋社会中处于一种被排斥的状态，造成一定的危害，并且衍生成社会问题。

（一）贫困问题是一个群体现象

首先，海洋社会中的贫困问题是一个相当普遍或关系到大多数人的现象，而不是个别或个体现象。比方说海洋社会中渔民这一群体普遍存在着收入水平偏低的情况，而非少数或个别渔民收入偏低。并且这一贫困问题对海洋社会的机能、海洋社会生活以及海洋社会中各方面的影响是普遍的，不仅仅影响到问题产生的范围和领域，而且波及到更为广泛的范围和领域。以渔民的相对贫困为例，不仅影响到渔民的消费水平、生活方式，而且影响其心理健康，甚至会加剧某些社会失范行为的发生。海洋社会中的贫困问题日益引起人们的关注，予以消除或解决的社会期望也是普遍的。由于海洋社会群体作业的特殊性，大部分涉海人员还从事着简单、低层次的生产活动，其纯

---

①　中国新闻网：《蓬莱 19-3 油田溢油事故调查处理报告发布（全文）》，2012 年 6 月 12 日，见 http：//www.chinanews.com/gn/2012/06-21/3980404.shtml。

②　葛音：《社会贫困问题与政府反贫困政策》，博士学位论文，南开大学历史学专业，2012 年，第 7 页。

收入除了用于生活消费外，还要考虑把多余的收入用于生产投入，因此其实际收入水平偏低，在某些传统的渔业地区，特别是一些海洋捕捞大省，海洋捕捞效益普遍下滑，甚至出现了渔民返贫现象，因此渔民普遍希望这一问题能得以解决，提高其收入水平。

（二）贫困问题具有一定的复杂性

海洋社会中的贫困问题是一个复杂的社会现象，不仅仅表现为贫困者在物质方面处于匮乏的状态，在知识、能力、权利、机会方面也处于缺失状态。一部分海洋社会群体，特别是尚处于海洋社会较低层次的涉海人员，在社会性资源分配的手段、能力和机会上表现为匮乏与劣势状态，难以通过与外部环境的有效互动获得自我发展。[1] 具体来看，其受教育程度偏低、适应社会的能力相对较弱，"靠山吃山、靠水吃水"的传统观念意识较强，并且受传统思维方式、知识素养、能力技能、经济条件以及年龄构成等各方面条件的束缚和制约，安于现状，缺乏转产转业的意识和拓宽就业渠道的主动性，很难通过改变自身能力来适应社会发展与变迁。而且由于其综合能力较低，文化程度中文盲半文盲占大多数，掌握技能单一，甚至有些涉海人员除了捕捞生产技能外，没有从事其他行业的技术和经验，法律意识淡薄，对政策掌握不准确，难以通过合理的法律渠道维护自身的权利与利益。同时，由于沿海地理位置的特殊性和职业的特殊性，要想解决这一问题也并不容易，特别是长期从事海上渔业的人员，绝大部分时间在海上度过，远离陆地，与外界交流较少，很难分享到陆地上的教育资源，接受教育的机会较少，新知识新信息贫乏，而且针对这些特殊群体的教育设施不够完备，所以通过教育提高自身素质的机会相对较少。[2] 因此，从这一角度看，海洋社会中贫困问题的解决相当复杂。

（三）贫困问题具有一定的危害性

首先，危及贫困人员健康水平，影响其生活质量。海洋社会中的贫困问题对于贫困者健康水平的影响一方面反映在生理健康上，另一部分则更多的反映在心理健康上。由于贫困者收入水平较低，面临支付能力不足的困

---

① 段世江、石春玲：《"能力贫困"与农村反贫困视角选择》，《中国人口科学》2005 年第 1 期。

② 张国霞：《河北省沿海渔民素质提升对策分析》，《河北渔业》2009 年第 4 期。

境，直接影响其生活的质量水平，因此从物质上看这种低层次的生活水平对贫困者的生理健康造成不利影响。不仅如此，辛苦的劳作仅得到低下的社会地位和收入，使其产生强烈的被剥夺感，收入水平的巨大落差造成其心理上的失衡，在精神生活上表现为苦闷、焦虑、彷徨以及悲观。从长远看，生活的困难、个人资源和社会资源的匮乏、被社会排斥和被边缘化的客观事实，导致他们对自我、对群体的消极评价，普遍缺乏自尊与自信，更不相信自己有足够的能力去改变现有的生活。[①] 这些负面的自我评价极容易造成心理的畸形发展，而健康水平的下降迫使贫困者更没有足够的精力去从事相关的生产活动，由此形成恶性循环，加速贫困的进程。

其次，海洋社会中的贫困者被社会排斥在外。由于贫困者的科学文化素质普遍相对低下，构成一定的"低素质屏障效应"，对海洋社会经济发展造成一定的制约。知识、能力的贫困与落后生产生活方式相叠加，形成了一个恶性循环。在这一循环状态的作用下，贫困人员对知识难以产生有效需求。这种屏障效应还阻隔了其与外部社会的有效耦合，弱化甚至化解了外部社会先进的经济文化浪潮对贫困者冲击的势头，形成一定的社会排斥，因而更加强化了海洋社会封闭性和阻隔性的现实状态。不仅如此，海洋社会群体被"边缘化"的现实，使其在城市、农村中找不到自己的准确位置，身份认同混乱，权利与义务背离，产生一定的社会隔膜，长此以往，极易导致失范行为，产生恶劣的社会影响。

最后，贫困问题的恶化极易危及社会稳定。有研究表明，相对于绝对贫困，相对贫困对社会稳定的威胁更大。这是因为，对社会公平的追求是人的一项基本权利，是人的本能反应之一。一般来说，人们更关心自己的劳动报酬与别人的比较或目前的报酬同曾经进行比较。如果比较结果是合理的，人们就会产生心理平衡感，否则就会心理失衡，即所谓的"不患寡而患不均"。心理失衡容易导致消极行为的产生，当一个社会普遍存在严重的心理失衡时，就会产生越轨行为和集体行为，社会动荡就可能随时发生。海洋社会的贫困问题在这里就是一种相对贫困现象，当相关群体拿自己目前的收入

---

① 许光：《社会排斥与社会融合：福利经济视角下的城市贫困群体现象研究》，博士学位论文，上海社会科学院政治经济学专业，2008年，第42页。

与曾经的收入相比较，如果产生较大的心理落差，容易对社会产生不满的情绪，特别是当他们意识到这种差距是由于分配的不平等所导致，他们反社会的情绪就会更加高涨，甚至会出现违法犯罪的群体不良行为。当人们的注意力都集中于对社会的不满时，而这个社会又是通过他们自身努力所不能改变的，就会对自己产生偏激的想法和自暴自弃的感觉，对社会失去信心，甚至只能从一次次的违法犯罪中才能找到自身存在的意义，这不仅会威胁社会稳定，引发动荡与不安，而且会阻碍地区经济的建设与发展。[①]

因此，海洋社会中的贫困问题表现出来的这些特征已经具备海洋社会问题的一般属性，并且造成一定的社会影响和危害，迫切需要采取一定的行动予以解决。

三、失业问题

在各国宏观经济运行的实践中，充分就业状况通常与经济增长、物价稳定和国际收支平衡状况一起被看作是一个国家或地区经济社会发展的晴雨表，是用来检测国家宏观经济运行和进行宏观调控的四项指标之一。在社会学视野中，就业与失业问题不仅仅是一个重要的经济问题，更是一个敏感的社会问题。在海洋社会中，同样面临着这一问题，失业意味着海洋社会中一部分人失去稳定可靠的经济收入来源，生活水平下降，社会痛苦指数上升，群体心理问题严重。[②] 如果海洋社会中的失业问题得不到及时有效的缓解或解决，势必会影响到海洋社会的稳定与经济发展。

因此，海洋中的失业问题同样是一个不可忽视的海洋社会问题，它具备海洋社会问题的一般性特征。首先，失业问题在海洋社会中是一个群体现象，而不是个人或少数人的特殊情况。例如，随着海洋经济的迅速发展，临海大型重化工项目纷纷上马，围海造地、海岸硬化等工程占去大片海域和滩涂，加上海洋资源衰退等原因，越来越多的渔民失去了赖以生存的资源基础，成为"失海渔民"。而且失海现象并非只是个别海域面临的问题，据调查，我国山东、广西、浙江等沿海渔区普遍存在渔民失海现象，广大渔民呼吁建立

---

① 李晗：《贫困对社会稳定的影响及控制》，《第19届中国社会学年会社会稳定与社会管理机制研究论文集》，2009年11月。

② 向德平：《社会问题》，中国人民大学出版社2011年版，第197页。

补偿机制来解决这一问题，从这个意义上看，也体现了海洋社会问题中的社会性和集群型特征。其次，失业问题具有一定的复杂性，从产生原因看，是各种主客观因素交织在一起的，既有政治经济因素，又有文化心理因素；既有宏观因素，又有微观因素；既有历史因素，又有现实因素等等，解决起来也需要调动社会各方面力量，付出极大的努力。最后，从社会问题最本质的特征上看，失业问题造成的危害是不容忽视的，我们对其危害做详细分析。

（一）失业直接导致收入减少，造成生活贫困

对于失业者而言，失业使得海洋社会中的群体及其家庭收入减少，生活日益贫困化，并且导致其社会地位下降，使得失业者及其家庭陷入生存风险的循环中。海洋社会中的失业问题尤其表现为渔民的失海现象，对大多数渔民而言，海洋、水域是其获取收入的唯一来源，失海就等同于失业，意味着收入来源的中断。这种经济上的低收入造成了渔民群体生活的脆弱性，一旦遭遇疾病或其他灾害，他们很难有足够的承受力，生活容易陷入困境。长时间的失业现象与贫困率之间有着密切的关联。根据美国社会学家戴维·波普诺（David Popenoe）的研究，穷人处于贫困线以下的主要原因就是他们长期就业的不充分。[①] 因此经济上的低收入性决定了失业群体在海洋社会生活中处于贫困的状况，这种贫困，根据上节分析可以看出，不仅表现在生活水平的下降，更严重的是，失业导致教育匮乏、健康风险增加等等，失业者及其家庭陷入"贫困恶性循环"。以渔民为例，近几年渔民大片"失海"后，他们的经济收入大幅度减少，有些比前几年减少4—5成。因此有相当一些"失海"渔民已负债累累，由于失海使得渔民经济收入水平下降，部分家庭陷入贫困，渔民家庭生活质量均明显下降。总之，渔民因"失海"导致失业问题，他们的经济利益受到牵连，他们的正常生活权利得不到保障，以及他们的医疗和子女求学等都受到影响，这已经越来越成为沿海地区一个较大的社会现实问题。[②]

（二）失业对海洋社会群体带来一定的心理压力

经济上的低收入性和社会生活中的贫困性使得失业群体的压力高于一

---

① ［美］戴维·波普诺：《社会学》，中国人民大学出版社1999年版，第277页。

② 杨国祥：《"失海"渔民权益保障问题的调查与对策》，《政策瞭望》2006年第10期。

般海洋社会群体。工作的职能不仅仅局限于为个体提供经济上的支持，在个体生理和心理健康上还有着重要影响。通常情况下，海洋社会中的相关群体长期从事海洋作业与生产，这种工作的惯例化钝化了挫折感，并提供了安全感，[①] 但是当海洋社会中的人员面临失业，特别是不再靠海为生时，无助感便会高涨起来，感到社会的不公平，有强烈的相对剥夺感和受挫情绪，自我评价较低，在心理上时常感到迷茫、沮丧、无能无力，如果这种情绪无法自我调适，容易对社会产生怨恨、绝望、报复情绪，作出一些伤害自己、伤害他人、伤害社会的过激行为和极端行为。这种心理上的极端情绪很容易把自己定位为市场竞争的失败者，或者感觉自己被社会抛弃，引发强烈的社会危机感和焦虑感。

（三）失业导致社会排斥

对于劳动者个人而言，失业期间劳动力的浪费使得劳动者丧失了一部分参加国民收入分配的机会。不仅如此，失业期间，劳动者由于缺乏工作机会，不仅浪费了现有的工作技能，而且由于脱离工作岗位，无法获得新的工作技能，进而丧失了在未来劳动力市场上的竞争力。长此以往，形成的恶性循环使得一部分劳动者被排斥在正常的经济活动之外，失去了主要的收入来源，社会财富分配不公的问题加剧，贫富悬殊的现象越来越严重。[②] 这种排斥不仅表现在经济方面，在社会权利上尤为突出。以渔民的海洋使用权和捕捞权为例，我国海洋的归属权为国家所有，对海洋的管辖权和处置权掌握在代表公共权力的各级政府手里。各级政府根据需要可以决定海洋的用途或变更海洋的使用性质。而对于使用国家海洋进行渔业捕捞的渔民，尽管他们祖祖辈辈是使用海洋进行渔业捕捞的主体，但是，说到底渔民的海洋使用权和渔业捕捞权却不能与各级政府的海洋管辖权和处置权相提并论，政府在作出变更海洋渔业捕捞使用性质时，从来不征求渔民意见，因此，渔民的海洋使用权和渔业捕捞权由于没有被重视而遭到损害。[③]

（四）失业导致社会冲突

失业问题的严重化，不仅会滋生各种潜在的海洋社会的不稳定因素，

---

① 向德平：《社会问题》，中国人民大学出版社 2011 年版，第 216 页。
② 向德平：《社会问题》，中国人民大学出版社 2011 年版，第 215 页。
③ 杨国祥：《"失海"渔民权益保障问题的调查与对策》，《政策瞭望》2006 年第 10 期。

引发各种犯罪问题，更严重的是，随着失业人数的迅速增多和失业时间的不断延长，特别是失海问题，波及相当一部分以此海域为生的群体，因此他们极可能由一般的不满、抱怨、失望等负面情绪发展到对其所处的社会制度和政府的不满，并由此衍生出失业者的集体行为，造成社会动荡。有研究表明，失业和犯罪之间呈显性相关，从客观情况看，海洋社会中的失业者由于失去了生活来源，容易造成生活的贫困，这些贫困人口不仅生活水平下降，而且家庭地位、社会声望也随之下降，贫困的生活环境容易引发铤而走险的犯罪行为。从主观来讲，失业意味着某种失败，容易导致人们平时建立起来的信念的丧失和心理的扭曲。① 对海洋社会中的失业人员而言，由于其没有工作或失去了工作，不能广泛参与海洋社会的生活与生产活动，其自身的价值得不到应有的认可和承认，往往会变得孤僻、自卑，认为社会抛弃了他们，从而出现心理失衡，如果此时自我调节能力较弱，不但不能正确对待这些问题，反而对社会产生强烈的愤怒与不满，并把这种愤怒与不满转化成一种潜在的犯罪意识，一遇到刺激就会实施违法犯罪活动。倘若这种个人行动转化成集体行动，那么后果将不堪设想，会危及海洋社会乃至整个社会的稳定。

综上所述，海洋社会中失业问题符合社会问题的特征，并且其产生的恶劣社会影响无法估计，迫切需要加以控制和解决。

四、海洋相关健康问题

健康是个体生存发展的前提和基础，人的一切活动都必须建立在健康地活着的基础上。海洋社会中的健康问题同样是一个不容忽视的海洋社会问题，海洋环境污染、贫困问题、失业问题、食品安全、传染病等均可能是引致海洋社会中健康问题的风险因素。而健康的基本性决定了如果一个人或一部分群体失去了健康，在很大程度上决定了其他生存或生活能力的低下。并且，这种限制是无法通过其他替代性的途径获得满足，因为它往往从最底部摧毁了扩展其他可行能力的可能性。② 因此海洋相关健康问题必须得以重视

---

① 向德平：《社会问题》，中国人民大学出版社 2011 年版，第 217 页。

② 刘民权等：《健康的价值与健康不平等》，中国人民大学出版社 2010 年版，第 7 页。

并加以有效解决。

（一）健康问题的群体频发性

海洋社会中的相关健康问题并不是一个人或几个人单独的现象，而是具有群体性特征。以海洋捕捞渔民为例，他们是海洋社会健康问题中尤为突出的一部分群体，由于工作的特殊性，海洋捕捞渔民往往远离陆地，因此自然风险是其工作环境中最重要也是最主要的健康风险源之一。在工作过程中，如果遭遇台风、大雾、暴雨等自然灾害，稍有不慎就会面临生命危险。而且海上作业辛苦劳累，环境艰辛，船上绳索、网具多，露天作业的时间长，超时间、超强度劳动的情况较为普遍，由于渔民操作不当等原因经常引发意外伤害等安全事故。据统计，我国渔船船员每年死亡 2607 人，死亡率为 14/10000，高出煤矿行业 24%，是建筑行业的 35 倍。[①]另外，据中国渔业互保协会和辽宁、山东、浙江 3 省渔业部门统计，海洋作业渔民累计死亡（失踪）率为 1.64‰，伤残率为 4.8‰。因此，海洋捕捞渔民一直被视为是从事最危险的职业群体之一，其健康问题的频发性和群体性特点已经构成了海洋社会问题的一般性特征，迫切需要加以重视并予以解决。

（二）健康问题具有破坏性

首先，健康问题直接损害海洋社会群体的利益，包括其生理上和心理上的利益。同样以捕捞渔民为例，开渔期，劳动强度大，渔民一般每年连续作业 8 个月左右，且往往昼夜加班，连续工作。一方面，由于工作、生活环境的特殊性，即使在淡季休渔期间，虽然劳动强度相对较轻，但是生产环境条件差，渔民工作休息空间很小，活动范围受限且较为封闭，因此通风情况不佳。而且船体颠簸，甲板湿滑，上下舷梯狭窄，也容易造成意外伤害。同时，海洋昼夜温差较大，白天舱内闷热，湿度大，舱外太阳光紫外线强烈，晚上舱内湿冷，在这样的环境与条件下极易诱发各种疾病。此外，渔船还缺乏必要的劳动保护制度以及相应的安全保护设施如防毒面具等，使得腰椎痛病、关节疼痛等职业性疾病高发。另一方面，从心理行为角度来说，船上生活枯燥，与外界交流较少，几乎没有休闲设施和娱乐活动，长期处于这种特

---

① 孙颖士：《何处是我避风的港湾？——关注渔船船员职业风险和渔业保险》，《现代职业安全》2006 年第 9 期。

殊的工作和生活环境中，海洋捕捞渔民的身体耐受力和抵抗力会逐步下降，很容易出现忧虑、紧张、敌意等心理问题；加上海上突发情况较多，渔民持续处于紧张情绪中，长此以往，渔民不论在生理健康还是心理健康上都容易受到影响。①

其次，健康问题对劳动生产率产生破坏作用，对海洋社会中劳动力的行为产生显著的负面影响。由于健康问题直接导致海洋社会群体利益受损，无论其身体上还是心理上的不适都会对劳动生产率起到抑制作用，具体体现在劳动参与率和劳动出勤率降低、病假增多、劳动效率和工作质量下降、海洋生产过程中的过错和海洋意外事故增加、劳动意愿和工作激情下降、激励效果不佳。而劳动生产率的降低必然会引发更高的流失率，造成社会负担加重、劳动力短缺、创新能力不足。

再次，健康问题减缓经济增长速度。一方面，健康问题直接带来海洋社会群体健康状况的下降，诱发各种疾病，威胁其良好的身体状态，导致在从事海洋相关生产活动时生产率下降，给经济增长带来负面影响；另一方面，在海洋经济迅猛发展的过程中，以高投资、高能耗、高排放等为特征的粗放型增长方式带来了沉重的资源和环境代价，海洋社会的自然生存环境不断恶化，海洋社会群体的健康成本激增。海洋坏境污染越来越严重的状况，造成医疗支出水平越来越高，由此带来经济增长缓慢甚至负增长。

（三）健康问题需要社会力量予以解决

健康问题是一个复杂的海洋社会问题，无论从其产生的原因、造成的危害还是其解决方式上看，仅靠个人力量无法予以解决，需要动员社会力量进行参与和解决。以渔民健康保障问题为例，虽然根据现行政策规定，渔民是农民中的一部分，同样可以加入新型农村合作医疗，但是目前的这种模式不管是在筹资水平上还是补偿比例上都相对较低，对捕捞渔民吸引力不大。再加上长期的城乡二元体制结构，国家对公共资源投入不均，渔村卫生设施发展相对缓慢，各个方面均不占优势，导致了健康风险源广泛存在，渔民健康问题也就成为一种群体性的海洋社会问题。从目前来看，大部分捕捞

---

① 同春芬、冯浩洲：《社会转型期海洋捕捞渔民健康风险的影响因素探析》，《医学与社会》2014年第5期。

渔民在海上作业时遇到生理和心理上的伤害时，很难得到及时、正规的医疗救治。这是因为渔村卫生基础设施建设简陋，条件艰苦，渔区的医疗水平相对较低，若有严重疾病，捕捞渔民则要跑到市区医院接受诊疗。因此，急需建立一种健全的公共卫生医疗体系，以此来遏制健康风险源的存在，预防渔民疾病的发生，在遭受健康问题时能够及时给以医疗救治，最大限度减轻病痛，有效解除海洋捕捞渔民的健康危机。[①] 对于渔民这一健康问题的保障需要重新进行审视，其解决的复杂性也要求社会力量的共同配合与支持，才能实现切实保障。

第三节　海洋社会问题控制

海洋社会问题威胁着海洋社会正常秩序甚至海洋社会运行安全，因此，必须通过有效的控制机制对海洋社会问题进行干预。作为一种确立和维护海洋社会秩序的机制，海洋社会问题的有效控制有助于预防、抑制、调节和矫治海洋社会中的各种问题。本节先对社会问题控制的基本概念及类型划分给出简单的介绍，然后结合海洋社会中的问题，通过一定的策略与手段予以解决。

一、社会问题控制的概念及类型

美国社会学家罗斯（E.A.Ross）第一次提出"社会控制"（Social Control）的概念，他认为，社会控制的实施主体是某种社会组织，通过这部分社会组织，实施有目的、有意识的控制活动，从而构成社会统治系统。其控制活动大多通过政策、教育、舆论、道德、价值观、伦理法则等方式来实施。社会的不断发展与变迁必然决定了社会控制也要随之变迁。

关于社会控制的定义，学术界有广义和狭义之分。广义的社会控制是指社会组织体系通过社会规范以及与之相适应的手段和方法的运用，对社会成员（包括社会个体、社会群体以及社会组织）的社会行为及价值观念进行

---

① 同春芬、冯浩洲：《社会转型期海洋捕捞渔民健康风险的影响因素探析》，《医学与社会》2014年第5期。

指导和约束，对各类社会关系进行调解和制约的过程。① 狭义的社会控制是指对社会越轨者施以社会惩罚和重新教育的过程。而本书所谈及的社会问题控制这一概念则主要侧重于狭义上的社会控制，它是对已经出现的社会问题进行有效的管理、解决。

随着社会生产力的发展，社会的进步，社会结构的日益复杂，人们活动空间扩大，活动内容得以丰富，社会利益的冲突也开始加剧，个人与个人、个人与群体、群体与群体之间的问题越来越多，社会问题控制的作用也越来越重要。对社会问题进行控制，可以对社会运行中各个系统之间的关系加以协调，修正他们的运行轨道，控制他们的运行方向和运行速率，使之在功能上实现耦合、结构上更加协调，相互配套，尽量使社会中的各个系统同步运行，促进社会的良性运行和协调发展。因此，社会问题控制是任何社会都不可缺少的一种运作机制，尤其是随着社会问题的日益严重更突显了这一机制的关键作用。社会中的社会成员、社会群体由于各自的需要、利益引起他们不同的社会行为方向，因此必须防止社会中的成员因追求个人利益所导致的反社会倾向，如果这种反社会的倾向超出一定的限度，便会引发相应的社会问题，危及社会秩序的稳定。因此，任何社会都要有其自身的问题控制机制，这种控制机制的功能就是根据一定的规范和准则，对社会中的个人、群体出现的问题进行约束、管理和解决，进而使社会维持必要的秩序而正常运行。②

社会问题控制的分类多种多样，纷繁复杂。本文主要从以下几个方面对社会问题控制进行分类。

（一）对社会问题主客体的控制

社会问题的控制可以理解为对社会问题相关主体和客体的控制。对主体的控制，就是对社会问题中的个人、群体、组织等主体的控制。对客体的控制就是对社会问题所处的系统和环境的控制。对社会问题相关主体和客体的控制在社会学中就是对社会问题中主体的行动与结构的控制。对社会问题相关主体的控制不但要对问题性质的具体情况进行分析，而且要掌握好社会问题控制的度，否则就会适得其反。另外，就主体的维度而言，还有一部分社

① 向德平：《社会问题》，中国人民大学出版社 2011 年版，第 28 页。
② 丁芮：《近代湖南社会控制研究（1840—1949）》，硕士学位论文，湖南师范大学中国近现代史专业，2006 年，第 12 页。

会问题中的主体无法得到有效的控制。比如说，一些非现实性的问题本身就是对不良情绪的宣泄，而其原因就在于社会结构的因素或者社会的极不公平。

（二）积极与消极的控制

积极的社会问题控制就是国家与社会运用舆论宣传与思想教育等对社会行为进行正面引导所实现的社会控制，以预防与避免社会问题的发生。消极的社会问题控制是国家与社会组织通过对各种偏离行为的限制与惩罚所实现的社会控制。

积极的社会问题控制更容易为人所接受，并且提供了明确的、向上的目标；而消极的社会问题控制带有强制性与否定性，不容易被理解接受。积极的社会问题控制与消极的社会问题控制相互补充、不可或缺。在现实生活中，积极的社会问题控制比消极的社会问题控制效果更好。

（三）自发控制与自为控制

从社会哲学的角度，杨桂华认为，社会结构是由纵向的生存、意识、行为准则三大领域和横向的自发结构与自觉结构组成的双重交叉结构。社会的自发结构主要表现为自发产生、自由流动的经济活动、社会心理和道德行为规范。社会自觉结构具体表现为规范的经济关系、完整的理论体系和强制性政治法律制度三大方面。[①] 自发结构的功能之一就是社会的自在控制，社会自觉结构的功能之一是自为控制。它们构成了在功能上相互耦合的控制体系，其中自为控制是人类社会的本质特征。

（四）硬控制与软控制

从控制手段的性质来说，社会问题控制可以分为硬控制与软控制，或者叫作正式控制与非正式控制。硬控制采用的是强制性的控制手段，包括政权、法律和纪律等来约束与规范社会行为。政权控制主要利用军队、警察、法庭与监狱等专政工具，从政治、经济、文化等各个方面来控制社会。我国政权控制有两个方面的作用：一是专政的作用，二是民主的作用。法律控制是最权威、最严厉、最有效的社会控制手段，因为法律的后盾是国家政权。法律的控制作用表现在三个方面：教育作用、威慑作用与惩罚作用。纪律是介于道德与法律之间的行为规范，具有"明显的强制性与约束力"。纪律的

---

① 杨桂华：《转型社会控制论》，山西教育出版社 1998 年版，第 139—145 页。

社会控制作用并不仅仅是制裁，而且更要求其成员自觉遵守。

软控制指采用非强制性的控制手段，包括习俗、道德与宗教等约束与规范社会行为。第一，习俗控制。习俗在前现代社会既是调整人们社会行为的规范体系，又是最普遍的社会控制形式。习俗既有积极作用也有消极作用，比如正月十五舞龙灯、八月十五过中秋赏月等习俗有凝聚人心的积极作用，而大办婚事、大操丧事就有互相攀比的消极作用。第二，道德控制。道德控制不但通过道德评价控制人们的行为，而且通过道德的内化使人们自觉行动。在社会生活中，道德控制与法律控制相互补充，缺一不可。第三，宗教控制。宗教通过神圣的或超自然的力量对人进行控制，是维系社会秩序的强大力量，比道德更具有自觉性与约束力。

（五）事前控制、事中控制和事后控制

从社会问题发生的过程来看，社会问题控制可以分为事前控制、事中控制和事后控制。事前控制就是在社会问题发生之前采取一定的措施进行防范，在社会学中被称为社会预警。事中控制是对正在发生的社会问题进行干预以避免社会问题的进一步升级与蔓延。事后控制就是社会问题发生后对社会问题后果的处理。事后控制可以分为三种方式："问题的评价"、"问题的惩罚"与"问题的补偿"。

（六）自上而下与自下而上的控制

根据权力的垂直方向，可以区分出两种社会问题控制：一是"自上而下"的社会问题控制，二是"自下而上"的社会问题控制。"自上而下"的社会问题控制是最普遍的控制方式，它是由"享有更多权力与权威的人和组织对享有较少权力和权威的人或组织的行为的控制"。"自下而上"的社会问题控制是由享有较少权力的人或组织对通常享有较多权力的人或组织的行为进行塑造。①

二、海洋社会问题控制的策略与手段

海洋社会正在经历着全面、强烈而深刻的转型，其中一些主要的海洋

---

① 黄敏：《当前我国社会冲突与社会控制研究》，博士学位论文，中共中央党校马克思主义哲学专业，2011年，第114页。

社会问题冲击着整个海洋社会系统，因此只有建立合理有效的海洋社会问题控制机制才能保证海洋社会稳定有序地发展。随着海洋社会的不断进步与发展，人类关于海洋社会问题控制的策略越来越有针对性，控制的手段也在不断增加。

（一）海洋社会问题控制的策略

1. 建立海洋社会问题预警机制

就社会发展的一般规律而言，人类社会从未有过绝对的稳定，海洋社会也是如此。在海洋社会转型期，体制转轨和社会结构重组交错进行，必然会引发各种海洋社会冲突和海洋社会问题，因而影响海洋社会稳定的风险因素更为复杂。但海洋社会风险的生成及演化并非无规律可循。建立海洋社会预警机制的目的就是要通过科学的方法，根据海洋社会风险的生成和演化规律进行预测，及时认识警源、预报警情，为预防和排除海洋社会问题提供依据，维持一种动态的、相对的稳定。海洋社会预警机制的建立体现在操作层面便是海洋社会稳定指标体系和海洋社会风险预警机制指标体系的建立。上述指标体系的建立应遵循两个原则：一是指标体系的建立不仅应包括海洋社会发展的客观指标，还应涉及价值观念等主观指标；二是指标体系的建立不仅应包含海洋社会系统自身的稳定因素，还应涉及海洋社会系统外部的稳定因素。

2. 健全海洋社会问题决策机制

海洋社会问题预警机制只是对海洋社会风险及海洋社会发展趋势的预测，要真正实现海洋社会的相对稳定，还需要相应的海洋社会问题决策机制。海洋社会问题决策机制的功能在于为实现海洋社会的协调发展和可持续发展提供政策支持和运行保障。就当前而言，海洋社会问题决策机制的完善和健全将主要通过如下三个途径得以实现：首先要改善海洋社会问题决策机制的运行环境，即通过体制创新、教育创新和观念更新来完善我们的政策环境、法治环境和人文环境，为海洋社会决策机制的现代化提供环境支持；其次要加强海洋社会问题及其控制的理论研究和现实探讨，为进行科学的控制决策提供理论依据；最后要以一定的理论为指导，以特定时期的特定海洋社会问题控制情境为背景，在经济、政治、文化、法律及社会保障等各个方面形成可行性政策，促进决策目标的实现。

3. 强化海洋社会问题调控机制

转型期社会机构的分化和价值观念的多元化在一定程度上影响了社会的稳定和可持续发展。因此，需要将政策控制、教育宣传控制和道德控制等主要的控制手段相结合，建立一种新的适应社会发展需要的调控机制。[①] 在海洋社会中，这种调控机制的加强可以通过如下几个方面加以实现：一是建立健全有关海洋社会的市场经济体制和法制体系，为海洋社会问题的调控机制提供一个可靠、健全的运行环境；二是改革涉及现有海洋社会群体的劳动人事制度、户籍制度，形成合理的职业机制、分配机制及社会流动机制，弱化边缘群体和弱势群体的"相对剥离感"，在制度设计上尽可能实现海洋社会中机会的平等；三是一方面要积极鼓励海洋社会中社会组织的发展，充分发挥其在社会调剂、社会沟通、社会服务和社会管理方面的正功能，强化海洋社会成员对协调发展观和可持续发展观的认同感；另一方面要对非政府组织进行合理的引导和管理，有效克服和避免组织的负功能，实现海洋社会问题的有效解决。

(二) 海洋社会问题控制的手段

1. 政策控制

政策控制是政策管理者（即施控主体）作用于政策执行者的活动及其结果（即被控客体），使之改变或保持某种运动方向、目标和状态，以期达到控制目的的过程。在海洋社会中，政策控制是解决海洋社会问题的主要方法之一，通过宏观的政策控制，调动整个海洋社会的力量，创造有利于瓦解海洋社会问题的条件，遏制海洋社会问题的发展。例如，在渔民失业问题上，自 2002 年以来，中央和地方政府就渔民失海问题发布了一系列政策文件来支持渔民转产转业。中央财政通过设立海洋捕捞渔民转产转业的专项资金，发布《海洋捕捞渔民转产转业专项资金使用管理规定（财办农 [2003] 116 号）》，并决定从 2002 年起的三年内，每年安排 2.7 亿元资金用于渔民转产转业政策的实施与落实，主要是用于减船转产补助方面。为保证渔民转产转业，中央还将适当加大财政支持力度，延长资金支持年限，农业部发布了《2003—2010 年海洋捕捞渔船控制制度实施意见》[②]，确保转产转业政策的顺

---

① 向德平:《社会问题》, 中国人民大学出版社 2011 年版, 第 51 页。

② 李萍、梁宁、原峰、刘强:《广东省沿海渔民转产转业政策实施效果研究》,《中国渔业经济》2009 年第 1 期。

利实施。虽然这项政策在执行过程中出现一些问题，但是不可否认的是它在解决渔民就业问题上另辟蹊径，防止了失业问题的恶化。而法律控制是政策控制的一种特殊形式，也是最高层次的社会问题控制手段。作为社会问题控制的一种高级专门形式的法律秩序，是建筑在政治组织社会的权力或强力之上的，由国家制定和认可的，并通过国家强制力保证其有效实施的一种社会规范。它一经产生，便超越个人而具有相对稳定性，因而无论在海洋社会还是更为广义上的社会，法律手段都是强有力的社会问题控制手段。①以我国海洋环境问题为例，1983 年，我国出台《中华人民共和国海洋环境保护法》，其中规定了限期治理制度、环境影响评价制度、"三同时"制度和海洋环境污染民事损害赔偿制度等。对我国管辖海域及沿海地区海洋环境保护活动和行为作出比较系统的规定，对切实保护海洋环境，促进海洋合理开发利用和防止海洋环境问题的恶化作出贡献。该法在 1999 年进行了修订，除了对原有的内容做了必要的充实外，还根据现实需要，新规定了若干管理制度。②

2. 教育宣传控制

教育宣传控制是社会问题控制的一个重要手段。社会通过教育手段，在内容、手段、形式与方法等方面给予积极的引导与控制，目的在于使实施的教育合乎社会发展的需要，并与基本的社会规范保持一致，以实现社会的思想意识形态和价值观念的健康状态。③在海洋社会中。通过教育与海洋社会的互动，建构起合理的海洋社会流动秩序，促进海洋社会的有效流动，尤其是低层向高层的有序流动，以建立和谐稳定的海洋社会秩序，促进人和社会的协调。在渔民失业问题中，政府通过就业培训、教育机制帮助失海渔民再就业，采用刚性措施，使失海渔民必须参加职业技能培训课程，进一步强化职业培训的机制，引导培训市场，推进培训就业机制走向完善，重视针对性和实用性的原则，尊重失海渔民的个人意愿。对那些愿意经营个体经济、民营经济的渔民，组织创办相应的职业培训班，在培训讲师的引导下，进行

---

① 蒋传光：《构建和谐社会与当代中国社会控制模式选择》，《上海师范大学学报》（哲学社会科学版）2006 年第 2 期。

② 黄凤兰、王溶嫒、程传周：《我国海洋政策的回顾与展望》，《海洋开发与管理》2013 年第 12 期。

③ 孙新：《教育控制的社会学分析》，《教育评论》2005 年第 6 期。

系统培训，增加渔民的市场经营意识，协助渔民选择合适的经营项目，申报培训经营程序，全方位提升失海渔民的培训效果。① 通过这一教育手段的有效运用，海洋失业问题得以有效解决。而宣传控制手段主要是通过正式或非正式的舆论对某件事、某一现象、言语或行为作出评价与判断，使人们认识到应当怎样做和不应当怎样做，从而达成统一的认识，规范个人行为。它可以通过报刊、电视、电台等新闻媒介传播，也可以通过群众自发地传播。② 2004 年世界环境日的主题是"海洋存亡，匹夫有责"，这一主题要求我们每一个人都尽力为保护海洋而采取行动。其中，漳州海事局和泉州海事局深化措施，开展"六五"世界环境日宣传活动。他们通过悬挂宣传标语、散发宣传资料等方式在辖区主要渡口开展海洋环境保护宣传，并借助电视、电台、报纸等传媒渠道，加强海洋环境保护和水上交通安全的宣传力度，进一步提高社会公众的海洋环保意识，在整个社会营造一种保护海洋环境的舆论氛围。③

　　3. 道德控制

　　道德控制是一定的社会组织借助于社会舆论、内心信念、传统习惯所产生的力量，借助人们自觉的心态来约束人们的行为。从表面上看，道德控制没有任何国家强制力的支持，是一种"软控制"手段，主要以意见、评论、议论等形式进行广泛传播，以善良与凶恶、无私与自私、真诚与虚伪、高尚与卑劣、正义与邪恶等道德观念来约束与评价人们的社会行为，使人们在舆论的压力下审视自己的行为，对个人的价值评判标准会产生潜移默化的作用，从而达到社会问题控制的效果。④ 面对海洋环境污染和海洋生态平衡破坏的现象，越来越多的人呼吁大家反思自己的行为，重新审视人与海洋的关系，以伦理道德为视角，反思人类对海洋环境的态度和行为，将人类的道德关怀扩展到包括海洋在内的更广阔的世界上来，谋求人与海洋之间的和谐，提出了尊重自然、热爱海洋、保护海洋的口号，珍惜海洋资源并合理开

---

　　① 汤连云：《苍南县失海渔民就业保障研究》，硕士学位论文，福建农林大学公共管理专业，2014年，第29页。

　　② 黄烜：《论突发事件报道中的信息公开和舆论控制》，硕士学位论文，西南政法大学新闻学专业，2009年，第16页。

　　③ 《保护海洋环境　共创美好未来》，《中国海事》2008年第6期。

　　④ 张晓春：《浅析毒品问题的社会控制手段》，《广西警官高等专科学校学报》2005年第1期。

发与利用，维护海洋生态平衡，在确保海洋生态环境的良性循环的基础上有节制地谋求自身的需求和发展，美化海洋环境，[①] 通过道德上的约束与控制，将保护海洋环境内化为自发主动的行为。

[①] 雷新兰：《海洋生态道德：人类文明的新征程》，《广州航海高等专科学校学报》2010 年第 4 期。

第 四 章

海洋社会政策

  21世纪是海洋的世纪，世界各主要海洋国家如美国、日本、澳大利亚等为了提高本国在海洋开发方面的竞争力，在新的世界竞争中占据主动，都在积极地管理海洋：除了在海洋开发与研究方面加大财力、物力和人力的投入之外，还积极调整有关的海洋公共政策，以推进海洋经济和海洋事业的发展。[①]回顾历史，世界上强国的发展，很多都与其经略海洋、利用海洋的海洋观念和海权意识密切相关。法国社会学家迪尔凯姆（Durkheim）指出，急剧的社会变迁易产生严重的社会问题，剧烈的社会变迁也需要相应的社会政策作保证。[②]目前我国海洋社会面临着诸多风险，亟须我们用新的海洋社会政策应对。

第一节　海洋社会政策的内涵

一、社会政策的概念

（一）社会政策内涵的演变

从社会政策发展的历程来看，社会政策的定义很难厘清。美国学者威

---

① 周达军、崔旺来：《海洋公共政策研究》，海洋出版社2009年版，序言。
② 王思斌：《当前我国社会变迁中的社会政策》，《中国社会保险》1998年第1期。

尔逊（Wilson）认为，政策是由拥有立法权者的政治家制定而由行政人员执行的法律和法规。① 政策科学主要的倡导者和创立者拉斯韦尔（Lasswell）则将政策视为"一种含有目标、价值与策略的大型计划"。② 德国是社会政策的起源地，社会政策出台也是为了解决当时德国市场经济发展而产生的一系列矛盾，为此德国学者还专门成立了社会政策学会。1891 年阿道夫·瓦格纳（Wagner Adelph）称社会政策是为了调节财产所得和劳动所得之间分配不均的问题而运用的立法和行政手段。③ 社会政策与英国也有着密切的关联，社会政策的美好理想和费边社（Fabian Society）的理念非常相似。费边社成立于 1884 年，其希望透过改革社会政策去保护资本主义社会下的受害人。费边社不仅影响了英国社会政策的内容，同时也促进了社会政策的讨论和研究。④ 学界对社会政策的理解随着经济社会的发展不断地发生着变化。阿尔弗雷德·马歇尔（Alfred Marshall）认为社会政策不是一个确定含义的专门的术语。它指的是与政府有关的政策，这些政策涉及向公民提供服务或收入的行动，通过这些行动对公民的福利有直接的结果。社会政策的主要内容包括社会保险、公共救助、健康和福利服务、住房福利政策等。⑤ 鲍多克（Baldock）（1999）强调，社会政策指的是政府有目的地分配社会资源予民众，以达致福利目标。由于社会政策被理解为改革社会，英国有一个志愿团体干脆认为"社会政策是针对社会上的不理想状况的政策及法规"。⑥ 随着经济社会的发展，有学者认为在目前的全球化背景下，解决某些社会问题需要世界主义的社会政策。⑦ 还有学者认为，社会政策是关于人类福祉的研究，它研究的是人类福祉所必须的社会关系，以及可能增进或损害人类福祉的体制。⑧

---

① 伍启元：《公共政策》，商务印书馆 1989 年版，第 4 页。

② Lasswell H. D., Kaplan A., *Power and Society*, New Haven: Yale University Press, 1970, p.71.

③ 张开城：《海洋社会学概论》，海洋出版社 2010 年版，第 343 页。

④ 岳经纶等：《中国社会政策》，格致出版社 2009 年版，绪论，第 2 页。

⑤ 张开城：《海洋社会学概论》，海洋出版社 2010 年版，第 344 页。

⑥ 岳经纶等：《中国社会政策》，格致出版社 2009 年版，绪论，第 2 页。

⑦ ［日］武川正吾：《福利国家的社会学》，李莲花等译，商务印书馆 2011 年版，第 103 页。

⑧ 岳经纶：《社会政策与社会中国》，社会科学文献出版社 2014 年版，前言。

（二）社会政策的功能

早在 20 世纪中叶，《贝弗里奇报告》中指出，社会政策是用来消除贫穷、疾病、无知、肮脏和无所事事五大社会问题。初期不少学者将社会政策仅仅局限在某些福利政策，如医疗卫生、教育、住房等等，但是这样的社会政策在缓解社会矛盾时的功能有限，而且随着人们对于政府的要求也越来越高，需要政府提供的公共产品与服务越来越多，社会政策作为实现这些目标的手段和途径具有维护社会稳定和政治稳定双重功效。政府通过广泛颁布和实施社会政策，满足人们诸如住房、医疗、教育等方面的基本需求，保障人们的基本生活；另外由于市场经济发展必然带来社会的不公与社会阶层的分化，也可以通过政府实施政策来消除，从而缓解各阶层之间的利益与矛盾冲突，消除可能存在的社会危机，维护社会的稳定，社会的稳定对于促进经济发展以及提高人民的生活水平有着至关重要的作用。最后，社会政策通过解决社会矛盾与社会问题可以提高社会整合，增强社会凝聚力，对于提高民众对政府和政治制度的认可和拥护程度有着重要的作用[1]。社会政策与每个人的个人生活密切相关，事关我们如何实现美好生活。美好的生活需要医疗卫生和教育这些必不可少的服务，需要工作的生存手段，需要爱情、亲情、友情、安全等这些无形但重要的东西。没有这些东西，就谈不上美好生活，谈不上人类福祉。因此，社会政策关心的是如何安排这些对人类福祉有重要影响的事务。[2]

就我国而言，政府长期以来都有清晰的政治和经济政策，但是社会政策却比较缺乏，社会政策的功能一直被忽视。过去 30 多年的改革开放，我们将"发展"仅仅看成是"经济增长"，过分单一性的发展策略将会导致"急速的现代化"。超速的经济发展带来了居民收入不均、阶层分化、贫富悬殊和各种形式的社会不公平现象，这样的社会会产生严重的社会问题。[3] 进入改革开放的新时期，社会政策在社会发展中的重要作用，开始逐渐受到重视。2013 年，国家主席习近平在出席二十国集团领导人第八次峰会第一阶段会议上作了题为《共同维护和发展开放型世界经济》的发言。他在发言中

---

① 　关信平：《社会政策概论》，高等教育出版社 2009 年版，第 208 页。

② 　岳经纶：《社会政策与社会中国》，社会科学文献出版社 2014 年版，前言。

③ 　王思斌：《当前我国社会变迁中的社会政策》，《中国社会保险》1998 年第 1 期。

指出，"宏观微观经济政策和社会政策是一个整体，各国要用社会政策托底经济政策，为宏观微观经济政策执行创造条件"。这是我国领导人首次在国际层面阐释"社会政策托底"这一重要概念。同年，中共中央政治局常务委员会召开会议，研究当前的经济形势和经济工作。会议提出，面对新形势，要按照稳中求进的要求，未雨绸缪，加强研判，宏观政策要稳住，微观政策要放活，社会政策要托底。这是我国最高领导层首次在国内提出"社会政策托底"的重要观点，这也凸显了国家对于社会政策的重视。①

二、海洋社会政策的概念

随着我国经济体制改革和社会体制改革进入深水区，国家越来越重视"社会政策"。有学者认为我国的公共政策格局正经历从经济政策到社会政策的历史性转变，中国进入了"社会政策"时代。② 大量关乎民生的社会政策相继出台，无论是教育、环保、养老还是医疗等都能看出国家对于民生的重视。同时各种专业性、对待社会特殊群体的社会政策也大量出台，如农村社会政策、扶贫开发政策、城市流浪人群救助政策等等。可以说国家对于民生的重视、对于人民生活水平改进的力度是前所未有的。我国目前的海洋社会问题频发，海洋从业人员增收困难、失业问题严重，并且面临着严重的贫困与健康问题，海洋社会与我国其他社会的差距正在逐渐拉大。海洋社会政策作为处理海洋问题、解决有关海洋方面的纠纷、提高渔民收入、增进渔民福利水平的最重要的政策措施，值得我们认真研究。

（一）海洋社会政策

海洋社会政策是最近刚刚兴起的一个研究领域，但国内外对"海洋政策"的研究呈现多元化态势。美国学者认为"海洋政策是一套由权威人士所明示陈述而与海洋环境有关的目标、指令与意图"。台湾学者胡念祖认为"海洋政策是处理国家使用海洋之有关事物的公共政策或国家政策"。王淼将海洋政策界定为"是沿海国家用于筹划和指导本国海洋工作的全局性行动准则，涉及海洋经济、海洋政治、海洋外交、海洋军事、海洋权益、海洋科学

① 岳经纶：《社会政策与社会中国》，社会科学文献出版社2014年版，前言。
② 王思斌：《社会政策时代与政府社会政策能力建设》，《中国社会科学》2004年第6期。

技术等诸多方面"①。有学者认为海洋政策包括安全、资源、环境、商务与航运以及科学研究等方面的内容,是在这些问题发生利益冲突时最公平调适和解决的准绳,是国家追求全面的海洋利益的工具②。也有学者提出,海洋政策是一系列事关海洋事业发展的规定、条例、办法、通知、意见、措施的总称,是党和政府在特定的历史阶段,为维护国家的海洋利益,实现海洋事业的发展而制定的行动准则和规范,体现了一定时期内党和政府在海洋资源开发、海洋环境保护、海洋权益维护等方面的价值取向和行为倾向。③海洋政策可以定义为沿海国家用于筹划和指导本国海洋工作的全局性工作准则,涉及海洋经济、海洋政治、海洋外交、海洋军事、海洋权益、海洋科学技术等诸多方面。④

海洋社会政策是海洋政策的重要组成部分。本书认为海洋社会政策是社会政策在海洋社会中的具体体现与应用,海洋社会政策既有社会政策的一般特点,也有自己的特殊性。

(二)海洋社会政策的主体

社会政策的主体是社会政策行动的发起者和参与者,是制定和实施社会政策的责任承担者。他们可以是中央以及地方政府、市场、社会、非政府—非营利组织,也可以是个人。社会政策主体具体负责提出社会政策动议、进行社会政策决策、规划和执行社会政策行动方案、对社会政策行动的效果进行评估。社会政策主体是社会政策不可缺少的要素之一。就海洋社会政策而言,政策主体从上至下包括中央政府、地方政府、社会、非政府组织以及市场。海洋社会由于自己的特殊性与复杂性,在制定社会政策时,中央政府以及当地渔村的社会组织地位更加关键、作用更加明显。

1.政策主体的角色

政策主体在社会行动中分别承担着社会政策的发起者、社会政策的决策者、社会政策的规划者、社会政策的组织者、社会政策资源的提供者、社

---

① 王淼、贺义雄:《完善我国现行海洋政策的对策探讨》,《海洋开发与管理》2008年第5期。

② 黄凤兰等:《我国海洋政策的回顾与展望》,《海洋开发与管理》2013年第12期。

③ 张玉强、孙淑秋:《和谐社会视域下的我国海洋政策研究》,《中国海洋大学学报》(社会科学版)2008年第2期。

④ 周达军、崔旺来:《海洋公共政策研究》,海洋出版社2009年版,第68页。

会服务的直接提供者、社会政策的评估者等多种不同角色。同一政策主体可以承担一个或多个角色，同一角色亦可以有一个或多个主体承担。虽然在一定的社会历史时期内，各个政策主体在社会政策中承担的角色具有某种固定性，但各种社会政策主体承担的角色往往会随着时间的变化而变化。[1] 政府是最重要的海洋社会政策主体，是关键的社会政策的行动者，它在社会政策行动中承担着最主要的责任，对社会政策的成败起着至关重要的作用。政府的角色主要包括海洋社会政策的倡导者、决策者、规划者、实施者以及资源的提供者。除了政府之外，海洋渔村的非政府自助组织也在海洋社会政策中发挥着重要的作用。这主要体现在其是海洋社会政策的倡导者、海洋政策资源的调动者以及服务的提供者。

2. 政策主体的演变

海洋社会政策主体的历史演变表现为各类社会政策主体，特别是政府在社会政策行动中的地位和作用的变化。在我国改革开放以前，由于实行的是计划经济，政府是社会政策行动的唯一主体，因此政府也承担了社会政策行动的全部责任。改革开放以后，随着经济的市场化改革和社会福利的社会化，政府在社会政策行动中的主体地位不断弱化，政府所承担的社会福利责任不断减少，但是在这个过程中受到法律约束和政策的限制，非政府组织并没有很大的发展，没有填补由于政府的撤退所产生的福利空档，造成了很多社会成员特别是弱势群体成员社会福利需要得不到有效满足，引发了严重的社会问题。[2] 在海洋社会，主要表现在随着休渔政策的实施，部分渔民实际上处于"失业"状态，国家对渔民的政策不到位，导致了渔民收入水平下降、增收困难，渔民与城镇居民之间的收入差距逐渐拉大等。进入新世纪，我国政府应重新确认政府在海洋社会政策中的地位，强化政府在海洋社会政策行动中的责任，实施一系列的社会福利政策，切实保障海洋社会成员特别是弱势群体的生活，同时应该增强非政府组织的地位和作用。

（三）海洋社会政策的对象

社会政策对象是社会政策行动所指向的客体，是社会政策行动的接受

---

[1]　程胜利：《社会政策概论》，山东人民出版社 2012 年版，第 52 页。
[2]　程胜利：《社会政策概论》，山东人民出版社 2012 年版，第 52 页。

者，也可以说是社会政策行动的获益对象。明确社会政策行动所指向的目标，探讨谁会从社会政策行动中收益，谁的利益会受到社会政策行动的损害，对于了解社会政策具有十分重要的意义。一般而言，社会政策行动直接面向个人、家庭和特殊群体，其直接的目标就是解决社会中个人、家庭和特殊的社会群体所面临的各种困难，满足他们的需要，并在此基础上促进社会的整合和发展。社会政策的对象可以分为一般性对象和专门的对象，以及普遍性对象和选择性对象。

从基本原则上看，社会政策既要满足广大民众一般性的福利需要，又要满足社会中某些群体的专门需要。所以社会政策的对象有一般性的对象和专门的对象。社会中的普通民众是社会政策的一般性对象，而社会中某些需要特殊服务的群体则是社会政策的专门对象。从社会政策行动的运作方式看，社会政策对象可以分为选择性对象和普遍性对象。选择性对象是指社会政策有针对性性地帮助具有特殊困难的社会成员；普遍性对象则是面向全社会或者某一群体中的所有成员，为他们提供无差异的福利服务。两者之间的差异在于，普遍性对象将整个群体作为社会行动的对象，不考虑个体的差异；选择性对象则要考虑个体是否具有真正的困难。[①] 就海洋社会政策而言，其政策对象主要是海上居民，即在海上生产和生活的群体；定居陆上但常年在海上从事经贸活动的群体，如居住在陆上的渔民、滨海社区群体、海洋组织成员、海洋科技与文化研究机构的工作者、涉海人口的家庭成员，以及各种以海洋产业为生的人员。[②] 这些人员都会受到海洋社会政策影响，其就业问题、健康问题等各种社会福利无不与海洋社会政策息息相关。他们是海洋社会政策的接受者和主要受益者，同时也是海洋社会政策制定的主要推动者。

（四）海洋社会政策的特征

海洋社会政策作为国家总政策在海洋活动中的表达，必须服从、服务于国家的总政策，必须体现或者贯彻国家总政策。除此之外，由于海洋社会的特点，海洋社会政策的制定也必然会受到国际公约的影响。国内外的海洋开发利用现状和趋势以及一些海洋领域的国际公约，都是制定海洋政策的重要

---

① 关信平：《社会政策概论》（第二版），高等教育出版社 2009 年版，第 90 页。
② 张开城：《海洋社会学概论》，海洋出版社 2010 年版，第 9 页。

依据。海洋社会政策作为我国社会政策的一部分，有着社会政策的普遍性特点，服从一般性的规律。同时由于海洋社会不同于陆地社会，海洋社会政策相应地也有自己鲜明的特点，这些特点表现在相对独立性和动态性两个方面。

1. 相对独立性

海洋社会与海洋的关系紧密，有着与陆地社会不同的生产方式和生活方式，从而演化出了不同的海洋文化以及价值体系。海洋社会有着自己独特的亚文化圈，有着不同于陆地社会的生活习惯、行为准则、宗教信仰和价值体系等。因此以陆地社会为主构建的社会政策在海洋社会并不一定适宜，或者效果不是非常明显。海洋社会政策有其相对独立性。虽然海洋社会政策的制定离不开国家总体政策、社会政策的框架与范畴，与总体的社会政策具有相同的政策目标与价值取向，然而海洋社会的相对独立性决定了海洋社会政策与总体社会政策不可能完全一致，海洋社会政策在政策的制定、政策的实施以及政策的传递与反馈方面与其他的社会政策也不尽相同。另一方面，海洋社会政策的相对独立性也是为了更好地处理海洋问题、解决目前广泛存在的矛盾与纠纷，海洋社会的独立性造就了海洋社会政策的相对独立性，国家对于海洋问题的重视而使海洋社会政策能够相对独立出来。海洋社会政策的相对独立性更好地表明了其在中国总体的社会政策中的地位与作用，也是当前的国情使然。

2. 动态性

海洋是一个动态、开放的生态系统，受季风、降雨、气温等环境和气候因素影响非常大，与之相关的海洋社会也处于一个不断发展的动态过程，海洋社会与海洋息息相关，既受益于海洋，也必然受到海洋的影响。海洋灾害如灾害性海浪、海冰、赤潮、海啸和风暴潮以及海洋与大气相关的灾害性现象"厄尔尼诺现象"和"拉尼娜现象"、台风等，这些都使海洋社会深受其害。仅仅在 2011 年我国沿海共发生赤潮 50 多次，累计面积 6000 多平方千米。其中东海发生次数最多，高达 23 次，累计面积 1427 平方千米；黄海最少也有 8 次，因灾害直接经济损失 325 万元。[①] 面对海洋的不断变化，海洋社会政

---

① 国家海洋局：《2011 年中国海洋灾害公报》，2012 年 9 月 1 日，见 http://www.soa.gov.cn/soa/hygbml/zhgb/eleve/webinfo/2012/07/1341188579652697.htm。

策不能也不应该是一套固定的、静止的政策体系，海洋社会的动态性就决定了海洋社会政策的动态性。海洋社会政策应不断适应海洋社会的变迁，努力使政策能够切实保障海洋社会人民的生活，提高海洋社会的福利水平。

三、海洋社会政策的价值追求

不同的社会政策往往具有不同的价值倾向，这些价值倾向常常是相互矛盾和冲突的，海洋社会政策也不例外。在海洋社会政策中比较重要的价值争议在"价值中立"和"价值关联"以及公平与效率、个人主义与集体主义。

（一）价值中立与价值关联

"价值中立"和"价值关联"是包括社会政策研究在内的社会科学研究中的一个基本方法论议题。诸多学者都对这个问题进行了研究，社会学家马克斯·韦伯（Max Weber）认为价值中立应该包含两层含义：首先，要实现价值中立必须遵循材料与调查的实际情况，研究者不能将自己的价值判断或一般的价值原则添加到研究中去，价值不能够影响到实验调查更不能影响到结果分析。第二，在做研究与调查的时候应该以现有的科学理论作为分析和研究的基础而不能根据自己以往的经验做理论推断。应该明确什么是事实世界，什么是价值世界，明晰事实判断和价值判断，将"实际是什么"和"应该是什么"的命题区分开。价值关联主要指以下两个方面：首先选择什么样的研究课题肯定会受到研究者价值的判断的影响，在这个问题上不可能做到价值中立。另外在实验结果出来以后，如何进行解释以及对于研究结果如何应用，其中也必然包含着价值判断与价值选择。[①]

价值中立与价值判断深刻地影响着社会政策的研究，无论是政策问题选择还是政策问题的解决都会受到价值判断的影响。不同学者对于社会政策研究应该持有价值中立还是价值判断有着不同的看法，有的学者强调社会政策的研究应该偏向价值中立，有的学者主张价值关联。如蒂特马斯（Titmuss）认为以中立的价值立场讨论社会政策是没有意义的事情。亚特里迪斯（Iatridis，1994）也认为，社会政策分析必须包括社会政策的意识形态，并没有什么"中立的社会政策"和"中立的分析"存在，那只不过是充

---

① 关信平：《社会政策概论》（第二版），高等教育出版社 2009 年版，第 164—165 页。

满矛盾的修饰而已。① 就海洋社会政策而言，应以科学的理论来作为研究的基础和支撑，而不能仅仅根据以往的经验做判断。但是由于海洋问题的复杂性与重要性以及海洋本身的动态性，导致我们在制定海洋社会政策时更多地倾向价值关联。在目前海洋社会问题多发、矛盾重重的情况下，如何更好地选择问题、针对问题采取相应措施，更加有效率地提供资源，是海洋社会政策制定者必然要考虑的问题。

（二）公平与效率

公平与效率一直都是社会政策领域非常重要的价值追求，如何平衡好公平与效率也是社会政策学者以及各国政府努力解决的问题。无论在何种社会发展阶段，公平与效率问题一直都是社会政策学者讨论的核心议题之一。对于公平与效率的追求一直是人们的目标，来指导社会政策的制定、社会政策的评价以及社会政策的分配效果。② 公平和效率都会对社会政策产生影响，然而人们对于两者的侧重却不尽相同。重视社会公平的人认为应将公平作为社会政策优先考虑的目标，对于追求效率的人来说，通过市场配置和分配资源是最重要的。事实上，第二次世界大战后"福利国家"在世界各国的扩张，追求社会公平即是其动因之一。效率对于社会政策走向的影响也是显而易见的。在我国改革开放初期，国家一直强调"效率优先"，在这样的价值安排下，人们的积极性得到了很大的激发，我国的生产力迅速提高，然而过多的关注效率也导致了很多的社会问题发生。因此，如何权衡公平与效率，如何在"做蛋糕"和"分蛋糕"之间取得相应的平衡点是一个国家面临的重要课题，也是目前我国需要解决的问题之一。

就海洋社会政策而言，取得公平与效率这两个价值的平衡非常重要。"在计划经济时期过分强调平等，结果在一定程度上走到了绝对平均主义，对效率损失很大。改革开放以后，我国在经济与社会政策方面都强调效率，但又在不同程度上忽略了平等，导致我国收入分配差距越来越大。近年来，政府和公众都越来越重视公平与效率的结合，尤其是强调通过社会政策去体现社会公平。"③ 在解决海洋社会问题过程中，一定要坚持公平与效率的统

---

① 关信平：《社会政策概论》（第二版），高等教育出版社 2009 年版，第 166 页。

② ［美］路易斯·卡普洛等：《公平与福利》，冯玉军等译，法律出版社 2007 年版，第 10 页。

③ 关信平：《社会政策概论》（第二版），高等教育出版社 2009 年版，第 168 页。

一。只有坚持公平与效率的统一，才能真正让渔民、渔业从业者等真正享受到海洋开发、海洋产业发展所带来的红利；只有坚持公平与效率的统一才能够真正解决严重的海洋污染问题；也只有坚持公平与效率的统一，才能实现海陆统筹发展实现海洋强国的目标。

（三）个人主义与集体主义

个人主义认为，个人先于社会，社会是由个人组成并为个人服务的，强调个人自由的重要性，反对国家或社会对个人行动的控制，主张个人利益应是决定行为的最主要的因素，反对将集体利益凌驾于个人利益之上。集体主义认为，个人从属于社会，是社会的组成部分，集体利益高于个人利益，个人利益应服从集团、民族、阶级和国家利益。集体利益强调集体利益应当是决定人民行为的最重要的因素，为了集体利益，国家和社会需要对个人进行约束和控制。

在海洋社会政策的领域，个人主义和集体主义是一对相互矛盾和冲突的价值。个人主义者强调个人的自主性和个人的选择，更倾向于支持自由市场经济制度和减少国家的干预和控制；集体主义者强调社会的团结与和谐，更倾向于强化国家对各种经济和社会事务的干预。个人主义和集体主义价值倾向对社会政策的影响充分体现在分配、供给、传递和财政等各个方面，个人主义更强调分配的成本效益，供给的选择自由，传递的自上而下的路线设计和财政的地方自主性；而集体主义更强调分配中的社会供给，供给中的社会控制，传递上的自上而下的路线设计和财政的重要集中化。

四、海洋强国背景下海洋社会政策的重要意义

海洋社会政策在当代中国不仅具有重要的理论意义，同时也具有重要的现实意义。胡锦涛同志在党的十八大报告中，第一次明确提出了"建设海洋强国"的战略思想："提高海洋资源开发能力，发展海洋经济，保护海洋生态环境，坚决维护国家海洋权益，建设海洋强国。"[1] 建设"海洋强国"是党中央准确把握时代特征和世界潮流，在深刻总结世界海洋强国和我国海洋

---

① 胡锦涛：《坚定不移沿着中国特色社会主义道路前进，为全面建成小康社会而奋斗——在中国共产党第十八次全国代表大会上的报告》，2012 年 11 月 8 日。

事业发展历程以及经验教训基础上作出的重大战略决策，具有重大的现实意义和深远的历史意义。① 这是我国在2050年建成富强、民主、文明、和谐的现代化国家的一个重要组成部分，我国要实现的"中国梦"也必然包含了"海洋强国梦"。②

什么是海洋强国？很多学者对于海洋强国给出了一系列的评价指标。如就海洋经济而言，我国的海洋产业应该占到国内生产总值的比重达到30%以上，海洋产业成为推动我国经济可持续发展的重要动力；海洋生态方面，海洋的环境优美，人与海洋和谐相处；海洋的防卫力量大大提高等等，总之我国的海洋综合实力应处于世界一流。具体来说就是海洋经济要发达、海洋科技要先进、海洋资源的探测开发能力强、海洋各类资源的利用水平高、海洋的生态环境良好、海洋的法治要健全、海洋文明深入人心、海洋的管理体制健全等。③ 实现这些目标仅有海洋开发政策是不够的，如果仍然只重视经济政策而忽视社会政策，不处理好公平与效率之间的关系，不重视"人"的价值，不仅不能够实现海洋强国的重要目标，甚至还会产生许多严重的社会问题。海洋社会政策作为实现这些目标的支撑，有着重要的意义。

第二节　海洋政策的变迁

进入新时期，海洋在国家发展中的地位越来越高，开发海洋也成为国家的重要战略部署，另外由于海洋资源与环境问题的严峻性，海洋政策作为处理海洋问题的重要手段开始受到越来越多的重视与关注，其在海洋开发与管理的过程中必然发挥更加重要的作用。我国自古就开始对海洋进行开发与探索。我国海洋社会经济的萌芽和农业社会经济的起源一样古老，相应的我国也有很多关于海洋方面的政策。研究不同时期的海洋政策不仅可以使我们了解当时海洋开发与利用的现状，了解海洋在不同的历史时期的地位与作用，还可以通过海洋政策的变迁比较不同历史时期政府对于海洋的态度，汲

① 刘赐贵：《关于建设海洋强国的若干思考》，国家海洋局网站，见：http://www.soa.gov.cn/xw/hyyw_90/201212/t20121204_19335.html。
② 陈明义：《海洋战略研究》，海洋出版社2014年版，第3页。
③ 陈明义：《海洋战略研究》，海洋出版社2014年版，第3页。

取经验和教训。梳理海洋政策的发展脉络对于今后更好地利用海洋大有裨益。就我国海洋政策的发展历史来看，主要分为三个阶段，首先是新中国成立前的海洋政策，这一时期的海洋政策非常明显地体现了当时的统治阶级对于海洋开发的理念和态度，只要是利于统治阶级的，就大力开放海洋，而统治阶级一旦感到海洋的威胁就会实行"禁海"策略。新中国成立后的海洋政策又分为明显的两个时期，改革开放之前与改革开放之后。在改革开放之后的政策又根据经济社会的发展分为三个时期。每个时期的海洋政策都有自己的特点，也都体现了当时的时代特征。可以说，海洋政策与社会经济的发展是息息相关的。

一、新中国成立前的海洋政策

（一）古代的海洋政策

据考证，早在 3000 多年前的周王朝时期，古代中国就设立了类似今天渔政管理的司职人员，是兴渔盐之利最早的国家之一。先秦时期，海洋开发主要是"渔盐之利"和"舟楫之便"。海盐的生产管理也可以追溯到西汉时期，当时就设置了盐业管理机构，汉武帝时"笼天下盐铁"，即政府在全国各地设置管理盐铁的机构，实行盐铁官营，不允许盐铁私自买卖。这样的政策导致了很多沿海地区快速富裕了起来，如江苏盐城一带"东有海盐之饶"之称。[①] 唐朝时期，在广州、泉州和明州，政府设立了对外贸易的管理机构——市舶司，其主要职能是掌管从事航海贸易的船舶与货物。而五代以后，我国的海洋运输与贸易运输则快速发展起来，成为主要的海洋产业。元朝采取了比较开放的对外贸易政策，允许各国商人自由来中国做买卖。明代起初比较重视海洋的开发与利用，积极主动地通过海洋发展贸易，郑和七下西洋的盛事，就是明代海洋开发利用的最好例证，也是我国古代最为重要的海洋事业之一。总的来说，上述朝代对于海洋的态度是比较积极的，也善于通过海洋与其他国家进行贸易往来，这既是国家强盛的标志，也在一定程度上促进了当时各个朝代的繁荣发展。

---

① 于思浩：《中国海洋强国战略下政府海洋管理研究体制研究》，博士学位论文，吉林大学政治学理论专业，2013 年，第 77 页。

到了清朝，当时政府由于受到海洋的威胁比较大，经常遭受倭寇骚扰，同时满清政府又以"天朝上国"自居，导致对于海洋的态度大变，不仅不再积极地利用与开发海洋，还先后两次颁布禁海令，规定"寸板不得下海"。清朝时期还三次颁布"迁海令"，沿海居民一律内迁 50 里。值得一提的是，虽然在康熙年间清政府颁布了《开海征税则例》，这是我国历史上第一个海关法例[①]，无疑促进了当时海洋的发展。然而总体来说清朝政府对于海洋的态度是消极的，甚至认为海洋威胁到了自己的统治，并没有积极地开发海洋，更没有利用我国在造船、航海、天文等方面的优势去探索世界、接触世界，学习世界的先进科学技术，使清朝在当时世界各国的竞争中逐渐落后。

中国是东亚的内陆国家，很早就形成了以内陆为中心的大一统国家，沿海地区从未被作为海洋区域对待，而只是从属于各个不同的传统农业区。沿海地区包括海岛的开发，基本上是内陆社会经济模式的移植。历代王朝统治者鲜有积极进取的国家海洋政策，以致有人把这种重陆地、轻海洋的导向，夸大为中国只有"黄色文明"（农业文明）。[②] 因此，我国古代的海洋政策大多是从陆地农业境界的角度出发的。我国古代海洋社会经济管理的发展，根本之处在于它是否能适应政治社会震荡下的"民间小民"对资源的利用和开发的客观状况，而不在于执行当时国家海洋政策。我国历代的海洋政策与海洋社会经济实态之间一直处于不适应与适应的矛盾运动中，而不适应是矛盾的主要方面。[③]

（二）我国近代海洋政策

近现代以来，我国的海洋事业长期处于有海无防的境地。由于帝国主义的压迫与入侵，我国被迫打开国门，开始认识海洋，被动地处理和管理海洋事务。近代中国的海洋事业获得了一定程度的发展，政府对于海洋的态度有所转变，不再视海洋为威胁所在，开始加强对海洋的管理。辛亥革命以后，当时的中央政府重新设立了渔业管理机构来更好地发展海洋渔业。除了组建管理部门，构建海洋行政机构之外，还颁布了一系列如《渔轮护航缉盗奖励条例》、《公海渔业奖励条例》等法规，对于当时海洋的开发与管理起到

---

① 黄凤兰：《中国海洋政策的回顾与展望》，《海洋开发与管理》2013 年第 12 期。
② 杨国桢：《中国需要自己的海洋社会经济史》，《中国经济史研究》1996 年第 6 期。
③ 周达军、崔旺来：《海洋公共政策研究》，海洋出版社 2009 年版，第 16 页。

了积极的促进作用。

我国近代的海洋政策应该从清末开始。清末以来的政府海洋事务管理主要体现在渔政建设方面，专门的政府渔政管理部门是随着现代渔业生产技术的发展而出现的。在清末设立了最早的现代中央渔政管理机关——商部。① 民国时期，渔业事务由实业部下设渔业局，1916 年改为渔牧司，归属农商部名下。1932 年 6 月，当时的民国政府颁布了《海洋渔业管理条例》，1933 年为了加强对海洋渔业资源的管理和增加税收的需要，又修订了《渔业法》。当然，由于国力不强，加之中日战争的爆发，这一领海管理并没有真正得到落实。战后国民政府内政部、国防部、外交部、海军部开会确定南海领土范围应至曾母滩（即曾母暗沙）。②

总体来说，我国的海洋管理历史悠久，特别是渔政、盐政这类与国计民生密切相关的政府管理尤其发达。古代封建王朝以及近现代的统治者们和社会主流意识中始终强调"先陆后海"、"以陆为主"的发展思维，向外发展的海洋战略却始终未能成形。近代以来，中国的海洋意识总体上有所醒悟，但由于受到帝国主义列强的侵略和控制，各类管理机构和法律法规基本上形同虚设。历史和传统的潜能投射在我国当代的海洋管理实践上，传统农业社会以高度集中、条块分割的农业管理土地的方式管理海洋资源必将成为海洋社会经济继续发展的障碍，在更为影响深远的体制机制因素造成了历史到今天的"路径依赖"，造成了当代中国政府海洋管理的多重困境，但与此同时也给我们改革创新提供了机遇。③

二、新中国成立后我国海洋政策

从海洋社会政策的视角审视 1949 年新中国成立以来中国社会政策的演变和发展，可以将其划分为三个阶段：改革开放之前的海洋政策，改革开放到 20 世纪 90 年代的海洋政策以及新世纪的海洋政策。这三个时期的海洋社会政策无论从政策的内容还是政策的特点来说都不相同，既与当时国家的经

---

① 刘新山、白秀芹、柳岩：《论渔业行政管理主体》，《中国渔业经济》2009 年第 2 期。
② 刘新山、白秀芹、柳岩：《论渔业行政管理主体》，《中国渔业经济》2009 年第 2 期。
③ 李文睿：《试论中国古代海洋管理》，博士学位论文，厦门大学中国古代史专业，2007 年，第 200 页。

济社会发展相一致，也是政府对于海洋开发态度的体现。国家在社会福利和服务中的角色发生了持续的变化，经历了改革开放前的"国家垄断"(state-monopolizing)、到改革开放后的"国家退却"(state-rolling-back)、再到"国家再临"(bringing the state back in)的演变过程，从而令我国的社会政策发展呈现明显的阶段性。① 实际上我国的海洋政策也是随着国家责任的变化不断发生着改变。

（一）改革开放以前的海洋政策

新中国成立以来，由于党和国家的高度重视与正确领导，以及对于海洋的正确认识，我国的海洋事业蓬勃发展，有力地推动了我国的国民经济的发展。应该说，我国的海洋管理事业经历了从小到大、由弱到强、独立自主、艰苦奋斗的发展历程。早在 1958 年，为充分掌握我国海洋的基本情况，从而维护国家海上领土安全，国务院组织了"中国近海环境与资源综合调查"。这是我国第一次组织大规模的海洋调查，为以后的海洋开发和研究奠定了基础。1964 年，国家成立了主管海洋事务的行政主管部门——国家海洋局。国家海洋局的成立标志着我国从此有了专门的海洋工作领导部门，海洋管理工作开始走向正规化、制度化、法制化，极大地推动了我国开发与管理，海洋工作体制开始走向一个新阶段②。成立国家海洋局是我国海洋事业发展的需要，也是全国海洋形势发展的必然结果。

虽然我国的海洋管理与海洋开发利用在新中国成立后有了明显的发展，无论是建立海洋行政管理体系还是出台海洋政策都与新中国成立前比有了质的飞跃。

（二）20 世纪 80—90 年代的海洋政策

改革开放拉开了我国经济发展的序幕，我国开始从计划经济转为社会主义市场经济。随着经济体制的改革，市场的力量逐渐显现，对于海洋的开发与利用也进入了新时期。在这一时期的海洋政策也充分体现了经济体制改革过程中国家和社会所表现出来的特点，与改革开放前的海洋政策有着很大的不同。

1. 海洋政策的内容

这一时期的海洋政策内容可以归结为以下几个方面，包括重新划分了

---

① 岳经纶：《社会政策与社会中国》，社会科学文献出版社 2014 年版，前言。
② 田小明：《29 名专家联名上书：成立国家海洋局》，《中国海洋报》2009 年 10 月 20 日。

国家海洋局的功能与任务：大力发展海洋产业，促进海洋经济发展，保护海洋环境、维护海洋生态平衡等几个方面。可以说这一时期的海洋政策是在国家整体的改革开放政策在海洋方面的体现，简而言之就是海洋开发政策，释放海洋从业人员的积极性，发挥市场的作用。这一时期的政策多以经济开发为主，后来随着海洋环境污染越来越严重，海洋生态环境遭到了严重的破坏，我国的海洋政策中才加入了环境保护的内容。

（1）海上资源开发方面的政策

海上资源有很多种，包括渔业资源、海洋矿产资源、油气资源等，所有的资源都有着重要的经济价值，我国也有着非常丰富的海上资源。对于各种资源也有着相应的管理办法与方案。渔业资源，我国主要的管理依据是《渔业法》，对于渔业资源的利用和资源恢复起到了重要作用。《渔业法》明确规定了对渔业资源的开发、利用的管理机关及其权限，并主要对"养殖业"、"捕捞业"、"渔业资源的增值和保护"等问题做了比较详细的规定。其中也颁布了很多保护渔业资源的制度，如到公海或者他国管辖海域从事捕捞的审批，限定捕捞的场所、时间、工具和方法，渔业资源增值保护费制度，禁渔区和禁渔期等，为可持续地利用渔业资源奠定了政策基础。对于海洋矿业资源、油气资源，目前适用的是《矿产资源法》、《矿产资源法实施细则》、《对外合作开采海洋石油资源条例》、《对外合作开采陆上石油资源条例》等法律法规。海上油气产业，我国也早已作出了部署与开发。1982年国务院《关于第六个五年计划的报告》出于对能源的关注，先行提到要"积极开展海上石油的勘探和开发"。① 除此之外，我国对于海盐、海水淡化等方面也颁布了相关的政策法规，如《盐业管理条例》和2008年通过的《循环经济促进法》。

（2）海洋环境保护政策

1979年《中华人民共和国环境保护法（试行）》是我国第一部综合性的环境保护基本法。1983年，《中华人民共和国海洋环境保护法》规定了限期治理制度、环境影响评价制度、"三同时"制度和海洋环境污染民事损害赔偿制度等，对我国管辖海域及沿海地区海洋环境保护活动和行为作出比较系

---

① 潘新春、黄凤兰、张继承：《论海洋观对中国海洋政策形成与发展的决定作用》，《海洋开发与管理》2014年第1期。

统的规定，对切实保护海洋环境，促进海洋合理开发利用和海洋经济持续发展作出贡献。该法在 1999 年进行了修订，除了对原有的内容做了必要的充实外，还根据现实需要，新规定了若干管理制度。① 如制定排污控制标准，严格控制各类污染物的排放。《中华人民共和国环境保护法》是我国总体的一部环境保护文件。对于海洋环境来说，更加具体的政策是海洋自然保护区制度。1995 年国家海洋局制定了《海洋自然保护区管理办法》，贯彻以养护为主、适度开发、持续发展的方针，加强海洋自然保护区建设，保护海洋生物多样性和防止海洋生态环境全面恶化。除此之外针对比较严重的海洋倾倒问题，又相继颁布了《中华人民共和国海洋倾废管理条例》、《中华人民共和国海洋倾废管理条例实施办法》和《倾倒区管理暂行规定》等法律法规，形成了一套较完备的海洋倾废执法管理的法律法规系统。其主要内容包括：海洋倾废许可证制度、废弃物的分类与审查程序、倾倒区监测等。② 从中我们可以看出国家对于海洋环境保护的政策制定越来越具体，既反映了国家对于海洋环境保护的重视，另一方面也说明海洋环境污染比较严重。这些法律法规的颁布，规范了海洋的开发与利用，对于保护海洋环境、维护海洋生态健康起到了重要的作用。

（3）科学技术研究政策

对于海洋科学技术研究方面的政策主要有在 1993 年制定的《海洋技术政策》。这是我国海洋技术发展、海洋科学研究方面纲领性的文件。出台这样一个政策的目的是为了满足开发海洋、保护海洋生态环境和维护我国海洋权益的需要，通过政府整合海洋科技队伍，形成集体力量。重点发展海洋探测和海洋开发适用技术，有选择地发展海洋高新技术并形成一批相应的产业，推动我国海洋科学技术发展，使中国海洋科学技术在 20 世纪末逐步接近世界先进水平。③

2. 这一时期海洋政策的特点

第一，对海洋的重视程度越来越高。

---

① 吴景城：《论新〈海洋环境保护法〉的基本原则和法律制度》，《苏州城市建设环境保护学院学报》2000 年第 9 期。

② 黄凤兰：《中国海洋政策的回顾与展望》，《海洋开发与管理》2013 年第 12 期。

③ 王芳：《我国海洋政策的回顾与展望》，《经济要参》2009 年第 3 期。

　　改革开放之后，沿海地区的经济开发成为重点，对于海洋的认识越来越高，海洋不再仅仅是"威胁"的来源。改革开放以来，沿海地区凭借着优越的地理位置率先发展起来，大量的劳动人口也聚集在沿海地区。这一时期对海洋的大力开发与应用除了海洋本身具有重大的经济价值以外，也是为了协调缓解我国经济社会发展中面临的一系列严峻问题。实际上海洋经济的发展不仅促进了海洋的开发，促进了我国沿海省市的快速发展，同时也为解决我国人口、资源、环境和发展等紧迫问题提供了新的解决思路。①

　　第二，重视海洋开发与利用。

　　改革开放以来，我国越来越意识到海洋重大的经济价值。1991年国家海洋工作会议通过《九十年代我国海洋政策和工作纲要》，明确"以开发海洋资源，发展海洋经济为中心，围绕'权益、资源、环境和减灾'4个方面开展工作"；1995年还编制完成了《全国海洋开发规划》。海洋渔业、水产养殖等传统的行业快速发展，早在1986年就制定了专门的渔业法，促进渔业资源的开发与利用，海洋渔业的发展也带动了渔轮修造、育苗、饲料、水产品贮运、水产品加工、渔具生产、医药、餐饮、信息服务等一系列相关产业的发展。原来许多贫穷落后地区通过开展海洋渔业，提高了渔民的收入，改善了人民生活②。海洋油气资源、船舶重工等行业也迅速发展。海洋经济在保持快速发展，海洋生产总值年均增长率为16.12%，远远高出同期国民生产总值的平均增长率，中国的海洋经济在新世纪头十年保持了强劲的发展势头，继续成为国民经济新的增长点和亮点。③

　　第三，忽视海洋保护。

　　不可否认，改革开放以来我国对于海洋的开发利用进入了崭新的发展阶段，海洋产业快速发展、海洋资源得到了充分的开发利用，海洋经济业蓬勃发展。然而这些成就的取得是有代价的，是在海洋环境污染、海洋资源枯竭为条件下取得的。在改革开放初期，我国一直强调"效率优先，兼顾公

---

① 《中国海洋环境年报》，2010年9月22日，见http://www.coi.gov.cn/hygb/hjzl/hjzl1995/.

② 孙吉亭：《我国海洋渔业可持续发展研究》，博士学位论文，中国海洋大学渔业资源，2003年，第12页。

③ 国家海洋局海洋发展战略研究所课题组：《中国海洋发展报告（2010）》，海洋出版社2010年版，第321页。

平"的政策，而实际上我们过于重视效率对于公平的倡导不够，导致了在改革开放初期国家"重开发、轻保护"的海洋政策的出台。除此之外，另一个比较严重的问题就是政策出台的部门利益纠葛。不同行业都制定了相应的海洋开发政策，但是对于海洋环境保护这一需要各个部门通力合作处理解决的问题，却并没有得到重视。① 尽管在处理海洋开发与保护二者的关系上，我国海洋政策中并不乏清晰的思路和明确的规定，但对海洋的保护意识明显弱化。1986 年通过的《中华人民共和国渔业法》第 1 条已经提出了保护海洋的要求，"为了加强渔业资源的保护、增殖、开发和合理利用……特制定本法"；1996 年，《中国海洋 21 世纪议程》把海洋资源的可持续开发与保护作为今后海洋工作的重点。然而，从近年不断发生的一些重大海洋污染事故来看，在处理海洋开发与保护的关系方面还有很多问题亟待解决。在政策层面，开发与保护看起来被赋予了同等地位，但在海洋保护的具体规定上还缺乏可操作性的内容，尤其对破坏海洋环境行为的制裁力度还应进一步加强。② 这种突出海洋资源开发，忽视海洋环境保护的海洋政策，严重地影响着我国海洋的健康发展，造成了一系列严峻的问题。

（三）新时期的海洋政策

21 世纪，党的十六大作出了"实施海洋开发"的战略部署。2004 年，国务院印发了《全国海洋经济发展规划纲要》，提出了"逐步把我国建设成为海洋强国"的宏伟目标。2006 年召开的中央经济工作会上又进一步强调"在做好陆地规划的同时，要增强海洋意识，做好海洋规划，完善体制机制，加强各项基础工作，从政策和资金上扶持海洋经济发展服务"。2008 年，国务院批准发布《国家海洋事务发展规划纲要》，这一政策的出台可以说是海洋事业发展新的里程碑。我国第一次颁布海洋发展的总体规划，海洋政策进入了国家总体的战略规划之中，海洋在经济社会发展中的地位得到了中央领导的高度重视。③2013 年 7 月中央政治局就建设海洋强国研究进行第八次集体学习时强调，建设海洋强国是中国特色社会主义事业的重要组成部分。党

---

①　许丽娜等：《我国现行海洋政策类型分析》，《海洋开发与管理》2014 年第 1 期。

②　潘新春、黄凤兰、张继承：《论海洋观对中国海洋政策形成与发展的决定作用》，《海洋开发与管理》2014 年第 1 期。

③　周达军、崔旺来：《海洋公共政策研究》，海洋出版社 2009 年版，第 23 页。

的十八大作出了建设海洋强国的重大部署。① 实施海洋强国战略部署既是党和国家领导人对于新形势下开发海洋、实现海洋健康发展的重要举措，也是实现全面建成小康社会，实现中国梦的重要构成，对于实现中华民族伟大复兴都有重大而深远的意义。

1. 这一时期的海洋政策内容

新时期以来，我国的海洋发展也进入了新的发展阶段。我国的海洋政策除了继续推进更好地利用海洋、开发海洋、保护海洋以外，也随着国际国内形势的变化发生着改变，这些变化主要包括更好地维护我国的海洋权益以及更好地提供服务等。

(1) 切实维护海洋权益

中国坚决维护岛屿主权、海洋权益和海上安全，努力维护海洋航行自由和航行安全。中国对钓鱼岛和南海诸岛及其附近海域拥有无可争辩的主权，对专属经济区和大陆架拥有主权权利和管辖权。中国海洋执法机构依法维护岛屿主权，对所属岛屿及其附近海域进行巡航执法完全是合法和正当的。中国尊重各国正当的海洋权益，在维护本国海洋权益的同时，充分尊重各国根据国际法享有的海洋权益，推动和平利用海洋、合作开发保护海洋，实现和谐海洋愿景。中国坚决维护管辖海域的安全与稳定，是航行自由与航行安全的受益者和坚定维护者，并将继续与各国共同维护航行自由与航行安全，反对以航行自由为借口干涉地区海洋事务。中国一贯坚持通过双边谈判、和平解决海洋划界和其他海洋争端。

(2) 加强海洋公益服务

海洋公益服务主要是指海洋主管部门为认识海洋环境，减轻和预防海洋灾害，保障海洋活动安全而面向社会提供的公共服务。经过几十年的发展，中国的海洋公益服务方面取得了长足的进步，基本满足了中国海洋防灾减灾、海洋经济发展和国防安全等重大需求。在减灾预报管理体系上，初步建立了由国家海洋环境预报中心、海区预报中心和地方各级海洋预报机构相结合的海洋预报工作体系。2012 年 6 月 1 日，《海洋观测预报管理条例》正式施行，标志着中国的海洋观测预报事业进入了法制化轨道。同年 7 月，国

---

① 王宏：《2014 年中国海洋年鉴》，海洋出版社 2014 年版，第 12 页。

家海洋局发布《风暴潮、海浪、海啸和海冰灾害应急预案》，对我国管辖海域的风暴潮、海浪等灾害的应急观测、预警、预防工作，规定了国家海洋局和沿海各省市等相关部门和机构分工和职责。除此之外，各沿海省市也出台了一系列政策措施，如江苏编制了《"十二五"近海岸海域水污染防治规划》、浙江省编制的《海洋灾害防御"十二五"规划》等。

（3）重视滨海旅游业发展

除了大力发展海洋第一产业、第二产业以外，新时期海洋第三产业也得到了快速的发展。第三产业消耗的资源较少，带动的就业机会比较多，对环境的压力较小，世界各国都在大力发展第三产业。滨海旅游业作为第三产业中的重要组成部分，在新时期也得到了快速的发展。新时期以来由于国民收入水平的不断提高、人们生活方式的逐渐变化，我国旅游业快速发展，产业规模不断扩大。为此2009年，国务院发布了《国务院关于加快发展旅游业的意见》（国发［2009］41号），这是我国首次对旅游业发展提出规划。这个文件的出台可以更好地指导我国旅游业健康有序的发展，为旅游业的发展指明了方向。同年国家旅游局下发了关于贯彻落实《国务院关于加快发展旅游业的意见》的通知。除了总体的行业规定以外，国家还出台了特定地方、特定区域内旅游业发展的建议。如2009年底出台了《国务院关于推进海南国际旅游岛建设发展的若干意见》（国发［2009］44号），《意见》提出海南岛的发展目标为：到2020年，旅游服务设施、经营管理和服务水平与国际通行的旅游服务标准全面接轨，初步建成世界一流的海岛休闲旅游度假胜地。为了更好地规范各滨海旅游区的发展，2010年国家海洋局发布了2010年第1号和第2号公报，批准了《滨海旅游度假区环境评价指南》等10项标准为推荐性海洋行业标准，这些行业标准于2010年3月份正式实施。这些海洋行业标准的发布，对于规范各级海洋部门检测与评价滨海地区环境质量工作，为各类海洋开发利用活动和社会公众的休闲娱乐活动提供了环境信息，为促进海洋产业的可持续发展，提供了重要依据和指导作用。[①]

2. 这一时期海洋政策的特点

这一时期的海洋政策与前述各个时期的海洋政策都不相同，概括起来

---

① 国家海洋局海洋发展战略研究所课题组：《中国海洋发展报告》，海洋出版社2011年版，第439页。

有以下几个特点。

第一，将海洋开发与保护提升到了战略地位。

2002 年党的十六大提出中国要"实施海洋开发"的总体战略；2003 年国务院发布《全国海洋经济发展规划纲要》，指出加快发展海洋产业，对实现全面建设小康社会目标具有重要意义；2006 年《国民经济和社会发展第十一个五年规划纲要》提出，保护海洋生态，开发海洋资源，实施海洋综合管理，促进海洋经济发展。此后，2008 年国务院批准的《国家海洋事业发展规划纲要》更将海洋保护提到了相当的高度，这一政策文件的出台可以说是海洋事业发展新的里程碑，我国第一次颁布海洋发展的总体规划，海洋政策进入了国家总体的战略规划之中；2008 年《全国科技兴海规划纲要》（2008—2015 年），再次强调要落实"实施海洋开发"和"发展海洋产业"的战略部署；2009 年《政府工作报告》中最终确立了我国"加快合理开发利用海洋"的基本国策。①

第二，中央海洋政策与地方海洋政策缺乏有机连接。

目前，我国实行中央与沿海地方分区管理的模式，中央与地方共同管理海洋事务。这样划分的目的是为了结合地方特点更好地管理海洋。然而由于海洋的整体性与动态性，这种分割的管理方式并没有起到积极的效果。我国政府规定中央政府管辖 12 海里以外的领海，地方政府管理沿岸 12 海里以内的海洋区域。一般而言，中央对海洋的管理，主要侧重于国防、大型项目的规划、海洋环境的整体保护，而地方政府对于海洋的管理则更加细致更加具体。由于中央政府很少介入地方海洋政策的制定。地方政府在出台自己辖区的海洋政策时，更多的是考虑本辖区的海洋现状，侧重于海洋开发，尤其是能够提高本辖区的海洋经济效益，而这可能与中央制定的相关海洋政策相冲突，而且地方政府出台的政策也很少得到有效的监督。中央与地方政府在海洋政策方面缺乏互动，有可能出现地方政府的政策与中央政府的政策相矛盾的情况。另一方面，各地方政府在海洋政策制定的时候也比较缺乏有效的沟通与交流。过于关注本辖区内的海洋开发与管理会忽视海洋的整体性，这

① 潘新春、黄凤兰、张继承：《论海洋观对中国海洋政策形成与发展的决定作用》，《海洋开发与管理》2014 年第 1 期。

是我国目前海洋政策的一个重要弊端，不利于海洋的健康发展。因此，我国需要建立中央海洋政策与地方海洋政策有机连接机制，实现两者的协调。①

第三，海洋政策的功利主义倾向明显。

当我们将海洋作为土地的延伸时，海洋与土地共同被过度开发的命运就已经被注定。可以说从古至今，基本是以实用主义的眼光看待海洋，不论是把海洋看作天然军事屏障，还是把海洋看作获取资源之地，无不体现一种对海洋的"利用"态度。我们对海洋开发的偏执和对海洋保护的轻视的确需要反思。当地大物博的中国不再有取之不尽、用之不竭的土地资源时，对海洋合理使用的警钟就已经敲响。用辩证唯物主义的观点指导海洋行为，便是开发与保护二者兼顾的对立统一思想，只有开发没有保护，海洋开发利用中的各类问题开始凸显。如陆域污染源排放对海洋生态的影响日益严重，各种用海矛盾及资源与环境的破坏问题也日益突出，岸线与海域资源减少、港口淤积、岸滩侵蚀，生物资源和稀有物种破坏严重，滩涂湿地和红树林大面积消失，赤潮灾害频繁出现，都是当代实用主义海洋观对海洋以及沿海经济社会安全造成的损害。②

第三节　海洋社会政策的发展取向

一、我国海洋社会政策构建的必要性

新中国成立以后，特别是改革开放以来，我国的海洋事业有了长足的发展。我国海洋资源的有效利用，海洋产业的蓬勃发展，海洋事业的发展壮大都离不开我国海洋政策的支持与引导。正是我国政府顺应时代的发展不断地提出适时的海洋政策才促进了海洋的有效开发与利用，才促进了我国海洋经济的发展。我国经济开发不仅使很多沿海居民脱贫致富，还为我国提供了新的经济增长机会。同时我国海洋事业的蓬勃发展，为解决我国人口、资源、环境和发展等紧迫问题提供了新的解决办法与出路。然而新时期以来，

---

① 许丽娜等：《我国现行海洋政策类型分析》，《海洋开发与管理》2014 年第 1 期。

② 潘新春、黄凤兰、张继承：《论海洋观对中国海洋政策形成与发展的决定作用》，《海洋开发与管理》2014 年第 1 期。

我们面临着一系列严峻的挑战：服务海洋经济的要求更高，维护海洋权益任务日益艰巨，海洋空间争夺日趋激烈，改善海洋环境任务愈加紧迫。总之，我们在海洋开发利用、海洋管理和维护、海洋国家交流、海洋环境保护、海洋法制建设等方面还有大量工作要做。

改革开放初期，我国一直坚称的"效率优先，兼顾公平"的发展理念虽然使我国的海洋经济得到了飞速的发展，但"兼顾公平"实际上并没有实现，这表现在海洋政策方面就是海洋经济发展与开发政策比较多，对于有利于实现公平的海洋社会政策却比较缺失。海洋社会政策的缺失拉大了贫富差距，加剧了社会分层，降低了中国民众总体的生活质量，不仅没有解决社会问题，反而激化了社会矛盾，增加了社会的不平等。[①] 中国社会政策发展中海洋社会政策的缺失，既违背了"全面、协调和可持续发展"的科学发展观，也背离了海陆统筹开发的基本要求，更不符合社会政策时代的基本特征和要求。更为重要的是，我们现在面临着越来越多的海洋社会风险。频发的海洋社会风险是海洋社会问题的引致因素。更为直接地说，海洋社会风险意味着爆发海洋社会危机、危及海洋社会的稳定和秩序的可能性。从这个角度来看，我国的海洋政策还有很大的不足，在处理海洋社会的诸多风险以及由此产生的诸多问题上还需进一步完善。

二、我国海洋社会政策构建的原则

海洋社会政策是一个完整的政策体系，有着多样的政策目标，制定海洋社会政策既要实现制度化、规范化，也应该体现民主，社会政策应该从根本上体现人民的意志。因此在构建我国海洋社会政策时应该遵循以下几个原则。

（一）民主性原则

在海洋社会政策构建的过程中，应该首先坚持民主原则。随着改革开放的不断深入和市场经济体制的逐步确立，中国面临的海洋社会风险也越来越大。由于不平等的扩大和不公正的存在，受益者和受损者之间的冲突已经十分激烈。为了维护海洋社会的稳定，政府必须掌握足够的福利资源对潜在

---

① 赵慧珠：《中国农村社会政策的演进和问题》，《东岳论丛》2007 年第 1 期。

的利益受损者提供制度化的补偿，以化解社会风险，这就需要政府通过民主性原则构建海洋社会政策。在现代社会中，民主不仅具有规范价值，还具有工具价值。民主的本质就是参与决策，社会目标由民主参与来确定，社会问题通过民主参与来解决，只有这样，社会政策才能反映广大人民的利益要求，才能满足广大人民的福利需求。充分的民主参与使每个人都有机会表达意见，通过理性沟通达成共识，因此，民主政策可以防范因政府政策失误而导致的政策灾难，还能有效地保护社会福利资源。[1] 通过民主协商通过的海洋社会政策才能真正体现海洋社会人们的利益，才能真正解决海洋社会目前的种种问题。

（二）整体性原则

海洋是一个整体性的生态系统，海洋的整体性、动态性决定了海洋社会政策在构建时应该坚持整体性的原则。另外整体性原则也指海洋社会政策应该是一个相对完整的政策体系，能够较好地反应出海洋社会目前存在的种种问题，并予以政策回应与解答。整体性原则是构建海洋社会政策体系的根本原则。对内部而言，海洋社会政策的整体性也表明海洋社会政策体系内的任何一个单一的政策之间，都存在有机的联系。单独的海洋社会政策并不能解决海洋社会目前存在的问题。根据整体性原则，在构建海洋社会政策体系的过程中，就应该从全局出发，从整体入手，重视整个政策体系的总体设计、统筹规划和长远计划，不能急于求成出台短期的政策，那样的政策不仅不能够很好地保护海洋，反而会产生更加严重的海洋社会问题，产生适得其反的效果。反对"零敲碎打"式的"脚痛医脚头痛医头"和"只见树木不见森林"的"片面主义"。[2] 也只有整体性的海洋政策才能真正地解决目前多发的海洋社会问题。

（三）协调性原则

协调性原则也是海洋政策构建中非常重要的原则之一。协调性包括政策体系内部各政策之间的相互依存与配合的关系，也指海洋政策本身与国家整体的政策体系与海洋社会等外部环境的相互协调与合作。海洋政策的外部

---

① 向德平：《发展型社会政策及其在中国的建构》，《河北学刊》2010 年第 7 期。

② 毕天云：《论社会政策时代的农村社会政策体系建构》，《学习与实践》2007 年第 8 期。

环境主要包括国际、国内和海洋自身的经济环境、政治环境和文化环境。在上述几种关系中，海洋社会政策体系与海洋经济政策体系之间的协调是最为重要的关系。在以往的海洋政策中，我国在经济与社会政策的关系上就没有处理好，过于重视经济政策而忽视社会政策。在一段时间内，社会政策还是经济政策的附庸，完全是为了经济利益服务的。经济政策与社会政策关系没有调整好，就直接导致了种种社会问题的产生。坚持协调性原则，就要处理好各政策之间的关系，做到相互配合与协作，避免"各自为政"，海洋社会的健康发展，涉海人员福利水平的提高，离不开各政策的通力合作、协调配合。除此之外，海洋社会政策也应该与整体的社会环境相适应相协调，更好地反应社会问题的变化，回应公众的社会福利需求。①

（四）渐进性原则

由于海洋问题的复杂性与严峻性，处理海洋问题的政策也不可能一蹴而就，海洋社会政策体系的形成是一个逐步完善的过程。在构建海洋社会政策体系的过程中，应该从海洋社会的客观需要出发，根据目前社会人群的认识能力与接受能力，逐步推行社会政策，过于超前或滞后的社会政策既不能被人们理解，也不能很好地解决社会问题。在具体的构建工作中，特别要分清政策制定的轻重缓急，优先制定条件成熟的社会政策。当然，强调渐进性原则并不意味着在构建海洋社会政策体系问题上可以"无所作为"或者"消极息工"。② 另一方面，随着经济社会的发展与海洋社会的变迁，必然会出现新的问题，产生新的社会矛盾，这些问题都需要我们用海洋社会政策来解决。因此，海洋社会政策本身也是一个不断完善、不断改变的体系，单一、固定的海洋社会政策不可能满足海洋社会发展的需要。

三、我国海洋社会政策构建的目标

坚持走和平发展道路，确立走向海洋的国家战略，以促进中华民族复兴为根本目的，以科学发展观为指导方针，以建设海洋强国为长远战略目标，以确保海防安全和发展海洋经济为中心任务，全面发展海洋事业，努力

---

① 毕天云：《论社会政策时代的农村社会政策体系建构》，《学习与实践》2007 年第 8 期。

② 毕天云：《论社会政策时代的农村社会政策体系建构》，《学习与实践》2007 年第 8 期。

建设和谐海洋，谋求公平合理的海洋利益。

（一）维护海洋社会公正

维护海洋社会公正是海洋社会政策建构的首要目标，无疑也是最为重要的目标。公正一直是人类社会最主要追求的价值准则，就海洋社会层面而言，公正必须通过海洋社会政策才能够体现。因此，在制定海洋社会政策时要坚持公正的原则，包括确保社会成员的生存底线和基本尊严的规则、机会平等的规则、按照贡献进行分配的规则以及社会调剂的规则。[①] 过去的海洋政策过多地关注经济发展与海洋开发，关注"效率"而忽视了"公平"问题。[②] 虽然带来了海洋产业的迅速发展、海洋资源的有效开发利用，但是对于"公平"的忽视也产生了相当多的社会问题，很多人并没有从海洋产业的发展中获利，依旧处于贫困之中，如渔民的贫困问题。消除贫困是人类社会面临的共同任务，也是当前中国经济社会发展的重大问题。过去的政策设计者对贫困的相对性和长期性认识不足而缺乏对贫困的系统性认识，加之渔民群体的特殊性，使渔民的"贫困"问题日渐突出。海洋社会政策应该更加关注公平，更加注重回应人们的诉求。海洋社会政策如果不以维护公正为目标，不仅不能提高人们的社会福利，反而会产生相反的效果。

（二）提高海洋社会福利

我国的海洋政策存在一定的问题。一方面，我国过多地关注经济发展与海洋资源开发利用，关于海洋社会、海洋社会政策方面的政策则少之又少；另一方面，我国的海洋政策更多地关注了海洋矿产、能源等自然因素，对于海洋社会中"人"的关注不够，并没有把以人为本放在政策制定的首要位置。[③] 在以后的政策制定中，海洋社会政策应更加关注再分配的领域，强调社会进步与经济增长的协同，将二者视为一个动态过程。与经济政策不同，海洋社会政策更多地关注实现社会福利。从根本上说，福利是一种再分配方式，福利制度也是各国重要的维护社会公平与社会稳定的重要手段。提高海洋社会福利就是不仅意味着全体人员福利水平的提高，享有更好的生

---

① 吴忠民：《从平均到公正：中国社会政策的演进》，《社会学研究》2004 年第 1 期。

② 毕天云：《论社会政策时代的农村社会政策体系建构》，《学习与实践》2007 年第 8 期。

③ 钱宁、陈立周：《当代发展型社会政策研究的新进展及其理论贡献》，《湖南师范大学社会科学学报》2011 年第 4 期。

活，还意味着弱势群体能够得到更多的关注。目前，由于我国渔业资源的匮乏，海洋渔业发展面临严峻挑战，大量捕捞渔民需要转产转业，很多渔民面临着失业与贫困的风险。虽然我国安排了专项的救助资金，帮助渔民转产专业、摆脱贫困，然而效果并不明显。在建构我国的海洋社会政策时应该始终把切实解决人民的问题放在第一位，要以提高社会福利为目标加大投入力度，帮助人民摆脱贫困、提高人民的福利水平和生活质量，切实维护海洋社会成员的利益。

（三）确保海洋社会可持续发展

在过去的几十年中，人们逐渐认识到经济发展如果没有同时改善整体人口的社会福利，也就毫无意义。如果要实现海洋社会的可持续发展就必须要纠正"扭曲发展"问题，努力实现经济发展与社会发展的统一。当前海洋经济发展带来的资源无序开发和环境破坏，不仅破坏了海洋生态环境也给人类的健康带了严重的问题，为此，在海洋政策的制定和执行中，必须倡导海洋可持续发展的政策理念。实现海洋可持续发展，应该坚持以可持续发展原则指导各项海洋事业，严格控制海洋污染，切实保护海洋生态环境，建设繁荣海洋、健康海洋、安全海洋、和谐海洋。坚持综合开发利用和协调发展的原则，统筹安排海洋经济、海洋综合管理、海洋资源环境保护、海洋科技教育和海洋社会公共事业。实现海洋社会的可持续发展应该将海洋社会的自然属性与社会属性相结合，在海洋开发与海洋保护中取得平衡，更加关注海洋社会中"人"的价值与因素，实现良好的海洋生态结构、优美的海洋环境，既是人类健康生活、全面发展的自然基础，也是我们实现海洋强国梦的题中之义。①

四、我国海洋社会政策构建的思路和建议

海洋社会政策的重要性毋庸置疑，体现社会公平取向的中国社会政策也已经是社会系统的一个重要组成部分。在构建海洋社会政策体系时，必须坚持"需求导向"的原则，把"现实"与"可能"结合起来，把"实然"与

---

① 张玉强等：《和谐社会视域下的我国海洋政策研究》，《中国海洋大学学报》（社会科学版）2008年第2期。

"应然"结合起来。根据这一思路，我国海洋社会政策体系的构建可以有以下几个思路。

（一）需要加强政府自身的社会政策能力建设

认识到了社会政策的重要性，还要有一个强有力的政策制定与传递机制，这些都是政府方面的责任。政府既是社会政策的制定者，也是社会政策的执行者，同时也承担了一部分社会政策的评价与反馈责任。在诸多社会政策主体中，政府的地位与作用是最为明显的，也是至关重要的，因此政府的社会政策能力强弱与否直接导致了政府是否可以辨别出目前存在的社会问题，制定出比较符合实际需要的社会政策，能否将社会政策顺利地推行及至发挥作用。我国过去常常运用政治力量来推动社会政策的实施，这种做法无疑在某些特定的历史时期发挥了应有的作用，但是这并不能表明政府就拥有比较强大的社会政策制定能力。改革开放进入深水区，社会矛盾尖锐、社会问题频出的情况下，要处理这些问题就需要政府不断提高自己的政策能力。不再仅仅依靠政治力量推动政策的执行，而是与市场社会通力合作，更好地辨别社会问题，制定更加切实有效的社会政策。在海洋社会政策领域，政府政策能力的强弱也是至关重要的。①

（二）扩大公众在海洋社会政策制定过程中的参与

海洋社会政策作为一种公共政策，体现了涉海人员的利益表达。在制定海洋政策的过程中，应当以满足公共利益为目标，应面向公共或社会共同需要。因此，为了保证我国海洋政策的公共性，在海洋政策制定过程中必须有政府和公众的共同参与和交互活动。但是，目前我国除了《中国 21 世纪议程》（1994 年）明确规定"海洋资源、环境的开发利用和保护，单靠政府部门的力量不够，必须有广大公众的参与，包括教育界、传媒界、科技界、企业界、沿海居民及流动人口的参与"以及在《中国海洋 21 世纪议程》（1996 年）明确我国政府坚持海洋可持续发展必须依靠公众参与的态度之外，并没有相关的法律法规对公民参与海洋政策制定作出规定。在多元社会中，公共利益往往通过公民或社群的共享利益或社会的共同利益来具体体现。当前海洋政策制定中的公众参与也只是少数地区、城市的"创新之举"，

---

① 王思斌：《改革中弱势群体的政策支持》，《北京大学学报》（哲学社会科学版）2003 年第 6 期。

大多情况下海洋政策制定成为极少数专家和政府领导封闭式自我意志的充分表现。因此，我们应完善公众参与海洋政策制定的相关法律、制度，进一步扩大公众在海洋政策制定过程中的参与程度，以便充分满足公共利益需求。

（三）建立更高层次的国家级海洋综合协调决策机构

现在我国实施海洋管理最高层次的管理机构是国家海洋局。国家海洋局从 20 世纪 70 年代建立以来，为维护我国的海洋权利，促进我国的海洋开发作出了非常大的贡献。海洋局原本由海军代管，后由国家科委管辖，最后划归国土资源部管辖。海洋局本身也在不断改革，为了更好地维护海洋权益，开发利用海洋资源，理顺海洋管理的关系，破除海监、渔政、海事、边防和海关的"五龙治海"格局，从而更有效地治理海洋，我国重组了国家海洋局，国家海洋局下设政策法规和规划司、海岛管理司、海洋科学技术司、海域管理司等负责制定研究开发、保护、防卫等方针，更好地维护了我国的海洋权益。然而，国家海洋局划归国土资源部管理，在实际的管理中受到多种因素的影响，政策的独立性不强。在新形势下，我们亟待建立国家级更高层次的权威性的协调管理机构，进行全局性连续指导，协调各部门、各地区之间的关系。这是海洋管理体制中最重要的层次，也是综合统一管理能否展开的关键环节。这样不仅可以破除地方保护主义对于海洋政策的抵触，更好地促进海洋开发利用，还可以在应对新的社会风险时予以及时的回应与处理。另一方面，建立更高层次的决策机构也表明国家对于海洋重要性的认识，也是国家把海洋建设提到战略地位以后的必要举措。

（四）健全海洋政策的协商机制

海洋问题是一个全球性的问题，海洋问题的解决也不可能只靠一个国家、一个地区的努力，目前海洋问题的严重性、海洋本身的流动性、整体性等特点决定了实现海洋问题的有效解决必须实现全球各国的协商努力，各国的通力合作是必不可少的。在国际上加大合作交流，广泛地与各国之间沟通协调处理海洋问题，甚至成立专门的国际行动组织，帮助各国在解决海洋问题时相互协商，相互合作；另一方面，在国内也要形成政策的相互协商机制，消除地方各自为政的局面，破除地方利益集团。这不仅要求中央和地方在制定海洋社会政策时相互协商，地方政府努力与中央政府保持一致，还要求各级地方政府之间通力合作，相互沟通与协调，从而在纵向上和横向上都形成相互联动的体系，使海洋政策的制定能够真正从总体出发，从全局出发，从海洋本身的特点出发，更好地解决目前存在的海洋社会问题，使海洋开发和保护形成一个有机的整体，实现海洋资源共享，维护海洋社会公平与可持续发展。

第　五　章

渔民贫困与发展型社会政策

　　消除贫困是人类社会面临的共同任务，也是当前中国经济社会发展的重大问题。然而伴随着"海洋世纪"的来临，海洋强国战略的实施以及海洋开发活动日趋频繁，我国海洋渔业由于资源和环境问题面临发展困境。加之渔民群体的特殊性，渔民的"贫困"问题日渐突出。传统的反贫政策以问题为导向，随着社会的发展以及需求的多元化，发展型社会政策以发展作为一个重要的衡量维度，倡导积极的社会福利政策，将经济发展和社会福利政策相结合，并把社会福利支出视为人力资本、社会资本等的投资行为，倡导多元主体共同参与治贫。本章以贫困概念的演进为理论基础，结合渔民群体的特点，分析渔民的贫困现象。其次，以发展型社会政策为基本工具，为未来渔民反贫提出一定的借鉴。

第一节　渔民贫困

一、贫困的概念与演进

（一）贫困的界定

　　"一掷千金浑是胆，家徒四壁不知寒"，"满径蓬蒿老不华，举家食粥酒常赊"……这些是我们提及贫困所不由自主想到的诗句。《英国大百科全书》将"贫困"定义为，一个人缺乏一定量的或社会可接受的物质财富或货币的状态。这个概念实质包括两个方面的含义：一是"社会可接受的"，表明贫困是一个具有时间和空间变化的概念，随着人类社会的发展，不同时期社会可接受的物质财富或货币的状态的衡量标准在变化；二是购买一定量商品和服务的能力，体现在一定量的货币或拥有的物质财富。在汉语中，《新华字典》将"贫"定义为"收入少，生活困难"，"困"定义为"现在艰难痛苦或无法摆脱的环境中"。那么"贫困"主要指收入或财产过少，而使人陷在艰难痛苦或无法摆脱的环境中。[①]

　　然而，贫困不仅仅是指穷人的不幸和苦难，或者说是收入、财富的过少。贫困是与人类社会发展相生相伴的现象，它随着人类社会的发展而不断演进，人类对贫困概念的认识也不断深化。随着社会经济的发展，由最初绝对贫困视角下的收入贫困，逐渐发展到相对贫困视角下的能力贫困和权利贫困。相对贫困是指个人或家庭所拥有的资源，虽然可以满足其基本的生活需要，但是不足以使其达到社会的平均生活水平，通常只能维持远远低于平均生活水平的状况。同时相对贫困还包含以他人或其他社会群体为参照物所感受相对剥夺的社会心态。下文从相对贫困、能力贫困和权利贫困来进行讨论。

　　（二）贫困认知的演进

　　汤森（Townsend）（1971）提出了相对贫困理论，对贫困进行了新的阐释。认为"贫困不仅仅是基本生活必需品的缺乏，而是个人、家庭、社会组织缺乏获得饮食、住房、娱乐和参与社会活动等方面的资源，使其不足以达到按照社会习俗或所在社会鼓励提倡的平均生活水平，从而被排斥在正常的生活方式和社会活动之外的一种生存状态。由于穷人缺少这些资源，他们所应该拥有的条件和机会就被相对剥夺了，故而处于贫困状态。"在测量方法上，提出了相对收入标准方法和剥夺标准方法。相对收入标准方法，即用平均收入作为一种测量的相对贫困的方法。但这种方法也有一定的局限性：第一，不同的家庭类型，那么收入就不同。因此，这种方法对于同一家庭类型的贫困程度可以比较，但是这种方法无法对不同的家庭类型的程度作出比较。二是物质基础随着社会环境的不同而不同，也就是说，在不同的社会环境里，得到的收入也是不同的，那么处于不同环境中的家庭的平均收入，也会有很大的差异，所以用这种方法对于不同环境里的家庭的贫困程度也很难

___
　　[①]　王小林：《贫困测量理论与方法》，社会科学文献出版社2012年版，第1—2页。

作出比较。为了更好地测量，汤森提出了剥夺标准，即根据对资源不同程度的剥夺水平，提供一个对贫困的客观评估方法。汤森的相对理论是一个主观标准，强调的是社会成员之间生活水平的比较，这一理论丰富了贫困的内涵，并拓宽了西方学者的研究视野。①

阿马蒂亚·森（1999）提出了能力贫困的概念。从可行能力的视角，即一个人所拥有的、享受自己有理由珍视的那种生活的实质自由来判断个人处境，故把贫困看作是对基本的可行能力的剥夺，而不仅仅是收入低下，而这却是识别贫困的通行标准。② 贫困的真正含义是贫困人口创造收入能力和机会的贫困，意味着贫困人口缺少获取和享有正常生活的能力。由此，阿马蒂亚·森提出一个较全面的贫困定义即贫困的"识别（identification）"和"加总（aggregation）"。为了弥补度量中缺少的收入分配问题，阿马蒂亚·森引入了基尼系数 G，G 度量的正是收入分配的公平程度。③ 阿马蒂亚森这个概念的提出，可以更加精确的衡量贫困的程度，不仅扩展了贫困的内涵，也反映了分配的不平等程度。

迪帕·纳拉扬（Deepa Narayan）（2001）等人从穷人的视角定义贫困，认为贫困不仅仅是物质的缺乏，在穷人看来，缺乏权力和发言权是他们定义贫困的核心因子。迪帕·纳拉扬等人创造出融合人类学、社会学、经济学等学科知识的"参与式贫困评价法（PPA）"来综合开展贫困问题研究。从其本质上讲，该方法就是把"主体性"在贫困群体中得以充分体现，以贫困群体作为直接的研究对象，主体性也就体现为贫困群体参与其中，通过访谈与被访谈、表述与被表述的研究方式多次与贫困群体互动，主要目的是通过贫困群体自己来反映他们的生活状态，通过他们本人的声音可以比较真实地反映各自的贫困状态，并且让贫困群体自己评价，发表自己的观点来形成对贫困的认识，这样使得研究观点比较客观、科学。④ 世界银行（2001）将贫困定义为：贫困不仅指物质的匮乏（以适当的收入和消费概念来测算），而且

① 杨立雄、谢丹丹：《"绝对的相对"，抑或"相对的绝对"——汤森和森的贫困理论比较》，《财经科学》2007 年第 1 期。

② ［印］阿马蒂亚·森：《以自由看待发展》，任赜，于真译，中国人民大学出版社 2002 年版，第 85 页。

③ 潘进：《阿马蒂亚·森贫困理论研究》，《商业时代》2012 年第 4 期。

④ ［美］迪帕·纳拉扬等：《谁倾听我们的声音》，付岩梅等译，中国人民大学出版社 2001 年版。

还包括低水平的教育和健康，包括风险和面临风险时的脆弱性，以及不能表达自身的需求和影响力。①

随着社会经济的发展，贫困现象将发生性质上的变化，即相对贫困成为贫困的主要现象。对此，未来的社会政策应关注到贫困群体的相对贫困现象：一是围绕贫困群体的基本需要，着力缩小收入差距；二是通过福利政策，促进机会公平，消除社会排斥，培育弱势群体的人力资本和社会资本，阻断贫困的代际传递；三是关注弱势群体的政治参与，完善社会主义民主制度，共享经济发展成果。

二、渔民的相对贫困

改革开放以来，中国渔业取得了非常迅速的发展，但随着工业化、城市化进程的加快以及海洋开发战略的实施，传统渔业生产的发展面临"瓶颈"的制约，资源过度利用导致渔业资源锐减甚至枯竭，渔业增收以及渔业的可持续发展陷入困境，渔场面积的缩减导致渔民利益直接受损，渔民增收困难，甚至生计状况面临严峻挑战和威胁。渔民的贫困也主要表现为相对贫困方面，而且，在经济、政治和社会等方面表现得比较突出。

（一）经济方面

但近年来，由于渔业资源的枯竭，再加上中日、中越等多边渔业协定的生效，导致中国渔民陷入"捕捞无鱼、捕捞无海"的境地。随着经济的发展以及城市化水平的加快，渔民收入与城镇居民收入增长的差距越来越大，阻碍了渔民生活质量的提高，制约了渔业可持续发展。

从图 5-1 中可以将渔民收入、农村居民收入、城镇居民收入进行比较分析。可以看出，随着经济的发展，渔民、农民和城镇居民的收入都呈上升趋势，渔民的人均收入从 2000 年的 4725 元逐步上升到 2010 年的 8962.81 元。② 将三个群体对比来看，与农民相比，渔民人均纯收入总体上高于农村居民人均纯收入。然而，将渔民与城镇居民人均纯收入相比，渔民收入增长率都低于城镇居民，而且渔民与城镇居民人均收入差距不断扩大。2000 年，

---

① 世界银行：《2000/2001 年世界发展报告》，中国财政经济出版社 2001 年版，第 15 页。

② 本段所用数据均来源于中国农业出版社 2000—2014 年出版的《中国渔业统计年鉴》和《中国统计年鉴》中的相关数据整理统计得出。

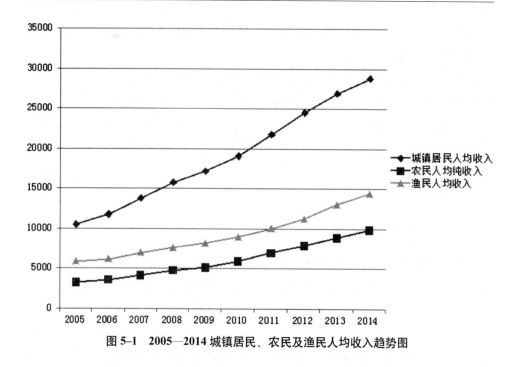

图 5-1 2005—2014 城镇居民、农民及渔民人均收入趋势图

城镇居民人均可支配收入为 6280 元，渔民人均纯收入为 4725 元，城镇居民人均可支配收入比渔民高出 1555 元。2013 年，差距更加明显，城镇居民人均纯收入达到了 26955.1 元，渔民人均纯收入仅为 13039 元，二者差距为 13916.1 元。2013 年间城镇居民收入的增幅为 329%，而渔民收入的增幅为 175.9%。而且渔民收入不仅在总量变化上与城镇居民和农村居民有所差异，在收入结构方面也有很大的不同。① 通过分析 2005—2014 年《中国渔业统计年鉴》中"渔民家庭收支情况调查"数据以及农业部和国家统计局公布的数据，可以发现，近年来中国渔民的收入结构呈现出以下特点：第一，收入有所增长，但增长速度趋缓；第二，收入结构单一，经营收入占主导；第三，群体内收入差距大，贫富悬殊。

（二）政治方面

在政治方面，长期以来我国的各项政策体系通常是把渔民包含在农民之内，视农民为弱势群体。然而，渔民却是弱势群体中的边缘化群体。不仅

---

① 同春芬、黄艺、张曦兮：《中国渔民收入结构的影响因素分析》，《中国人口科学》2013 年第 4 期。

仅在经济上边缘化，在政治上也处于边缘化的境地。虽然把渔民视为农民，但渔民并没有像农民一样，拥有土地生产资料的保障。从法律规定来看，渔民和合法的渔业组织是我国渔业权的权利主体，而客体是不统一的。在我国，渔业权是一种受到公权力"有限限制"的"私权"，是一种用益物权。因此，渔民在政治方面的相对贫困状态一方面表现在渔业权的保护上，相关法律不健全导致渔民的权利无法得到保障；另一方面，表现在相关的渔业管理制度不完善，导致部分渔民群体尤其是捕捞渔民的权益受损。

　　实际上，渔业权是传统渔民对传统渔业生产的作业权，但是在我国的渔业法律体系中，并没有对这项权利予以充分的保护。那些打着公共利益的幌子，但是事实上代表地方利益、政府利益、部门利益、个人意志的公权侵害渔民权利的时候，渔民确实无法对抗，也无法寻求救济。[①] 渔业法其实部分地确认了渔民这一固有的习惯。2000 年修订的渔业法第 12 条规定："县级以上地方人民政府在核发养殖证时，应当优先安排当地的渔业生产者。"虽然渔业法作出了这样的规定，但这一法律条文并没有对此如何具体操作作出相应规定，更没有十分明确的规定这一权利。[②] 什么程度才算"优先安排"，什么样的群体才算"当地的渔业生产者"，这些看似有章可循的规定，在实际执行当中就变得模糊，没有明确的界限的划分。对于怎样确定是否为"当地的"渔业生产者，依据为户口的所在地，还是说家庭血缘关系，还是说曾经在此经营过一段时间，都没有作出明确的标准划分；而对于"优先安排"则更加难以进行实际操作，因为国家对于海域资源利用都是有统一规划的，可用的规划指标是固定数，分配完就没有了，很难保证"当地优先"，一旦发生政府寻租的状况，那就更难保证渔民的权利了。[③] 正是由于我国的渔民政策被纳入到整体的农民政策体系中，进而出现很多政策和制度不适合渔民，或者说与渔民的特殊性不相适应。海洋资源是渔民生存、发展所依赖的重要生产、生活资料，但是近年来，中日、中韩、中越三个双边渔业协定的签署实施，以及国家海洋开发战略的实施和填海项目的不断增加，使渔民可

---

　　①　孙宪忠：《中国渔业权研究》，法律出版社 2006 年版，前言第 3 页。
　　②　孙宪忠：《中国渔业权研究》，法律出版社 2006 年版，第 38 页。
　　③　同春芬、黄艺：《海洋社会变迁过程中海洋渔民的地位变迁初探》，《2013 年中国社会学年会暨第四届海洋社会学论坛论文集》，2013 年 9 月。

作业海域大范围缩小，这也就导致渔民的渔业权受到了不同程度的侵犯。这也表明，渔民在法律等政治方面，也处于一种相对贫困的状态，这种相对贫困主要表现为权利的缺失或保护不当。

（三）社会方面

如前文所述，在我国，渔民的身份具有一定的特殊性，这就是说虽然他们被纳于农民的框架之下，但却不能像农民一样，拥有土地的保障，实现自给自足。同时，渔民虽然没有土地，以前也是由国家统一分配粮食，但他们始终也不属于城镇居民范畴，也无法像城市居民那样有稳定的收入和工作。因此，不管是与农民相比，还是与城市居民相比，渔民在公共事务参与、社会福利和保障享有等方面，均处于劣势地位，表明在社会方面渔民也是处于一种相对贫困状态。

首先，从社会参与来看，渔民的社会参与度明显不够充分。社会参与是社会成员以某种方式参与、干预、介入国家政治、经济、社会、文化和社区的公共事务从而影响社会发展的状况。结合上述定义，渔民的社会参与就是渔民参与到政治、经济、文化等社会事务中的状况。近年来，随着我国民主法制建设进程的加快，海洋渔民参与社会政治生活积极性有所提高，通过各种渠道、采用各种途径维护自身合法权益的民主意识也有一定程度的增强。然而，无论是在实现政治权利方面，还是社会参与的程度和水平方面，我国海洋渔民都难以和城镇居民相比，也无法像他们那样享受更多的政治权利，从而也就无法切实有效地参与政府决策、享受政治权利其社会参与方面的相对贫困程度在不断提高。同时，由于受到市场经济和社会结构变迁的影响，大多数渔民以家庭为单位，各自进行分散经营，缺乏以组织为单位的基础信息共享和协调。再者，由于渔民的传统观念也受到生产生活方式变迁的冲击，其所占有的文化资本仍然十分贫瘠。[①] 由此可见，由于渔民各方面权利的缺失，使得渔民的社会参与程度明显不足，加剧了渔民的相对贫困状态。

再者，从享有的社会福利和社会保障来看，渔民的社会保障程度明显

---

① 同春芬、张曦兮、黄艺：《海洋渔民何以边缘化——海洋社会学的分析框架》，《社会学评论》2013 年第 3 期。

不足。由于海洋强国战略的实施，海洋经济的发展速度比较快，再加上城市化进程的加快，导致大批海域面积由于海洋开发工程建设被征用，使得渔民的作业场所不断减少、遭到破坏，从而也使得他们失去了收入来源。另一方面，由于生产方式的转变以及所有权的改制，再加上转产转业政策，渔民大多都是合股，由一名股东管理渔船。除了股东之外的捕捞渔民等传统渔民，他们的福利就有所减少，尤其是在补贴方面。比较而言，农民的生存权有土地承包经营权保障，城镇居民有一套完整的社会保障体系，诸如失业保险、养老保险等等，而渔民的社会保障还不够完善，多数渔民的参保率不高或者说对于社会保障、保险的认识不强。渔业生产相对于农业生产和其他产业来说，所面临的风险更大、所需要的技术性更强，而且对于退休年龄也具有明确限制。渔民一旦失去海洋就意味着失去基本的生存条件，渔民既没有建立类似农民的土地征用补偿机制那样的海域征用补偿机制，也没有类似城市居民那样的最低生活保障制度。[①] 更为严重的是，渔民的老龄化趋势加重，有些甚至成为"上岸无土、下海无船、生存无路"的"三无"人群，使渔民的生计陷入困境。

总之，渔民在经济、政治和社会等方面的相对贫困状况，使得渔民群体的边缘化趋势加重。改善渔民群体的相对贫困现状，迫切需要相关政策的支持。

三、贫困治理的政策依赖

贫困与发展是当今世界所面临的严重挑战。我国政府一贯高度重视扶贫开发工作，反贫困一直是中国政府的一项重要职能，尤其是在农村，政府制订了一系列治贫扶贫的政策，来解决农村的贫困问题。

（一）"五保"供养制度及灾害救助制度

"五保"供养制度是我国长期以来实施的一项基本的社会救助政策，也是中国农村社会救助中的一个重要的组成部分。它产生于 1956 年。在相关文件中规定集体经济必须保障农村居民中无法定义务抚养人，无劳动能力，

---

① 同春芬、张曦兮、黄艺：《海洋渔民何以边缘化——海洋社会学的分析框架》，《社会学评论》2013 年第 3 期。

无生活来源的"三无人员"的吃、穿、住、医、葬（孤儿保教），使他们各个方面都有一定程度的保障；同时为了使他们可以更好地生活，享有基本的生活水平，也可以让一些具有劳动能力的五保对象参加一定的劳动，保证他们享有最基本的生活水平。1958 年，随着人民公社的建立和发展，"五保"供养制度也有了新的表现形式。有的表现为在乡或村的领导下的集体负责，有的表现为某家庭的单独负责，也有的表现为亲戚朋友负责或其他供养。2006 年，新的《农村五保供养工作条例》开始实施。相比旧法规，五保供养制度的资金来源发生了很大的变动。也就是以前五保供养经费来源主要是由乡或村自己负责，新的条例实施后，资金来源由地方政府统一调配使用。这一变化，标志着我国的五保供养制度的资金有了正式的制度安排，同时，由过去村民互助自养式的供养体制，代之以由政府公共财政负担的财政供养体制。[①] 五保供养制度是对敬老养老、扶残助孤的传统美德的弘扬和发展，同时也是政府对农村最困难群体的关心和重视。此外，通过五保制度，保障五保对象在内的特困村民的生活，有利于缩小他们与其他村民的差距，充分体现了公平的原则。

灾害救助制度简称救灾，对象是突然遭受灾害侵袭的农户。它的主要内容是：维护人民的生命财产安全，及时为人民排除灾害的危险和威胁，在灾区及时地转移安置灾民并为灾民发放救灾物资，通过各种措施加快恢复灾区建设，调动各方面力量积极为灾区建设贡献力量，在灾后安置区为灾民进行心理疏导，维护灾区的安定和人民的安康。[②] 灾害救助的目的是保障灾民的基本生活和健康，确保灾民的重建工作，维护社会稳定。我国自古以来是一个多种自然灾害频发的国家，多种自然灾害的频繁发生，也促使灾害救助在我国实施已久，在我国古代救灾就是社会救助的重点，而且主要的组织实施者是政府。救灾资金每年由中央安排自然灾害补助费，地方予以配套投入。[③] 灾害救助制度的实施，使灾区人民的生产得以恢复，生活和情绪得以

---

① 申小菊：《转型时期我国农村社会救助制度的完善》，硕士学位论文，华中科技大学社会保障专业，2006 年，第 9—12 页。

② 廖益光：《社会救助概论》，北京大学出版社 2009 年版，第 225 页。

③ 申小菊：《转型时期我国农村社会救助制度的完善》，硕士学位论文，华中科技大学社会保障专业，2006 年，第 9—12 页。

安定，对灾民摆脱贫困有着十分重要的作用。

（二）最低生活保障制度

1994 年以来，为解决农村困难群众生活问题，民政部门进行了建立农村最低生活保障制度的试点探索。农村最低生活保障制度是国家和社会专门为农村的贫困人口，为了保障其最基本生活而建立的一种社会救助制度。在保障对象上，坚持"应保尽保"的原则；在保障标准上，坚持标准适度、量力而行、动态调整的原则；在保障方式上，坚持货币、实物和服务保障相结合的原则。① 截至 2002 年底，这一制度涉及全国诸多县市，在城乡统筹规划下，建立了一体化的最低生活保障制度，但是各地的制度建设极不平衡，有的县建立的最低生活保障制度仅仅是有名无实，村中极少数人才可以拿到补助金，而且数额也很低；有的县标准很低，甚至都还不能保证及时发放补助；低保制度在有的地区已经渐渐萎缩，出现了逐步消失的趋势。然而随着社会的发展和社会保障制度建设的不断完善，最低生活保障制度也在不断地完善发展。② 最低生活保障制度的建立，真正起到了社会保障安全网的作用。通过建立最低生活保障制度，扩大了社会保障的范围，有效保障了农村贫困人口的基本生活权益，有利于维护社会的稳定与和谐。

（三）农村特困户救助以及临时救助措施

农村特困户救助主要是在农村定期或不定期救助基础上发展起来的，目前主要在没有实施低保制度的中西部农村实施。主要是对缺少劳动力、不具备扶持条件的农村贫困户给予物质资金救助。农村特困户主要是指长期在农村生活居住，因疾病、贫困、灾害等诸多原因使家庭陷入生活困境无法自拔，难以维持基本生活水平的家庭。具体包括：未享受五保待遇、无劳动能力且生活特别困难的鳏寡孤独家庭；家庭主要成员痴呆傻残、无劳动能力且子女未成年、生活特别困难的家庭等。③ 民政部通过对符合标准的困难户发放《农村特困户救助证》，有针对性的开展农村困难群体的救助活动，通过救助办法和救助措施的综合使用，在一定程度上保障了困难户的基本生活

---

① 廖益光：《社会救助概论》，北京大学出版社 2009 年版，第 144—148 页。

② 申小菊：《转型时期我国农村社会救助制度的完善》，硕士学位论文，华中科技大学社会保障专业，2006 年，第 9—12 页。

③ 廖益光：《社会救助概论》，北京大学出版社 2009 年版，第 197—198 页。

权益。防止救助工作的随意性，确保农村各项救助工作都有章可循、有法可依，从根本上维护好、发展好农村最困难的群体的基本权益。救助资金一般由各级政府筹集，资金数量根据各省的经济发展水平不同而有所不同。①

临时救助的对象是针对一般的困难户，他们的生活水平比特困户要高，但是又不符合五保供养以及特困户的标准，因为他们很容易受到贫困、失业、健康等风险的影响，而且他们的生活水平普遍偏低，徘徊在最低生活保障的边缘，脆弱性十分明显。临时救助包括以下几种情况：一是自然灾害的发生导致部分群体陷入困境；二是因疾病等无法预料的因素影响正常的生活，导致贫困的；三是暂时性救助，暂时性救助一般通常指季节性的救助，根据季节不同而发生的。例如冬季给部分困难户送温暖、由于倒春寒影响，为部分农民送粮食等措施。临时救助一般都是暂时性的，或者是不定期的，扶贫帮困的措施也是多种多样的，如逢年过节时给予一定的生活补助，或不定期地给予生活物品救助的方式等。临时救助经费一般由当地政府财政列支，辅之以社会互助的方式。②

特困户是农村贫困群体中本身自我救济能力比较差、摆脱贫困的能力极为有限、生活上最困难的群体。他们对于贫困的摆脱更多的且较大程度上依赖于政府的相关政策。而特困户救助与临时救助的政策，通过多种方式、多种渠道，缩小特困户与其他群体的差距，保障他们的基本生活权益。

（四）扶贫政策

在"八七"扶贫攻坚计划完成之后，政府通过制定并颁布实施《中国农村扶贫开发纲要》，对农村扶贫的方式和策略进行了相关调整，这一时期扶贫工作的主要任务就是解决温饱与巩固温饱并重，而扶贫对象也由绝对贫困人口变为相对贫困人口。

只有贫困人口综合素质提高了，才能实现其早日摆脱贫困。教育改变命运，贫困人口摆脱贫困，在很大程度上依赖于自身受教育程度的提高，这是摆脱贫困的重要方式。因此，对贫困地区的教育尤为重要。政府通过各种

---

① 申小菊：《转型时期我国农村社会救助制度的完善》，硕士学位论文，华中科技大学社会保障专业，2006年，第9—12页。

② 申小菊：《转型时期我国农村社会救助制度的完善》，硕士学位论文，华中科技大学社会保障专业，2006年，第9—12页。

措施支持贫困地区教育事业的发展，增加贫困地区教育事业的扶持力度，而且还设置一系列专门项目来发展。另外，政府十分关注贫困人口脱贫能力的培养。通过各种计划方案，努力提高贫困人口的脱贫能力，通过教育培训，增强贫困群体的劳动技能、就业和创业能力，使贫困人口能够更快更好地实现就业和再就业，以达到增加收入、尽快摆脱贫困。为了更好地解决贫困问题，不断发展完善我国的农村社会保障制度的建设，在农村地区探索建立最低生活保障制度，大力推行新型农村合作医疗制度、新型农村居民养老保险制度，以减轻农民的看病负担、养老负担，从而减少农民因病致贫、因病返贫、老年贫困等现象的发生。

（五）专项救助

随着社会经济的发展以及致贫因素的复杂和多样化，我国政府在治理贫困中，提出了一系列的专项救助措施以更好地应对贫困、解决贫困。

1. 医疗救助

农村社会救助的难点是农村医疗救助。在我国农村贫困成员中，因病致贫的比例达到50%多。因此，疾病与饥饿、医疗与食物在我国农村是同等重要的问题。通过进一步加大资源投入，增强农村医疗救助力度和水平，来完善农民的医疗救助。中央政府在2010年全面建立起农村合作医疗制度，通过与医疗救助制度衔接，不仅可以更好地发挥合作医疗的作用，还能达到互济作用。贫困人口的医疗费等各项费用可以通过农村医疗救助进行一定程度的弥补，这样贫困人口便可以进入合作医疗的保障范围。通过各种措施，正确处理好合作医疗与医疗救助的关系：通过借助合作医疗的力量，如降低起付线、提高封顶线等优惠政策，使得医疗救助可以为特殊困难群众提供更多的优惠；同样，新型合作医疗解决不了的问题，也可以通过实施二次医疗救助解决符合医疗救助条件的农村贫困群众的看病问题。[1]

2. 教育、司法等相关救助

为了帮助农村贫困家庭儿童接受更好的教育，农村教育救助通过减免学杂费、提供资助等方式，帮助贫困人口子女完成相关阶段的学业，确保教

---

① 申小菊：《转型时期我国农村社会救助制度的完善》，硕士学位论文，华中科技大学社会保障专业，2006年，第9—12页。

育公平性，通过教育来提升贫困人口的文化素质和脱困能力。人力资源这一要素，是经济发展中最主要、最活跃的因素，也是国民财富的重要基础。人口素质的高低是制约贫困地区经济发展速度、也是贫困是否延续的重要原因之一，加强人力资源开发与贫困人口素质的提高是摆脱贫困的根本途径。首先，严格落实农村的义务教育。根据党中央若干文件和精神的要求，对农村义务教育阶段的学生减免学杂费，对于贫困家庭的学生，可为其提供教科书和一定的生活补助。党中央要求各地要严格落实这一政策，不仅要严格执行学费减免政策，同时还要完善监督检查机制，以保证每一个受教育者都有机会接受义务教育。其次，建立并完善贫困地区的教育体系，继续积极兴办并认真落实政府通过中央财政以及福利资金兴办的各种教育支援计划，建立贫困地区教育专用基金，以提供资金支持。同时制定相关政策，鼓励大学生优先考虑西部支教以及支援西部的就业计划，适度提高贫困地区教育工作者的工资待遇。再次，制定并实施阶段性的教育计划和其他教育援助计划，提高贫困地区人口的文化素质，集中资助、扶持、协调西部贫困地区的教育发展。此外，不仅关注到贫困地区儿童的教育，也要重视对成人的教育，围绕农业和农村产业结构的调整，大力开展农村职业教育，把实用技术培训作为重点，增强农村成年劳动力掌握和运用先进操练技术的能力，从而提高就业技能，进而把贫困地区的扶贫工作、社会救助转移到提高贫困人群的人力资本的轨道上来。[①]

法律援助指的是对经济困难或由于案件的特殊性，需要对当事人给予一定的减免诉讼费用并提供帮助的一种制度安排。首先，应该把贫困地区的特殊困难群体，诸如"五保户"、特困户以及孤寡老人和残疾人等都纳入该援助范围内，扩大农村司法救助的范围。对于贫困地区的法律援助工作积极争取专项经费支持，有一些县需要国家扶贫工作的重点关注，在这些县开展法律援助工作需要依赖于中央拨款予以财政支持，通过经费支持使得贫困群体获得一定的法律援助，使贫困群体更容易得到法律援助。其次，在法律援助的具体工作中，充分调动律师等法律服务工作者的积极性，发挥最大的

作用为贫困群体做好援助工作。通过各种措施规范法律援助的各项工作，法律服务工作者应当根据有关规定，自觉履行法律援助义务，通过接受法律援助机构的指派，每年应当办理一定数量的法律援助案件。同时为了提高法律工作者提供法律援助的积极性，应当通过激励机制，强化对司法援助工作者的意识，对在法律援助工作中作出突出贡献的律师和律师事务所、基层法律服务工作者和基层法律服务所，司法行政机关、律师协会应当给予表彰、奖励。①

　　从上述阶段性扶贫政策看来，不管是早期的以救济为主的输血式扶贫还是"八五"期间的区域经济发展式扶贫，不管是"八七"扶贫攻坚阶段重点对象扶贫还是新阶段的相对贫困的扶贫，都体现了社会政策在应对贫困问题中的重要作用。而且，随着贫困问题由绝对贫困到相对贫困的发展，贫困问题的复杂性及多样性，更需要社会政策的关注。从救济式扶贫到"雨露计划"等相关扶贫项目的开发，充分体现了经济政策和社会政策在贫困治理过程中的融合，这种融合也正是发展型社会政策的体现。通过发展型社会政策，强调积极的社会福利，加强对贫困群体的人力资本和社会资本的投资，从而提高贫困群体的发展能力，进而摆脱贫困，可以"有体面的生活"。本章后两节将具体阐述发展型社会政策以及发展型社会政策在贫困治理中的应用。

第二节　发展型社会政策基本概念

　　西方的传统福利思想虽然覆盖面很广，但是导致政府的财政支出庞大，进而导致财政困难，造成国民对福利依赖的现象十分严重。新自由主义对于传统的福利思想作出批判，主张在福利领域不应该依赖于政府，政府应该退出福利领域，福利的保障应依靠市场。但是，实际证明，如果社会政策单纯地依赖于市场同样是不可靠的，这也加大了风险性。在今天经济全球化的进程中，资本和劳动力等生产要素具有较高的流动性，而且比以前任何一个时

---

① 申小菊：《转型时期我国农村社会救助制度的完善》，硕士学位论文，华中科技大学社会保障专业，2006 年，第 9—12 页。

代流动性都要高，经济比以前任何一个时代都更加繁荣、具有活力。但同时，失业和各种各样的风险也比以前更大。失业、人口老龄化、贫困等社会问题，人们渐渐认识到，单独的市场调节和单独的政府干预都不是万能的。① 这样，发展型社会政策也就成为了研究的焦点。

一、发展型社会政策的背景及内涵

（一）发展型社会政策的背景

发展型社会政策的产生，是在一定的历史背景条件下发生的：

1. 全球化

全球化是一股深深地影响当今世界、波及世界范围每个角落的不可阻挡的历史潮流。全球化意味着各种生产要素，包括技术、人员、资本、资源等生产要素，都可以在世界范围内进行跨国界流动，企业在追求利润最大化的同时，可以选择有利于自己的生产方式配置资源进行组织生产，随着资源配置方式的多样化和自主化，以及生产方式的国际化，原本固守于一国的社会政策体系，已经不能继续与全球化的趋势相适应，也不能在此背景下与社会经济发展相适应。比如说：企业早期的社会政策制度，它的建立与早期社会的社会背景相吻合，符合早期工业社会的历史发展。在那一时期，雇主和雇员的雇佣关系比较稳定，而政府也有比较好的控制力。如今，企业为了追求利润最大化，依托经济全球化配置资源，甚至在海外设厂，雇佣外国劳动力减少自身工人工资成本，再加上全球化潮流下，劳动力资本流动更加频繁，由此带来了较高的失业率，彻底打破了固有的雇佣关系格局，在很大的程度上削弱了国家的整体竞争力和对他国的影响力，阻碍了国家的长远发展。然而发展型社会政策强调要重视社会投资，并把社会投资作为自己的政策理念，具有明显的生产性的特征，顺应了全球化的历史潮流，符合社会变革的诉求。

2. 现代风险社会

"风险社会"是一个全新的概念，风险社会是指整个社会在全球化的浪

---

① 陆游：《发展型社会政策视域下的农村贫困治理》，硕士学位论文，西安理工大学马克思主义基本原理专业，2009 年，第 3 页。

潮中，随着各国之间联系的日益密切，各国之间的界限也在全球化的背景下被打破，对此，风险日益占据社会的主要位置，随着全球化进程的加快，各种风险表现出全球性的特征，而且风险的程度也在全球化的背景下加剧，风险的复杂性和不确定性也逐渐增强，严重威胁全人类的生存和发展。全球性风险的存在，对国家的管理提出了新的要求。国家为了更好地应对风险，对社会政策进行相应的改革，是政府工作的重中之重，以此提高政府应对和处理风险的综合能力。而发展型社会政策注重增强贫困群体的可持续生计能力，具备可持续发展的战略前景，因此，发展型社会政策正是有效地应对以上这些风险的社会政策"武器"。①

3. 社会结构变迁

随着信息化和全球化的发展，社会结构和就业结构也随之发生了一定的变化，而社会结构和就业方式的变迁，带来了一些问题。主要表现为：①人口老龄化加快。在资本流动加速、经济增长衰退时，再加上人口老龄化的影响，为社会保障带来了沉重的负担，巨额的财政压力，很大程度上可能会导致社会保障制度的崩溃或者政府财政的巨额赤字。②信息技术、通讯技术以及知识型社会的发展，整个社会环境下对于高素质、高学历以及新技能的需求比较旺盛，同时也引起对低素质、无竞争力的劳动者的排斥，虽然他们的工资和福利待遇已经很低，但同样不具有竞争力。③家庭结构的变迁。近年来，家庭结构在缩小，但同时离婚率也在上升，单亲家庭的数量不断增多；工业社会时期和大规模制造业时期的生活方式和就业模式也随着家庭生活的变化而变化，在这一变化过程中，人们的就业年龄、结婚年龄、生育年龄和退休年龄等发生了多样化。④职业结构多元化和就业多样化。大工厂中经常采用的长期稳定的传统雇佣模式逐渐被临时工、小时工、家庭雇工取代。这些变化都对福利国家起初建立的社会保障体系提出了新的要求。②

传统化的依靠私有政策来解决问题的模式难以适应新出现的社会风险和社会需求，这就需要创造一种新的社会规则来满足社会发展需要，而这种

---

① 杨洋：《发展型社会政策视角下汶川地震灾区贫困村的减贫研究》，硕士学位论文，华中师范大学社会学专业，2013 年，第 16 页。

② 张伟兵：《发展型社会政策理论与实践——西方社会福利思想的重大转型及其对中国社会政策的启示》，《世界经济与政治论坛》2007 年第 1 期。

新的社会规则就是发展型社会政策。

（二）发展型社会政策的内涵

20世纪70—80年代，美国著名社会福利学家梅志里（Midgley）通过对以南非为代表的发展中国家的社会政策进行实践考察之后，正式提出了"发展型社会政策"的概念，并以此来表述非工业化国家社会福利政策的特征。之后，经过更为科学严谨的研究，发展型社会政策的内涵和外延有了更为深层次的拓展和延伸，梅志里、谢夫里等对此作出了巨大贡献。他们认为"发展"是这一基本政策模式的核心要求，也是基本目标，并对"发展"的内容作了更为全面的丰富。"发展"的意义不仅仅包括传统意义上经济的增长，同时也涉及了人力资本、社会发展指标、生活环境以及人们的社会参与度等问题。基于这一基本主张，他们提出了众多具体的政策要求，其中最为核心的就是社会政策应与经济政策相融合，并驾齐驱，追求物质文明和精神文明共同发展，在满足人们的基本生活需求的同时，也要追求更高的福利水平，让人们享受到更好的福利待遇。

英国学者安东尼·吉登斯（Anthony Giddens）也曾提出过类似的概念，比如福利社会、社会投资性福利战略等。吉登斯认为传统的福利制度是以贝弗里奇报告为基础的，这是一种消极的社会福利，不利于社会经济的发展和社会体系的完善。但是吉登斯也明确了自己的主张，反对传统的自由放任，政府对社会福利的改革方向应该加强管理和规范。他认为福利是人们的一种主观感受，而不是政府的无偿服务，如果福利的供给过度依赖政府，会造成政府的财政负担、个人责任感削弱等风险，所以积极的社会福利应该遵从福利多元主义的原则，政府、企业、个人共同承担福利责任，但是当个人无力承担社会责任时，政府应该提供一种新的规则来满足他们的需求。所以他认为未来社会福利制度的改革方向应该偏向于增强社会包容性和鼓励个人的创造性。这种积极地福利改革不是要取消福利开支，而是要实现福利开支的多元化、均衡化、重点化，不再单纯地侧重于福利消费，教育、培训、就业机会等方面的投资也包括在内。此外，吉登斯从责任视角出发，认为社会福利关乎每个人的切身利益，应当由全体社会共同承担，而不是仅仅依靠政府。因此，他提出了用"福利社会"来取代"福利国家"的主张。我们应该从更广泛的意义上来讨论社会福利，而不是仅仅把社会福利看作是对社会问题的一种矫正，它应该有着充满人文的价值取向和追求。就如同发展型社会福利所倡导的那样，我们的福利制度更在于提高人们的生活质量和满足人类自身发展的需求。

1968 年，以"发展型社会福利"为主题的第一届国际社会福利部长会议在纽约的联合国总部召开，会议对发展型社会福利的原则和目标取得了基本共识。会议认为，在促进经济发展的同时，不断提高人们的生活水准，合理分配社会收入，维护公平与正义，促使人们积极地参与社会管理是发展型社会福利永恒的追求。

通过对梅志里等人的论述和研究进行归纳、总结和分析，我们可以看出发展型社会政策具有以下特点：(1) 社会政策是上层建筑，它对于巩固和发展社会经济具有重大的作用，并且始终追求社会和经济发展相辅相成，互为依存。(2) 社会政策具有普适性和统一性。社会政策取得的成果应该惠及全体社会成员，而不是某个权贵阶层。(3) 社会政策是一种投资性战略，它通过对社会资源的重新选择和分配，有利于提高人们抗击风险的能力，同时也有利于提高国家的国际竞争力。(4) 社会政策注重短期发展与长远规划的结合。通过社会政策对资源的再分配，提高社会成员的能力，保证社会竞争过程的公平，以此来规避结果的不公平。(5) 福利多元化框架下，政府的角色是制定政策和提供资金，倡导多主体的共同参与，实施由第三方来完成。①

二、发展型社会政策的理论基础及思路

(一) 理论基础

发展型社会政策是人们为了更好地满足自身需求，在理解发展基本定义的基础上创造出来的一种新的社会规则。对于这种政策范式的转换，我们有必要了解专家学者对于社会发展的理解。

美国学者沃斯（Wirth）将发展看作是一个各方面相互协调的社会经济转型的过程，并在此基础上提出了发展的三个核心价值和三个目标。三个核心价值分别是生活必需品、自尊和摆脱奴役，能够选择；三个目标是增加维

---

① 骆勇：《发展型社会政策视角下的城乡社保一体化问题研究》，博士学位论文，复旦大学社会管理与社会政策专业，2011 年，第 16 页。

持基本生活的生活资料、在有较高收入的同时，还应能够提供更多的工作岗位、教育等。三个目标体现了发展型社会政策的理念和价值取向。

在吉登斯的福利社会的构想中，将遵从福利多元主义，政府、社会和个人共同承担社会福利的责任，更加注重自主和自我的发展。而在资源的配置与使用上，一改传统的中央政府一统天下的局面，开始注重地方政府责任的承担和角色的扮演，让权于社会，尝试让第三方部门承担更多的责任，发挥更大的作用。这也正是吉登斯企图在社会民主主义和新自由主义之间寻找一条"既非福利国家，又非自由放任"的第三条道路理论。

印度学者阿马蒂亚·森则认为提高人们的福利水平是发展的首要追求，人们应该以自由看发展。他用一个人的可行能力评价福利水平，"一个人的可行能力指的是此人有可能实现的、各种可能的功能性活动组合，可行能力因此是一种自由，是实现各种可能的功能性活动组合的实质自由"。功能性活动是一个包罗万象的概念，它表示有多种多样的事物或状态值得人们去追求，包括足够的营养、免于疾病的侵害、创业的机会、教育和就业机会、社区参与和自我实现等。①

（二）思路

发展型社会政策的显著特征就是强调经济与社会的发展并行不悖，这是它与传统福利政策的不同之处。在让社会成员享受到发展成果的同时，也注重社会政策的投资性取向问题，同时强调福利项目的生产和投资。社会和经济发展互为依托，共生共存。如果没有经济的发展，社会的进步就无从谈起；如果只注重经济的增长而忽视社会的发展以及社会成员福利的提高，那么经济的存在就没有任何意义。

一方面，要正确理解社会政策目标与经济政策目标的关系。二者是相互依存、缺一不可的，在社会发展过程中同等重要。当前，发展型社会政策已经逐渐被国际国内的发展机构所认可，并逐渐纳入其发展的实际行动中，实现其制度化，体现出社会维度成为政策发展考核的新标准的变化。在具体的实践过程中，将经济与发展相结合，融为制度实施的过程之中。

---

① 嵇绍乾：《社会政策的新范式：从规范性社会政策到发展型政策》，《社会工作》（学术版）2011年第2期。

　　另一方面，发展型社会政策认为经济发展是社会福利提高的前提和基础，各种社会项目都应该把发展作为首要目标；同时，发展型社会政策具有统一性，应该注重整体上的合作与协调，而不是孤立与割裂。它始终坚持在发展目标上，必须把短期目标和长期目标结合起来。它认为社会政策虽然不可避免地会带来负效应，但是人们应当尽可能地削弱它的负效应，通过教育、医疗等措施，积极推进有利于生产力提高的社会政策的实施。

　　因此，发展型社会政策是经济政策与社会政策的结合体，尤其是在解决社会发展过程中的贫困问题时，通过对社会政策的调整，让更多的社会群体参与到贫困问题的解决过程中来，从贫困群体自身的角度出发，通过社会投资，增强贫困群体的能力，以达到摆脱贫困的目的。

三、发展型社会政策的国际经验

　　就目前而言，发展型社会政策的理论还不是十分成熟，在理论体系方面还需要进一步的构建与完善。但是，发展型社会政策已经得到广泛的实践和应用，这为社会政策的发展与完善提供了丰富的理论基础和实践经验。主要表现为：在价值追求上，政策价值和目标价值相结合；在实践上，注重整体性、统一性和协调性；在社会目标上，在追求经济增长的同时，促进社会的发展。三个方面是对原有社会政策的拓展和延伸，也是对原有社会政策超越原有所在。①

（一）工具性价值和目标性价值统一

　　社会政策基本的价值取向有两方面，一是对实用价值的追求，譬如利益、权力等，这是人们对社会现实问题的理解与分析；二是目标性价值，这更侧重于一种理想性的追求，目标性价值主要体现为公平、公正、自由、民主等。与传统政策研究不同的是，发展型社会政策更加注重将两者统一起来，而不是孤立地讨论某一单一价值。印度学家阿马蒂亚·森（Amartya Sen）对此作出了巨大贡献。阿马蒂亚·森用辩证法的观点来看待发展与自由的关系。他认为发展是对人们已享有自由的一种扩展和延伸，而自由为人

---

① 钱宁、陈立周：《当代发展型社会政策研究的新进展及其理论贡献》，《湖南师范大学社会科学学报》2011 年第 4 期。

们的进一步发展提供了更为广阔的空间和思维。他把两者从传统的辩证关系中解放了出来，最终构建出了新的发展观。即"以自由看发展，以发展促自由"，对于发展的理解不能再仅仅地局限于国民财富积累值的增加，这并不是对经济带来的社会财富增加的忽视，而是一种质的超越，是一种更高层次的追求。① 发展必须更加关注使我们生活得更充实和拥有更多的自由，经济增长本身不能理所当然地被看作就是目标。只有将经济增长与社会发展协同起来，才能够在真正意义上完成这种超越，而这种超越的目的也会是为了实现社会发展的一种承若，即追求自由发展。对此，森对工具性自由和实质性自由进行了更为细化的区分。他认为政治自由、经济自由社会机会等属于工具性自由，这是实现实质性自由的基本条件。而对于实质性自由的理解，他认为是一个人具备选择自己珍视的生活自由的能力。社会政策只有通过增强人们的可行能力才能够真正地实现实质性自由。

（二）整体性干预和差别性对待统一

政府干预、社会工作以及社会慈善活动是实现社会福利、增进社会福祉的传统手段。此外，社会发展也被正式地看作是实现社会福利的第四种途径。相比较于传统的实现社会福利的手段，社会政策不再单纯地通过物品或者治疗的方式，而是通过社会参与，注重于在过程中来改善福利，将社会政策与经济政策融合起来，以此来实现人们的福利需求。社会发展追求社会福利实现方法的不同，成为与传统方式的本质区别，也更加注重事前预防而不是事后救助。社会发展在实践中的干预主要表现在三个方面：一是国家层面。这主要是通过意识形态的传播，强调国家主义和集体主义，通过国家的强制干预来贯彻落实福利政策。二是社区层面，通过社区的自治，以社群主义或平民主义为理念，倡导社区参与的发展途径，指导社会福利的实现。三是个人层面，认为个人可以通过劳动和市场来实现自己的福利需求，通过个人主义和市场自由主义理论的指导，实现自己社会福利的最大化。三个层面相互补充，构成了自上而下较为全面的福利供给体系，但是也造成了重复干预或干预无效，造成了社会福利资源的浪费。为了提高社会福利资源的利用

---

① ［印］阿马蒂亚·森：《以自由看待发展》，任赜、于真译，中国人民大学出版社 2002 年版，第10—11 页。

率，需要厘清三者之间的关系，明确责任与分工，增强包容性。这种实践模式，也是"制度性模式"的一个表现。

我们在实施过程中应该看到，包容性或整体性固然重要，但我们不能顾此失彼，忽视特殊情况和特殊需要。对此，发展型社会政策提出了"差别对待"和"大原则统一下具体问题具体分析"的原则，在社会政策的实施过程中，对于弱势群体应该给予更多的关注和政策倾斜。总之，发展型社会政策强调整体与统一，但是也注重特殊与具体，通过整体上的进步和差别上的优先对待实现对传统政策的全面超越。

（三）经济增长和社会发展的统一

与传统社会政策相比，发展型社会政策内容得到了更为深层次的拓展和丰富，在追求社会福利的同时，也追求社会问题的控制、社会需求得到满足以及发展机会得到保障三方面。它代表的是一种处于良性的社会状态，而不是单纯的收入或消费能力的提高。由于传统的社会政策只关注收入分配，因此它对此造成的片面追求经济发展的现状无能为力。而发展型社会政策则通过将经济增长与社会发展相结合，看作是一个过程中的两个方面，扭转这种传统的扭曲发展。在经济增长的同时，实现社会福利的增加。不仅仅帮助贫困人口达到最低生活水平，同时还提高贫困人口抵御贫困风险的能力。[1]

在这种发展观的指导下，发展型社会政策将"社会"与"发展"纳入到了经济政策与社会政策中去，将经济政策与社会政策相融合，而只有通过积极地干预才能实现这种转变。发展型社会政策始终坚持人力资本的投资，提高人应对社会风险的能力和资本；注重社会福利和社会政策的投资，建立积极性与整体性相统一的福利社会，改变传统的"输血式"福利模式。在追求发展型社会政策的过程中，政策的出台和实施不是一个被动的过程，而是社会各方力量积极主动参与的结果。发展型社会政策的转变就在于将社会和发展两个维度加入到了社会政策和经济政策中去，也由此最终实现了对传统社会政策的跨越。

---

[1]　钱宁、陈立周：《当代发展型社会政策研究的新进展及其理论贡献》，《湖南师范大学社会科学学报》2011年第4期。

第三节　发展型社会政策在渔民贫困治理中的应用

一、传统反贫困政策的缺陷

由于政策设计者对贫困的相对性和长期性认识不足，而缺乏对贫困的系统性认识。长期以来，中国的扶贫政策，反贫困的目标并没有实现，也没有形成独立的政策体系。早期的扶贫政策都是与经济改革和发展政策紧密结合，通过经济的发展来提高贫困群体的收入及生活水平，目的在于依赖于经济改革和与经济发展达到解决贫困的目的，所以以往扶贫在很大程度上表现为对策性、应急性的特点。然而在经济改革和社会转型过程中，预防性扶贫政策相对较为不足，救济性扶贫政策的实施也有一定的缺陷，而开发式扶贫政策也具有一定的失灵表现。这对于一系列造成贫困的风险诸如失业、贫富差距以及不公平等现象明显调节不足，加剧了贫困问题的发生。

在此以城市中的贫困问题为例。因为在早期，企事业单位职工或者国企员工都享有由单位全方位提供的各种配套福利措施，他们都不必担心自己的生活问题。然而在早期，城市社会保障制度不健全，一旦这些职工脱离单位进入社会，失去了丰厚的福利保障，就很容易遭受贫困的风险。从职工个人因素来看，个人文化素质水平不高，再加上对于就业技能的培训不多，社会资本和人力资本投资不足等也日渐加剧了城市贫困人口陷入贫困的可能性。改革开放以来，中国的城市社会保障制度起初只是为困难群体提供社会救助，作为一种"最后的安全网"而存在，目的是帮助困难群体和社会边缘群体维持一定的生活水平。然而随着社会的发展，传统的旧体制无法适应社会发展的需要和社会成员的发展需求，也没有针对社会成员的适应经济和发展的能力作出相应的政策调整。①

20多年来，我国政府所从事的扶贫工作，始终以政府作为领导和工作的核心，承担主要的责任，由政府主导所有扶贫工作。虽然政府主导扶贫工

---

① 陆游：《发展型社会政策视域下的农村贫困治理》，硕士学位论文，西安理工大学马克思主义基本原理专业，2009年，第3页。

作可以更好地调配资源，具有统领全局的作用，然而这样却忽视了社会组织以及非政府组织的力量，同时也并没有调动贫困群体自身的积极性，这样导致扶贫工作具有行政色彩以及效率低下等问题。扶贫政策的起草、制定、实施以及扶贫资源的筹集，甚至扶贫工作的展开和实施，都是由政府来承担和主导，而且在很大程度上依赖于行政部门的支持，并没有与非政府组织和民间组织相结合，发挥社会力量的作用，与政府相比，社会力量仍然处于较为边缘的地位。

此外，在贫困地区，贫困农户自身的脱贫能力有限，而且较大程度上依赖于政府政策。一方面，贫困地区缺乏一系列的反贫困组织的引导；另一方面，贫困群体自身也都处于被动的接受和等待，并没有主动地参与到反对贫困中，再加上长期以来贫困农民的分散和孤立，使得他们更缺乏摆脱贫困的手段。

首先，现行的农村社会保障制度作用有限，无法全面保障。从 20 世纪 80 年代开始，中国政府在发展社会经济的同时，关注到农村，建立和完善农村社会保障制度。经过 20 多年的努力，中国农村社会保障制度初步具有了一定的规模和体系：包括了从农村基本养老保险和合作医疗在内的社会保险、涵盖最低生活保障制度、五保供养制度以及特困户救助的社会救助制度以及社会福利服务等各个方面。虽然看起来体系完整，但是这些政策的作用非常有限，再加上社会救助的水平普遍不高，难以使贫困人群摆脱贫困。[①]

其次，现行的农村社会保障制度只局限于为无法维持最低生活水平的人群提供救助，没有把相对贫困的群体作为救助对象，这样就无法为普通农民、尤其是处于边缘化的群体提供抵御风险的制度安排。当前，为了更好地解决农村贫困问题，政策设计者往往是力图通过扩大社会救助的覆盖面，达到社会救助制度覆盖到更多的贫困人群的目标。然而，如果过分地强调社会救助的作用，实际上却造成了贫困群体的依赖现象，也就不能真正地实现社会保障的作用，更不能提高贫困人群的能力和技能。

最后，政策的设计者无法提供具有针对性的救助措施，帮助贫困人群应对贫困风险。以农村最低生活保障制度为例，该制度以家庭为单位，对家

---

① 徐月宾、刘凤芹、张秀兰：《中国农村反贫困政策的反思——从社会救助向社会保护转变》，《中国社会科学》2007 年第 3 期。

庭中所有成员都视为制度的目标，要保障其基本的生活水平。可是这一目标，不仅把一些要继续帮助的人群诸如老年人或残疾人包括在内，也把一些未成年人和具有劳动力能力的人也同样覆盖在内。对于老年人或残疾人来说，他们失去了劳动能力，获得基本生活水平的保障是可以的。但是，对于未成年人和具有劳动能力的人来说，仅仅是基本生活水平的保障是远远不够的。应该通过一定的教育和培训，使未成年人接受良好的教育，提高自身素质；同时对具有劳动能力的人提供一定的技能培训，增强劳动技能，从而使他们获得摆脱贫困的能力。

二、发展型社会政策嵌入渔民贫困问题的构想

作为一种发展实践，发展型社会政策应用于我国反贫困领域、渔村渔民发展等领域，其着眼点是实施直接解决渔民贫困问题的社会政策。发展型社会政策主要关注的是我国渔民贫困问题的缓解以及渔民的可持续生计等问题。发展型社会政策对我国扶贫战略的嵌入实质并不是对以往"输血式"扶贫政策缺陷的弥补，而是在此基础上直接增加能力和权利等发展要素，或者说把发展的现代要素嵌入整体扶贫战略。① 对此，将发展型社会政策嵌入渔民反贫的治理过程中，主要构想是：强调多元主体共同治理贫困；增强渔民的人力资本；提升渔民的社会资本。

（一）强调多元主体共同治理

渔民是我国农民群体中的一部分，但又有着自身群体的特殊性。在渔民贫困问题的治理过程中，应该强调多元主体的共同治理。

发展型社会政策强调社会政策的参与者不仅仅是政府，而社会、个人、非政府组织都应成为其积极的参与者。单纯依靠政府为主导力量，来推行社会政策，这种做法已经被实践证明是低效率的，而且是难以持续的。

政府是制定和实施社会政策的主体，应确保执行过程中的科学性及合理性，因此，加强自身的社会政策能力建设，是实现上述职能的有效途径。政府通过预测未来国家的宏观经济发展需要，立足本国国情，考量社会各个

---

① 姚云云、郑克岭：《发展型社会政策嵌入我国农村反贫困路径研究》，《中国矿业大学学报》（社会科学版）2012 年第 2 期。

阶层、各利益群体之间的关系，有计划、有目的、有针对性地提出基本的社会政策方案，通过不断修改、完善，进而逐渐形成一个完善的社会政策能力系统，切实解决实际问题，履行政府的职能。① 政府在治理贫困时，应当充分关注到渔民群体的特殊性以及渔民群体中贫困问题的严重性和紧迫性。通过政策的制定和实施，帮助渔民摆脱贫困。

　　贫困，从根本上说就是资源的缺乏，而治理贫困，就是要帮助贫困群体，改变他们资源缺乏的状态。治理贫困，就是依赖于政府的相应政策，合理分配资源，通过分配和再分配政策，最大限度发挥资源优势，使贫困群体通过政府政策的实施，获得相应的资源。政府在贫困治理中，往往是从宏观角度统一调配，统一配置资源，统一安排，这样就使得政府的各项措施不具有针对性。而且，与社会调配相比，社会通过资源整合和资源传递，具有较高的效率，而且具有一定的针对性。而社会是直接面向贫困进行治理的主体，而且社会也是对救助对象了解最为深入、透彻的主体，通过社会调配资源更具有针对性，也在一定程度上降低了管理成本。② 所以，在为贫困群体的可持续生计问题上，社会的地位尤为突出。社会上，要关注到渔民群体的"脆弱性"和"边缘性"，给予渔民充分参与社会事务的权利。

　　在个人和政府的责任方面，西方福利国家早期片面地强调个人权利的保障，造成了国家财政负担过于沉重，后来强调将个人权利和责任相结合。在早期，社会福利政策主要考虑的是如何使社会成员在保证基本生活水平的基础上，遇到其他风险时，仍然能够体面地生活，这种政策所要求的是一种政府责任。然而，这种福利政策遭到了"新右派"和"第三条道路"的批评，认为这种福利政策没有强调公民权利和义务相结合。发展至今，很多西方国家在公民权利和义务的对等性来强调和实施福利政策。如英国的"求职者津贴"和美国的"贫困家庭临时援助"，都要求受援者在接受援助的同时寻找工作。根据贫困产生的原因，应当针对社会原因和个人原因导致的贫困分别对待，制定治理贫困的政策，也应该结合具体原因来分析。从治理贫困的效果来看，必须政府、社会、个人齐心合力，积极参与，才能使各项政策

---

　　① 王思斌：《社会政策时代与政府社会政策能力建设》，《中国社会科学》2004年第6期。

　　② 钟萍：《发展型社会政策与城市贫困治理》，硕士学位论文，南京师范大学社会学专业，2007年，第42页。

落到实处，达到预期的效果。渔民自身应当提高意识，充分发展、培养自身技能，以便更快地摆脱贫困，过上"更体面的生活"。

（二）增强渔民的人力资本

对渔民的教育和健康进行投资，也就是对渔民人力资本的投资。众所周知，渔民由于自身素质和能力的限制，在教育和健康方面较为容易受到风险的威胁。一方面，由于渔民的文化程度不高，导致自身的知识水平偏低和知识结构不合理，就加剧了渔民在教育方面人力资本的缺失；另一方面，由于海上捕捞的风险比较大，且具有不确定性，这就对渔民的健康造成一定的危害。

目前，由于我国沿海渔民知识水平不高和劳动技能匮乏，导致了人力资本严重不足，这些不利因素的存在，不仅严重制约了渔业发展的进程，同时也阻碍了社会的进步。在我国当前的渔村社会中，接近50%的教育活动和教育负担由渔民家庭自己负担。渔村家庭中，对于子女教育的态度和投入，受到主要成员的文化程度和偏好的影响，并且期望子女通过教育获得实用性技能，渔民能够通过家庭教育和祖辈渔业经验的传授，为子女提供适应海上捕捞生产和渔民生活的相关知识，因此，家庭被看作是能够为渔民提供实用性、专业化知识的场所，而且它基本上能够满足渔民的作业生产需求，从而渔民对待学校教育的态度往往不够乐观。目前的渔业主要是粗放型的生产方式，科技含量比较低，影响了渔民对于教育投资的积极性。与此同时，人的健康是一种重要的人力资本，它对于其他形式的人力资本存在与效能的发挥具有重要意义。人的健康水平虽然在一定程度上受到遗传等先天因素的影响，但是后天的生命过程中，主、客观各种因素的综合作用和影响也对人的健康有重要的影响。对渔民来说，他们的健康在很大程度上跟职业的特殊性有关。大多数渔民由于长期的生活环境和海上漂泊，再加上海风海浪的侵蚀，或多或少都有疾病，如胃病、关节病等慢性疾病，损伤、意外伤害等突发性疾病。最后，心理方面，由于海上作业状况的复杂性和时间的不确定性，加剧了职业风险，同时长期海上漂泊的生活比较单调，缺乏必要的精神文化生活，致使渔民处于焦虑的心理状态。[1]

---

[1] 同春芬、于聪聪：《海洋渔民人力资本存在的问题及制约因素分析》，《绥化学院学报》2013年第2期。

　　因此，在渔民贫困的治理过程中，充分应用发展型社会政策，在制定社会政策时充分关注到渔民群体的人力资本需求，增强对渔民群体的教育培训和医疗保障。

（三）提升渔民的社会资本

　　社会资本，作为一种支持性的关系，可以使人们更容易达到目的。贫困者如果能够拥有更多的社会资本，那么他在寻求工作或寻求帮助的过程中，将会更容易增加成功率。提升贫困群体的社会资本，不单单是一方努力的结果，它的增强需要政府、社会和贫困者自身共同努力，积极探索正式性网络和非正式性网络的支持。① 渔民群体的社会资本不足，主要有以下原因：(1) 渔民大多数都以家庭为单位进行海上作业，与长期居住的渔村、村民联系不密切，遇到困难也主要是靠家人解决，他们不知道通过什么方式获得正式的社会网络支持；(2) 市场经济建立过程中，家庭结构的缩小，使得邻里之间的互助关系慢慢淡化，非正式支持弱化；(3) 由于贫困的传递性，导致贫困群体的家人以及亲戚都处于贫困状态，一般也属于弱势群体，所以贫困群体无法从家庭得到支持；(4) 贫富差距拉大，使得人与人之间的差距拉大，弱势群体由于贫富差距过大，导致弱势群体与其他群体之间的差距拉大，从而在社会资本中得到的支持也极为有限。

　　每个阶层都有自己的价值理念、生活方式和交往圈子，其他阶层难以介入，尤其是贫困群体和强势群体，他们与其他群体之间有很大的隔阂，彼此不相容，甚至常常表现为一种对立状态。在渔民群体中，渔民群体一般只是自己的家庭和同村的渔民等群体进行交往，而同样属于社会下层，他们所拥有的社会资源比较稀缺，这使得渔民群体难以获得有利的资源和支持。这种高同质性的社会网络对社会资本的流动和共享是非常不利的。在社会上，甚至是政府，应该积极开拓新渠道，努力打破阶层之间的隔阂，促成阶层之间的垂直沟通，使社会资本得以顺畅地流动到下层阶级，从而惠及渔民阶层。通过积极鼓励和扶持渔民自我组织的发展，来培育渔民脱贫能力，增强渔民的社会资本。通过渔民自我组织，可以寻求自我发展的机会，发掘自我的潜能，主

---

① 钟萍：《发展型社会政策与城市贫困治理》，硕士学位论文，南京师范大学社会学专业，2007 年，第 30—35 页。

动寻求社会资本。① 同时，可以使得渔民群体通过交流、协作，获得一定的进步，也使得渔民群体与其他群体之间可以有一定程度的沟通，增强社会参与。

三、发展型社会政策嵌入渔民贫困问题的基本路径

渔民的相对贫困现象日渐突出，传统的反贫政策多是以问题为导向的补缺型政策，政策更多地关注到渔民的经济方面。随着渔民相对贫困的凸显，发展型社会政策对于贫困问题的应对提出了有利的导向。发展型社会政策以发展作为一个重要的衡量维度，倡导积极的社会福利政策，将经济发展和社会福利政策相结合，并把社会福利支出视为人力资本、社会资本等的投资行为，倡导多元主体共同参与治贫。② 因此，在社会发展过程中，我们应以发展型社会政策为指导，关注到渔民群体，关注到渔民群体中所凸显的贫困现象。对此，应该形成以政府为主导，渔民为主体，学者为导向，社会为基础的多元参与的社会化协作机制，共同应对渔民群体中的相对贫困现象。

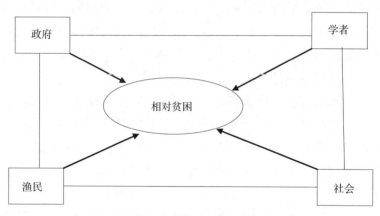

图 5-2　社会化协作机制图

（一）以政府为主导，注重政策公平

渔民的利益表达的实施和权利的实现依赖于政府制定的各项政策和相

---

① 钟萍：《发展型社会政策与城市贫困治理》，硕士学位论文，南京师范大学社会学专业，2007年，第35—42页。

② ［英］安东尼·哈尔、詹姆斯·梅志里：《发展型社会政策》，社会科学文献出版社2006年版，第11页。

关参与渠道。这就要求政府在制定各项政策时，要关注到渔民群体的利益，注重公平性，从而保证渔民群体利益的实现。

首先，完善相关法律法规和规章制度。在全面推进依法治国的背景下，就要求我们要从制度方面解决问题。因此，面对渔民尤其是捕捞渔民步入贫困的现状，要充分关注渔民的渔业权，完善各项渔业管理制度，赋予渔民合法地位和界定，使得渔民的各项事务有法可依。

其次，倡导自我管理，加强协商。各级政府在管理过程中，要关注到渔民群体的特殊性，结合渔民、渔村的实际，积极倡导渔民自我管理，自我服务，加强渔村管理工作的民主协商，以此增强渔民的社会参与，从而增强渔民自身的认同感和归属感。倡导渔民组织参与决策，对管理政策和措施就会自觉自愿地贯彻执行，主动配合政府管理部门进行管理，同时通过渔民组织可以加强互相监督和自律，解决很多渔民内部的矛盾，减轻管理部门压力。

最后，加强渔业管理，保障传统渔民权益。在渔业发展过程中，政府应积极行使公权力，完善各项渔业管理制度，保障捕捞渔民渔业权的同时，要增强渔民养护海洋资源的意识，保障渔业资源可持续发展。

（二）以渔民为主体，强化权利意识

随着海洋资源的枯竭和生态系统的恶化以及城市化进程的加快，渔民群体的生活受到了深刻影响。一方面，海滩面积的减少以及海洋资源的减少，大批渔民弃船上岸甚至无鱼可捕；另一方面，失海后渔民陷入"转产无门"的困境，生活陷入贫困状况。对此，渔民自身应积极应对，强化权利意识，摆脱边缘化，摆脱贫困。

首先，转变观念，创新致富途径。虽然目前海洋资源趋紧、污染严重等已成事实，捕捞量的降低导致渔民收入减少，但由于渔民尤其是捕捞渔民对大海固有的依赖感，对捕捞生活、渔村生活的依恋，以及对离开大海、渔船后的不安等这些观念都阻碍了渔民的转产转型。因此，在传统渔民边缘化、相对贫困凸显的状况下，应积极转变观念，寻求新的谋生之道。

其次，积极参与培训，增强劳动技能。面对转产转业的压力，渔民应朝多元化方向发展，培养自己的职业技能，形成自身多元化的人力资本结构。在转型过程中，通过社会关系网络获取更多的资源，增强自身的社会资本，增强竞争力。

最后，增强社会参与，提高社会认同感。在社会参与中，无论是政治参与的程度还是水平，我国海洋渔民都处于边缘地位。应增强自身权利意识，积极参与社会事务，维护自身的合法权利，提高政治、经济和社会事务的参与意识，以提高自身的社会认同感。

（三）以学者为导向，深化研究领域

在目前研究现状来看，学者的相关研究虽然对渔业、渔民有所涉及，但是对渔民贫困现状的研究成果并不多。随着我国海洋强国战略的实施，以及相对贫困在传统渔民中的日益凸显，学者对该问题的研究显得尤为重要。

首先，在研究内容上，学者应以相对贫困理论为基础，以渔民边缘化现象为依据，深入研究渔民的相对贫困。在汤森相对贫困理论、阿马蒂亚森的能力贫困理论以及迪帕·纳拉扬的参与式评估法等相关理论的基础上，学者应该关注到渔民收入差距经济方面的边缘化，无话语权等政治权利的边缘化，以及社会排斥、脆弱性等社会参与的边缘化。

其次，在研究方法上，学者应结合相关计量模型和统计模型，以事实为依据，以数据为素材，定量分析渔民收入现状以及现阶段渔民的生活状况。国内学者在相对贫困理论的基础上，由收入、教育、心理等单一指标的测量研究，逐步发展到以收入、健康和教育为基本体系的多维指标，从多视角分析我国相对贫困的动态性变化。借此，学者在未来研究应充分利用贫困研究的相关成果，结合传统渔民目前的边缘化现状，深入分析并建立相关测量指标体系，对研究渔民的相对贫困提供定量的依据和指导。

最后，在研究对象上，学者以城镇居民、农民群体为参照，深入分析渔民的特点及现状，通过比较分析，对渔民的相关问题提出对策。然而，渔民作为农民群体的一部分，既有农民群体的共性，同时也兼具渔民群体的特性。学者应该把未来研究的重点放在渔民这一群体，借鉴城镇居民和农民的相关研究成果，结合渔民群体自身无土地保障、海上作业高风险等特征，对比分析渔民目前边缘化的趋势并提出有效的解决方法。

（四）以社会为基础，强调公众协同

渔民作为农民群体的重要组成部分，是社会转型和社会发展的重要力量，是社会各阶层结构中不可或缺的一级。因此，渔民群体面临的困境，需要社会协作，公众协同。

首先，优化公共服务，促进资源公平分配。在公共服务方面，强调公共服务供给的主体多元化，积极构建政府和社会的合作伙伴关系，也就是充分发挥渔业协会、渔业组织的作用，让渔民在社会组织中充分享受公共服务和公共资源，并探索建立渔业社会化服务体系。

其次，增强社会认同，强调包容性增长。包容性增长强调公平，更重要的是强调机会的公平。面对渔民遭受社会排斥、社会权益受到侵犯等现象，更需要在包容性增长理论的指导下，让渔民共享海洋经济发展成果。

最后，加强社会管理，完善社会监督。在发展蓝色经济、构建海洋强国的战略背景下，实现海洋渔业的科学可持续发展，必须加强社会管理，完善社会监督。建立公众协同的多元化社会管理模式，广泛利用社会资源，充分发挥社会力量，形成广泛参与、分工协作、公众监督的社会化管理体系。

渔民是社会主义现代化建设的重要力量，渔民的边缘化不仅仅导致渔民的贫困，同时不利于构建社会主义和谐社会。因此，政府、社会、学者以及渔民自身都应高度关注渔民的相对贫困现象，从经济、政治、社会和文化等多角度探讨渔民的相对贫困，从而为渔民摆脱贫困提供合理对策。

第 六 章

渔民失业与新型就业保障

第一节　渔民失业

一、失业的概念与类型

（一）失业的概念

失业是一个极其丰富的概念，按照国际劳动组织的定义，失业是指同时具备"没有工作"、"目前能够工作"和"正在寻找工作"三个条件的情形。失业人员是指在参考期内最低就业年龄以上的经济活动人口中所有属于下列情形的人员：（1）"没有工作"，即不处于有薪就业或自营就业状态；（2）"目前能够工作"，即指在参考期内可以从事有薪就业或自营就业工作；（3）"正在寻找工作"，即在参考期内已经采取具体步骤寻找有酬就业或自营就业工作，这些具体步骤包括：在公共或私人职业介绍所的登记；向雇主提出就业申请；在工地、农场、工厂大门外、市场或其他聚集地寻找工作；通过报纸刊登广告或应聘；寻求亲友帮助就业；为自己开业寻找土地、厂房、机器或设备；筹集资金；申请许可证和执照等。《劳动经济辞典》中说：失业是指就业意愿和能力的人得不到就业的机会，或就业后又丧失了劳动机会的社会现象。《劳动法词典》则说：失业是指有求职愿望的劳动者处于无职业的状态。萨缪尔森（Samuelson）和诺德豪斯（Nordhaus）合著的《经济学》给出的失业定义是："那些未被雇用，但正在主动寻找工作，或正在重返原工作岗位的人。精确地说，一个人失业是指他或她目前没有工作，而且（a）在最近4周里，他做了具体努力，去寻找工作，（b）从一个工作岗位被解雇并在等待被重新雇用，或（c）已找好工作，正等待下月去报到。"这一定义是与美国"当前人口调查"（The Current Population Survey，缩写为 CPS）的统计标准相一致的，与国际劳工组织所颁布的标准也类似，后者定义失业为"一定年龄以上，参考时间内没有工作，目前可以工作且正在寻找工作的人"[①]。

（二）失业人员的概念

国际劳工组织于 2013 年 10 月召开了第十九届国际劳动统计大会，并通过了《关于工作、就业和不充分就业统计的决议》，失业人员是指在一个指定的近期内没有工作，采取行动寻找工作，并准备一旦获得工作机会就马上准备开始工作的所有工作年龄段的人员。"没有工作"是依据在短期参照期内对就业的测量而作出的评价。"寻找工作"是指在指定的最近一个时间段，即最近的四周或一个日历月内，为寻找工作或建立一个企业或农业企业所进行的任何活动。这也包括在国内外寻找非全日制工作、非正规工作、临时工作、季节或零散工作的活动。这些活动包括：（1）安排资金，申请许可证、营业证。（2）寻找土地、厂房、机械、物资、农业投入。（3）寻求朋友、亲戚或其他类型的中介机构的帮助。（4）在公共或私营就业服务机构进行注册或同其进行联系。（5）直接向雇主提交求职申请，到工作场所、农场，工厂大门口、市场或其他装配场所验证工作信息。（6）在报纸或因特网上登载或回复求职广告。（7）在职业或社交网站上登载或更新个人简历。

（三）失业的类型

引起失业的原因多种多样，因此失业划分出不同的类型，具体内容如表 6–1：

表 6–1　失业类型及其定义

失业类型	定义
摩擦性失业	是指人们在转换工作过程中的失业，指在生产过程中由于难以避免的摩擦而造成的短期、局部的失业；这种失业在性质上是过渡性的或短期性的；它通常起源于劳动力供给方

---

① ［　］保罗·萨缪尔森、威廉·诺德豪斯：《经济学》，萧琛译，华夏出版社 1999 年版。

续表

失业类型	定义
结构性失业	是指劳动力供给和需求不匹配造成的失业，其特点是既有失业，又有空缺职位，失业者或者没有合适的技能，或者居住地不当，因此无法填补现有的职位空缺
周期性失业	是指经济周期波动所造成的失业，即经济周期中的衰退或萧条时，因需求下降而导致的失业，当经济中的总需求减少降低了总产出时，会引起整个经济体系的普遍失业
等待性失业	是指作为市场供给方的劳动者由于受某些制度因素的影响，对未来的就业机会产生了一种不切实际的预期，从而导致这些人为坚持等待可能出现的高工资工作而宁愿放弃已经存在的低工资工作机会，结果造成他们在一段较长的时期内处于公开失业状态（尽管部分人会采取隐蔽就业的行为）[1]
技术性失业	是指在生产过程中引进先进技术代替人力，以及改善生产方法和管理而造成的失业
隐蔽性失业	是指这样一种现象：劳动者虽处于就业状态，但从事那些不能充分发挥专长的工作或从事那种劳动生产率（按人时计算的产量）低于他从事其他工作具有的更高劳动生产率的职业
季节性失业	是指由于气候状况有规律的变化对生产、消费产生影响引起的失业

二、渔民失业的现状

渔业人口指依靠渔业生产和相关活动维持生活的全部人口，包括实际从事渔业生产和相关活动的人口及其赡（抚）养的人口。具体包括：1. 直接从事渔业生产和相关活动的在业人口；2. 兼营渔业生产和其他非渔业劳动者中，凡从事渔业生产和相关活动的时间全年累计达成或超过 3 个月者，或者虽全家累计不足 3 个月，但渔业纯收入占纯收入总额比重超过 50% 者；3. 由从事渔业生产和相关活动的人口赡（抚）养的人口；4. 在既有渔业劳动者又有非渔业劳动者的家庭中，根据渔业与非渔业纯收入比例分摊的被渔业劳动者赡（抚）养的人口。[2]

---

① 刘昕：《等待性失业及其制度基础与制度变革——关于下岗职工再就业问题的思考》，《财经问题研究》1998 年第 11 期。

② 农业部渔业网：《中国渔业统计年鉴》，中国农业出版社 2010 年版，第 125 页。

表 6–2　我国 2004—2013 年传统渔民数量统计表①

年份	传统渔民数量（单位：人）	比上年增减数量（单位：人）
2003	8089642	—
2004	7962146	−127496
2005	7826270	−135876
2006	7649945	−176325
2007	7822751	172806
2008	7559519	−263232
2009	7456534	−102985
2010	7470386	13852
2011	7309301	−161085
2012	7235800	73500

　　本章节主要研究传统捕捞渔民的失业情况。渔业人口中的传统渔民是指渔业乡、渔业村的渔业人口。② 根据我国 2004 年到 2013 年这十年的渔业年鉴统计，我国传统渔民的数量在逐渐减少，总体上呈现出下降趋势，具体数据见表 6–2。

三、渔民失业的影响因素

（一）政策性因素

1. 国际政策影响

　　我国已分别与日本、韩国和越南于 1998 年 11 月 11 日、1997 年 11 月 11 日以及 2000 年 12 月 25 日签订了《中日渔业协定》、《中韩渔业协定》和《中越北部湾渔业协定》。随着三个双边渔业协定的签订和生效，海洋渔业开始由领海外自由捕捞向专属经济区制度过渡，渔民捕鱼受到不同程度的限制，失业问题凸现，严重危及渔区社会稳定。大量渔船从传统渔场撤出，挤进我国其他水域，使原本已经日益衰退的中国海洋捕捞业雪上加霜，海洋捕

---

① 数据来源于《中国海洋年鉴》，海洋出版社 2013 年版，第 85 页。

② 农业部渔业网：《中国渔业统计年鉴》，中国农业出版社 2010 年版，第 126 页。

捞量和效益急剧下降，渔船亏损面与亏损额随之增加。海洋捕捞是沿海重点渔区的支柱产业，将会带来与之相关的水产品加工、流通、冷藏、储运和船网工具修造、港口服务等产业随之萎缩，渔民失业情况再度加剧，严重危及到整个渔区的稳定。

2. 国内政策影响

（1）限制捕捞政策

为了控制近海捕捞渔船的过度增长，及时保护并可持续化利用渔业资源，对海洋捕捞强度实行严格的宏观控制，逐步实现捕捞强度与资源利用相协调，促进海洋渔业生产的稳定、续持、健康发展。为此，国家提出渔业捕捞许可管理规定（农业部令 2013 年第 5 号修订）。本节主要体现该规定中第一章总则中的具体内容，如表 6-3 所示：

表6-3　中国渔业捕捞许可管理规定第一章总则

条例	内容
第一条	为了保护、合理利用渔业资源，控制捕捞强度，维护渔业生产秩序，保障渔业生产者的合法权益，根据《中华人民共和国渔业法》，制定本规定
第二条	中华人民共和国的公民、法人和其他组织从事渔业捕捞活动，以及外国人在中华人民共和国管辖水域从事渔业捕捞活动，应当遵守本规定。中华人民共和国缔结的条约、协定另有规定的，按条约、协定执行
第三条	国家对捕捞业实行船网工具控制指标管理，实行捕捞许可证制度和捕捞限额制度
第四条	渔业捕捞许可证、船网工具控制指标等证书的审批和签发实行签发人制度
第五条	农业部主管全国渔业捕捞许可管理工作

由于各条例在作业渔场、船网工具、渔船总数以及捕捞许可证等方面都对渔民做了严格的规定，渔民必须严格遵循规章制度，这在很大程度上限制了渔民进行捕捞作业，加深了渔民的失业危机。

（2）伏季休渔制度

近年来，随着捕捞渔民数量逐渐增多，捕捞技术的迅速发展，我国近海渔业资源遭遇到了从未有过的压力，过度捕捞使得许多海洋物种处在濒临灭绝的边缘。面对如此严峻的形势，国家渔业管理部门采取了诸多措施以解决资源的过度使用问题。但出于种种原因，制度的执行效果并不理想。为了切实保护渔业资源，实现资源利用可持续的目标，我国于 1995 年和 1999 年开始在黄海、东海和南海相继实施全面伏季休渔制度。到目前为止，该制度在我国已经实施了超过 10 年，但专家对其效果的评价各持己见。一些专家通过对我国渔业方面的具体情况和伏季休渔制度的成效进行研究，认为此制度无法从根本上解决我国渔业捕捞能力过剩的问题，其对渔业资源的保护也并未产生明显效果；还有一部分专家通过对我国已经实行伏季休渔制度的渔区所拥有的资源总量的相关调查，认为经过休渔，我国海洋渔业资源衰退的势头得到一定的遏制，伏季休渔制度有效地保护了渔业资源，起到了显著效果。[1] 休渔制度使得一部分渔民在休渔期间处于"失业"状态，这段时间渔民基本上无鱼可捕又缺少其他工作技能，因此无法找到其他工作，但目前我国实施了转产转业政策，这在一定程度上缓解了渔民失业的压力。

（二）渔业产业机构的调整

自 20 世纪 80 年代中期以来，我国为遏制渔业资源进一步衰退的出现的不良影响，根据渔业发展状况确立了"以养为主"的渔业发展方针，提出对渔业产业结构进行重大调整。我国渔业产业结构调整的重点是大力降低捕捞强度，采用合理的作业方式，实现捕捞量"零增长"目标；通过优化品种结构，改良养殖方式，积极扩大养殖业规模；通过提高捕捞技术和使用先进工具，推动大洋性公海渔业的发展，调整远洋渔业的结构；通过严格质量监管，促进水产加工业的规范化发展；适应供需市场的变化，洞悉消费者的消费理念，在有条件的地方发展生态和休闲渔业。调整渔业产业结构，我国坚持因地制宜的原则，发挥区域在市场、资源、技术等方面的优势，发展符合当地标准的渔业生产。坚持依靠科技进步，提高捕捞技术水平，大力推广先进实用技术和高新技术，普及知识以扩大健康养殖规模，进行有效预防和控制病害，防止渔区环境污染，逐步实现渔业环境生态化以及渔业生产标准化，推进渔业经济增长方式的根本性改变。坚持加大渔业执法力度，以保护渔业资源和水域生态环境，改变以往单纯追求利益的粗放式资源开发型经济增长模式，促进渔业的可持续发展。[2]

---

[1]　王中媛：《关于我国伏季休渔制度绩效的初步研究》，硕士学位论文，中国海洋大学渔业资源专业，2008 年，第 1 页。

[2]　王芸：《当前我国渔业产业结构调整的方向和重点》，《中国渔业经济》2008 年第 1 期。

尽管如此，我国目前的渔业发展仍然存在问题。资源过度利用以及粗放经营造成渔业资源衰退并没有根本缓解，水域环境也在不断恶化，渔业生产经营能力不足，都将导致渔民无鱼可捕、增收困难；同时，也会促使一部分传统捕捞渔民因无法掌握先进技术或无法转变传统观念，而受压缩捕捞强度、优化养殖方式等限制他们作业的因素影响成为失业渔民。

（三）环境因素

1. 工农业污水、废物及城市生活污水的肆意排放

随着我国经济的迅猛发展，农业、工业污水和居民生活废水、垃圾等急剧增多，污染排放物未经处理就直接流入沿海地区，成为污染渔区水域环境的最主要原因。根据国家海洋局海洋公告显示，2003 年中国有主要陆源入海排污口 867 个。其中，工业污水直接入海排污口占 448 个，市政及生活废水直接入海排污口占 244 个，排污河流入海口占 175 个，大多数邻近排污口的海域环境污染严重。海水质量可分为四类或劣四类，依据此划分标准，近 40% 的排污口海域沉积物质量劣于三类海洋沉积物质量标准，海洋环境遭遇大面积污染，严重破坏了海洋生物系统，底栖生物向个体小型化生长，致使生物种类及数量明显降低，带来栖息密度增加，甚至出现多个排污口邻近海域底质的无生物区，形成"海洋荒漠"。严重影响了捕捞渔民进行捕捞作业，导致他们面临巨大的失业压力。

2. 水产养殖业自身发展所导致的环境问题

近年来，我国的水产养殖业不断发展并获得显著成果，但值得注意的是，人们过分追求养殖面积与产量，忽视科学的论证，缺乏海域功能的合理划分，导致"大面积、单品种、高密度"的水产养殖格局，加之部分养殖地区排灌水设置不具科学性，造成了严重的水环境污染。此外，中国的水产养殖业主要依靠高施肥、高投饵来生产鱼产品。科学研究表明，投入池塘或网箱的饵料，通常有 30% 或更多未被鱼虾摄食，那些未被摄食的饵料与其排泄物一起沉到水底，残物在水体中分解消耗溶氧，分解出来的产物主要成分是氨氮，又因养殖密度大，水域自净能力差，使得水中滋生出大量的病毒、细菌等致病微生物，导致水质严重恶化，造成近几年许多海域养殖区域频繁发生"养什么、病什么、死什么"的现象。污染的水体迅速使邻近海区水体污染和富营养化，加剧了病原生物的大面积蔓延。这些地区的渔民捕捞上来

的鱼虾大多带有细菌污染，难以用于维持生计和基本售卖，极易导致失业。

3. 水域开发利用不合理，近海生态系统遭到破坏

近年来，随着沿海地区海岸带、浅海和海岛资源无节制地开发利用，盲目地围垦、填海、筑坝、取沙、造塘、建港和石油开采等，极易导致河道港湾堵塞，滩涂湿地面积锐减，造成沿海地区生态环境的恶化，丧失了许多原本优良的产卵场、育苗场、育肥场、增养场的渔业功能，渔业资源的增殖和恢复能力下降，一些重点渔区的渔获物逐渐朝着低龄化、小型化、低质化方向转变，严重破坏了渔区内生物多样性，难以形成鱼汛。目前，全球渔业发展中普遍存在的问题是由于环境污染和过度捕捞导致的渔业资源衰竭，[①]这就给那些传统的捕捞渔民带来了潜在的失业危机。捕捞能力与自然性渔业资源的不对称性，必然要求限制人们捕捞能力的无限扩张，把捕捞能力控制在一个适当的水平。

（四）个人因素

首先，渔民受传统文化的影响和制约，思想相对保守，缺乏创新性。渔民世代生活在渔村，以捕捞为生，他们对渔船和大海有着深厚的感情，由此形成了一种独特的渔村文化。他们习惯于渔村的闲暇生活，生活方式以传统捕捞以及产品的粗加工为主。大部分渔民实际上早已认识到了我国目前渔业资源的严重衰退，赖以为生的捕捞业难以为继，但选择转产转业也就意味着要改变原来的生活方式和生存方式，一时间无法承受巨大的心理压力。这种依赖性使部分渔民逃避责任，不想放弃原来的工作，更不想转变思想去接受新的事物，宁愿沿着旧路走，这便为其转产转业造成了阻碍。

其次，渔民接受文化教育程度相对较低，掌握的技能单一，转产转业可能难以适应或胜任新工作。目前我国沿海渔区渔民学历普遍偏低，大多数人仅停留在中小学文化水平，这成为制约渔民转产转业的一个重要因素。再者，大部分渔民借海洋捕捞这一技之长以维持生计，受其自身的科学文化、学习能力、接受水平等综合素质限制，在学习其他工作技能时显得力不从心，这也为其转入其他行业增加了难度。

[①] 宋立清：《中国沿海渔民转产转业问题研究》，博士学位论文，中国海洋大学渔业经济与管理专业，2007年，第40页。

再次，从事捕捞作业的渔民整体年龄偏高。年龄结构是决定劳动力流动规模的重要因素，目前我国从事捕捞业的渔民有相当数量都集中在 35 岁到 45 岁之间，呈现出老龄化趋势，将会严重制约优化渔业结构的进程[①]。而他们的孩子大多没有子承父业地继续从事捕捞作业，加剧了老龄化趋势，进一步阻碍了渔民转产转业、寻找新的就业机会。[②]

第二节　转产转业政策——新型就业保障的新尝试

一、转产转业政策的背景

改革开放近 40 年来，我国渔业取得了万众瞩目的辉煌成就，水产品总产量已连续多年居世界首位。然而在最近几年，我国近海渔业资源急剧衰退，捕捞能力过剩的现象比比皆是。尤其是随着三边渔业协定的签署和生效，我国东海、黄海和北部湾等海域的渔业管理制度也从本质上发生了改变，海洋渔业开始由领海外自由捕捞向专属经济区制度过渡，捕捞作业渔场面积明显缩小，迫使大量渔船撤出，大批捕捞渔民不得不面临着转产转业，海洋渔业发展面临严峻挑战。

据统计，中日、中韩渔业协定生效，我国东部各省（市）约有 2.5 万艘渔船从日韩的对马、济州、大小黑山岛等传统作业渔场撤出，每年减少捕捞产量约 120 万吨，直接经济损失超过 60 亿元。这些意味着挤向国内近海渔场的渔船要共同争抢原本已十分有限的海洋资源，同时又意味着其他数以万计的渔船面临转产转业，数十万计的渔民面临生存问题，渔业生产遭到了前所未有的困难。协定生效时，全国重点海洋渔区的渔民忧心忡忡，甚至怨天忧人、惊慌失措和悲观失望。渔民们首先担心永久性失去赖以生存的渔场后收入会大幅度下降，基本生活得不到保障，到时温饱也成问题。如果缺乏行之有效的对策来解决，这一趋势不但会造成该地区的经济衰退，严重的甚至

---

① 贾欣：《山东省海洋渔业转型的问题与对策》，硕士学位论文，中国海洋大学工商管理专业，2006 年，第 45 页。

② 韩晓：《山东半岛沿海渔民转产转业面临的困境及路径选择》，硕士学位论文，中国海洋大学社会学专业，2011 年，第 28 页。

会危及到整个渔区社会的稳定。

基于上述原因，农业部渔业局副局长李健华表示，从 2002 年到 2004 年，国家每年安排 2.7 亿元资金用于渔民转岗和淘汰报废渔船。重点引导转产转业渔民发展养殖业或其他加工工业。国家补贴资金的有效运作，就是使其可以有效就业，增加个人收入。农业部决定，对沿海渔民实施转产转业政策，力争 5 年内减船 3 万艘约 30 万渔民实现转产转业。[①] 我国实行转产转业政策的目标可以概括为五个方面：第一，减少渔船总数，严格控制捕捞强度；第二，减少从事传统渔业的渔民人口数量，转移渔业剩余劳动力；第三，调整渔业产业结构，降低海洋捕捞业的比重；第四，维护与周边国家和地区的稳定和谐关系，减少国际渔业纠纷；第五，合理利用渔业资源，增进渔业可持续发展。[②]

二、转产转业政策的实施效果

沿海各地渔民转产转业政策实施十几年来取得了一定的成效，我国的渔业、渔民、渔村的状况都发生了巨大的改变，主要体现在水产品产量的变化、渔船数量的变化、传统渔民人口及渔业劳动力数量的变化、渔民家庭收入的变化等方面。其中海洋生产渔船的大批量减少是最为明显的，因为这一系列政策的直接作用对象就是控制和减少渔船的数量，所谓的"转产转业"实际上是从"减船控船"开始实行的，渔船数量的减少就是政策所要达到的具体指标。而其他各方面的变化虽然没有直接出现在政策的指标当中，但却是由此所直接导致的。在此基础上，近海海岸的环境状况、生态系统也将随之发生改变。

（一）海洋水产品产量的变化

从总体上看，转产转业政策实施以来，海洋水产品的产量变化呈以下特点（见图 6-1）：海洋捕捞产量在 1999 年后逐年缓慢下降后持平，近几年基本保持"零增长"和负增长，在 2008 年后有所上升；海水养殖产量总体上逐年上升，虽在 2001 年和 2006 年后有负增长情况出现，但随后均呈现持

---

① 宋立清：《中国沿海渔民转产转业问题研究》，博士学位论文，中国海洋大学渔业经济与管理专业，2007 年，第 1 页。

② 朱坚真、师银燕：《北部湾渔民转产转业的政策分析》，《太平洋学报》2009 年第 8 期。

续增长趋势；远洋捕捞产量在政策实施初期即2003年开始大幅度增长，虽在2004年后有负增长情况出现，但近几年来呈现逐年平稳增长趋势。

可分三个阶段来分析其变化的主要特点。第一阶段（1989—1996年），从海洋捕捞产量和海水养殖的产量变化上看，这一阶段海洋捕捞产量、海水养殖产量和远洋渔业产量都呈现逐年大幅度上升的趋势。其主要原因总结为以下两点：一是随着经济增长和人民生活水平的普遍提高，对于海洋水产品的需求逐渐加大，从而扩大了水产品市场；另一方面是由于科技进步使捕捞技术也不断提高，使用了更为先进的捕捞工具，进而提高了生产率。

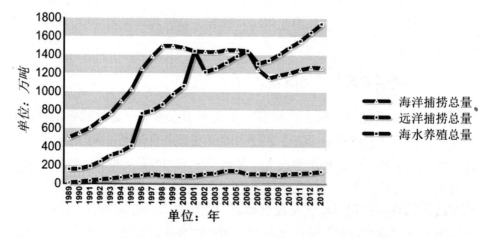

图6-1　海洋捕捞、海水养殖、远洋渔业产量变化①

第二阶段（1997—2003年），在这一阶段，海洋捕捞产量和远洋渔业产量基本处于零增长和负增长的状态，在此期间并未实施转产转业政策，因此这一阶段产量持平或减少还不是由于转产转业政策所导致的。海洋捕捞产量减少的主要原因可能是因渔民无节制地捕捞导致渔业资源开始减少甚至枯竭。而远洋渔业产量持平的主要原因可能是远洋捕捞技术在这一阶段并没有明显进步，所以产量没有显著的提高；或者是人们发现这一行业的利润太少，因此有部分远洋捕捞从业者退出此行业进而致使产量下降。

第三阶段（2003—2013年），这一阶段开始逐步实施并完善了渔民转产

① 数据来源于《中国渔业年鉴》（2000—2013年）、《中国渔业统计年鉴》（2000—2013年）。

转业政策，虽然政策中考察的直接指标是减船控船的数量，但仍然存在着其对产量的影响。从海洋捕捞和海水养殖的产量变化上来看，二者在转产转业政策实施以后没有较大幅度的变化，依然是沿着以前的趋势发展。从远洋渔业产量上来看，在 2003 年到 2005 年期间有相对明显的提高，随之又降回几近和原来相持平的产量。这就表明在政策实施之初，由于政策鼓励捕捞渔业向远洋渔业的转型，有一批人受此影响转入该行业，但是经过几年的发展发现利润值不高、技术落后或者其他原因又退出了远洋渔业的行业。而海水养殖产量一直是处于上升状态，除了由于其行业自身发展相对稳定外，也受到了转产转业政策的影响，因为转产转业的主要路径之一便是从由捕捞渔民转为养殖渔民。以上变化体现了转产转业的主要方式之一就是从传统捕捞向水产养殖的根本性转变。这种方式是基于渔业内部的转化方式，属于转产方式中最为方便快捷的一种方式，因此各沿海地区大多都会采取这种方式，从产量的变化上也说明了这一措施已取得了显著成效。而远洋渔业同样作为转产转业的路径之一，似乎并没有明显的变化。从总体上看，转产转业并没有给海洋水产品产量带来非常明显且较为深远的影响。

（二）海洋渔业人口及渔业从业人员（渔业劳动力）的变化

渔业人口并不等同于渔民，渔业人口的范围要大于渔民，而渔民是渔业人口的主要组成部分。因此渔民转产转业所导致的渔民数量的变化对渔业人口结构产生了很大的影响。本文所说的渔业人口是指"依靠渔业生产和相关活动维持生活的全部人口，包括实际从事渔业生产和相关活动的人口及其赡（抚）养的人口"；渔业从业人员（渔业劳动力）是指"全社会中 16 岁以上，有劳动能力，从事一定渔业劳动并取得劳动报酬或经营收入的人员。包括渔业专业人员、渔业兼业人员和渔业临时人员"。

减船控船政策最先引起的就是人口和劳动力数量的变化（如图 6-2 所示），概括来说是"先减少，后增加"的趋势。2003 年开始实施渔民转产转业政策以来，海洋渔业人口逐年大幅度减少，在 2006 年达到最低值后，2007 年开始逐年大幅度上升。渔业人口尤其是海洋渔业人口主要的谋生工具就是渔船，渔船的减少必然会带来大批渔业人口丧失生活来源，因此必然会导致一大批渔业人口被迫转产转业。但是，渔民的就业转移往往是双向的。因此，既会存在渔民的转出进入到其他行业的问题，也存在着外来劳动力的转入捕捞业的问题。目前，对于存在大量闲置劳动力的中国农业来说，从事渔业所得到的收入要明显高于从事农业的相关工作，在这样一个比较利益的诱导下，农民就存在向渔业转移的客观动力。在实行转产转业政策之前，整个海洋渔民群体的总量可以是一个动态平衡的状态，在有渔民面临生产困境而转产转业的同时，仍有其他行业的人口（如农民、外地务工人员）在不了解渔业发展状况的情况下加入到渔业行业。也就是说，人口离开和进入渔业的过程是同时进行的。在实施了转产转业的政策之后，渔民数量在短时间内锐减，打破了这一动态平衡，因此呈现渔业人口急剧减少。随后，因为减少的人口数量过多而产生了短缺，为了维持这一平衡就会再有一部分人加入到渔业人口当中，这一部分人包括转产之后返回的渔业人口以及其他行业新加入的渔业人口。因此，从2007年达到最低值后，海洋渔业人口呈现出逐年大幅上升的趋势。

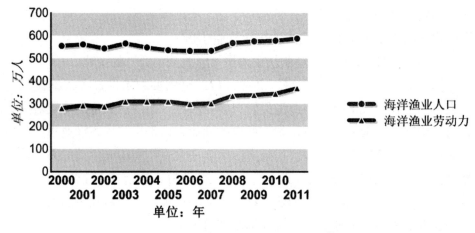

图6-2　海洋渔业人口、劳动力变化[①]

　　海洋渔业劳动力的数量变化有以下特点（见图6-2）：2003年开始基本持平，呈现"零增长"趋势，2006年达到最低值，从2007年开始逐渐大幅度上升。这与渔业人口的数量变化非常相似。2003年开始的持平与下降主要是由于减船控船的政策所导致的劳动力下降。而自2007年开始大幅上升

---

① 数据来源于《中国渔业年鉴》（2000—2011年）、《中国渔业统计年鉴》（2000—2011年）。

的原因可以从两个方面来分析。一方面是海洋渔业人口的上升所带动的劳动力数量上升；另一方面则是海洋渔业劳动力的内部构成变化的综合结果。

海洋渔业劳动力主要有两个重要组成部分：海洋渔业专业劳动力和海洋渔业兼业或临时劳动力。其中的专业劳动力则包括专业捕捞劳动力、专业养殖劳动力和其他专业劳动力。

各部分劳动力的变化如图 6-3 所示。

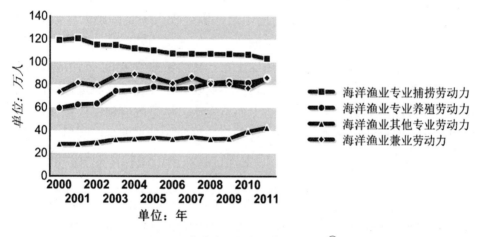

图6-3　海洋渔业各类型劳动力变化①

从海洋渔业劳动力各组成部分的数量变化上来看，转产转业政策实施以来，专业捕捞劳动力始终高于其他类型的劳动力人数，但其变化是呈下降趋势的。专业捕捞和兼业劳动力的数量是呈下降的趋势，而专业养殖和其他专业劳动力的数量是呈上升的趋势，且上升的总量要大于下降的总量，所以海洋渔业劳动力的总量在后期呈现上升的趋势。从劳动力结构的变化中同样可以看出两个方面的特点：一是捕捞劳动力仍旧是渔业劳动力的主要力量，由此可以推出海洋捕捞业在海洋渔业当中仍占主导地位；二是由捕捞渔业向养殖渔业转变是渔民转产转业的最主要的方式。另外还体现出一个特点就是专业劳动力数量的上升和兼业劳动力数量的下降。一种情况是原来兼职从事渔业生产的人转而变成专业从事渔业生产，另一种情况是新加入的渔业劳动

---

① 数据来源于《中国渔业年鉴》（2000—2011 年）、《中国渔业统计年鉴》（2000—2011 年）。

力大部分直接进入专业渔业生产，而少部分兼职从事渔业生产。不管是哪种情况，都表明了一个结论：渔业劳动力的总量在上升，尤其体现在专业劳动力、专业养殖劳动力方面。①

三、转产转业政策实施过程中出现的问题

（一）政策困境

1. 转产转业政策扶持力度不足，影响政策实施效果

由于转产转业的政策扶持力度不足，资金投入不足，绝大多数渔民出于理性并不会选择放弃本身熟悉的渔业工作，这又为转产转业政策的实施与推广增加了难度。从管理体制的角度出发，转产转业政策的实行与其他渔业规则相同，均属于政府集权管理。转产转业政策主要通过政府进行宣传，从中央到地方的渔业行政主管部门自上而下发动，也是政府利用权威和强制力对已有的海洋渔业资源进行控制、管理和监督的一种高度集中的制度。实际上，想要合理利用渔业资源绝不能单凭行政命令，这就要求与产权管理相结合。②

此外，政策的制定和实施也会产生相应的负面影响。由于现行的一些渔业管制措施制定缺乏科学性和实践性，致使转产转业政策在相关配套措施上难以制定和实行，并凸显出较多的负面效应。这主要是由两方面原因造成的：一是捕捞业尚未制定出符合其规范的捕捞准入机制，加大了渔民转产转业的难度。国家大力采取措施实行渔民转产转业，与此同时并未实行捕捞转入机制，导致部分非渔人员频繁自由进出捕捞业，参与转产的渔民在此之后迅速被这些人群所取代，船东老板并不考虑渔民的处境而是片面追求利益最大化，并且看到了外地务工人员肯吃苦、工资低的特质，认为他们更加适合为其工作。所以，渔民在政策尚不完善的情况下，积极性受到影响。二是由于目前存在渔船盲目扩张且短时间内不可遏制的势头，加之相关部门对非法捕捞渔船的监管力度不够，导致转产转业政策存在漏洞，国家对渔船的管理

---

① 同春芬、黄艺：《我国海洋渔业转产转业政策导致的双重困境探析——从"过度捕捞"到"过度养殖"》，《中国海洋大学学报》（社会科学版）2013 年第 2 期。

② 忻佩忠：《沿海捕捞渔民转产转业的实证分析与政策研究》，硕士学位论文，浙江大学公共管理专业，2006 年，第 34 页。

失控以及部分地方政府追求自身利益，非法买卖和违规更新改造渔船的恶劣事件频繁发生，甚至有的渔区出现了骗取报废资金等诈骗行为，国家的正常激励机制被扭曲。①

2. 渔区社会保障体系不健全，导致部分转产渔民返流捕捞业

近年来，国家加大了对农村社会保障的重视程度，农村社保体系也逐步建立并完善起来。而广大渔民长期以来被视为农民群体的一部分，有关部门在制定政策时并未考虑到渔民群体的特殊性，认为其享有同农民一样的待遇合乎情理，事实上除民政部渔民当中的"五保户"有一定的供养外，渔民在失业、养老、医疗、最低生活保障、基本生活救助等方面尚无相应的制度保障②。大多数渔民一旦失业，就会造成其生活长期处于温饱以下，很难维持自身生活，养活一家老小更无从谈起。在这种情况下，渔区将发生因病返贫、因学返贫、老无所养等现象，这些问题都严重影响到捕捞渔民转岗的积极性，甚至迫使部分转产渔民不堪重负返流捕捞业。③一些传统捕捞渔民和渔区内基层人员反映，在政策运转急需大量资金的情况下，有的地方将相当数额的支持资金用于投资那些花钱多、转岗渔民数量有限的人工鱼礁项目和深水网箱项目，他们对采用这种"远水解不了近渴"的措施表示无法理解。

3. 缺乏必要的法律，渔民权益无法保障

渔民的生产和生活资料缺少相应的法律法规作为保障。海域（渔场）和渔船渔具是渔民进行渔业生产最基本的生产、生活资料。我国《渔业法》规定，对于捕捞和养殖水域，实行许可证制度，但是并没有从法律上规定许可证的使用年限等具体性内容，地方政府出于经济发展的目的，对旅游、港口等产业通常会收回渔业水域的许可权。目前，由于国家通讯建设用海、工业建设用海、海上交通航运建设用海、深水港码头建设用海、海洋环境保护不善和国际性原因等，经常造成渔民处于"失海"状态。④

这些丧失传统渔业权的渔民选择转产转业，是对生存问题的巨大考验。

---

① 忻佩忠：《沿海捕捞渔民转产转业的实证分析与政策研究》，硕士学位论文，浙江大学公共管理专业，2006 年，第 12—13 页。

② 宋广智：《海洋社区渔民社会保障问题探讨》，《法制与社会》2009 年第 7 期。

③ 章国森：《苍南捕捞渔民转产转业的困境和对策》，《中国渔业经济》2006 年第 3 期。

④ 陈天霞：《江苏省沿海地区渔民体育现状与对策研究》，硕士学位论文，南京师范大学体育教育训练学，2007 年，第 14—16 页。

渔民丧失了最主要的生产和生活资料，也就丧失了其基本生活来源。如果说失海与失地相似，那么凡是适用于保护失地农民合法权益的相关政策法规，都应同样适用于"失海"渔民。甚至在某种程度上，"失海"渔民的处境要比失地农民恶劣得多，国家对农民失地问题以有偿征用、集体留地、就业安置、社会保障等各种途径予以补偿，但由于海域不同于农村土地集体所有，而是归国家所有，渔民"失海"往往得不到同失地农民一样合理的补偿。面对"失海"渔民，不但需要尽快完善渔业权等相关法制建设，而且更需要中央和地方各级政府将其作为特殊群体来制定相应的政策予以扶持。渔民由于"失海"导致的转产转业比由于生态环境恶化导致的转产转业更易产成社会问题，将会成为社会的不安定因素。在构建和谐社会的背景下，后者更为迫切，急需妥善处理和解决。

（二）渔民自身困境

1. 渔民综合素质较低，增加转业难度

从主观因素讲，大多数渔民自身受教育程度低，科学文化水平不高，对知识的更新换代不敏感，生产技能单一，加之其思想守旧，"单产单干，靠海吃海"的观念根深蒂固，出于对市场潜在风险的规避，对转产转业普遍持消极、等待、观望态度，缺乏积极性和主动性。也有不少渔民已经看到海洋资源日益衰退，又存有其他渔民退出捕捞业自己就有更大空间进行渔业生产的侥幸心理。其次，渔民技能单一。受地域及观念的影响，渔民世代生存在海岛和大海上，对赖以维持生计的海上捕捞技能掌握熟练，但这也是其仅有的一技之长，渔民受自身综合素质影响，想要较快掌握新的工作技能、转入其他行业存在较大困难。最后，渔民群体趋于老龄化。随着渔民老龄化趋势的加剧，将会进一步阻碍渔民进行转产转业、找寻新的工作机会。①

2. 渔民增收难度加大，影响渔区社会稳定

近些年来，在我国经济平稳迅速发展的基础上，与城镇居民经济收入快速大幅度增长相比较，渔民经济收入增长出现了较多问题，具体表现为收入增长趋势明显放缓、收入低水平一直游走于较低水平徘徊的局面，渔民与城镇居民收入差距不断拉大，不少渔民陷入了经济上的贫困，甚至出现了返

---

① 居占杰、刘兰芬：《我国沿海渔民转产转业面临的困难与对策》，《中国渔业经济》2010 年第 3 期。

贫现象。

由于渔业资源的不合理利用所导致的资源枯竭使得渔业生产效率不断下降，同时又因渔民生产所需的渔船、渔具以及其他生产必需品花销较多，购买相关生产必需品的开支要远高于农业用具，要开展渔业生产费用昂贵。传统的海洋捕捞业不仅需要投入渔船等固定资产，还要依赖于生产过程中的柴油消耗。"自 2000 年开始，由于全球经济衰退，渔业经济也不同程度地受到来自经济体制改革、经济增长周期等众多因素的影响，水产品供需格局开始发生转变，对资源环境的需求变得更为迫切，渔业国际环境也发生了较大变化。对我国来说，远洋渔业和国内渔场的面积都大幅度缩减，这对我国渔民经济收入产生了负面影响，加大了渔民和城镇居民的收入差距，渔民增收趋势逐渐放缓，与过去几十年的渔民发家致富、经济收入迅速增长产生了鲜明对比。"[1] 从《中国统计年鉴》中的相关数据可以看出，在有关渔民、农民和城镇居民经济收入的统计上，全国渔民家庭人均纯收入虽然略高于农民，但却远低于城镇居民的人均可支配收入。特别是近几年来，沿海地区渔民增收更加困难，部分地区甚至出现收入下降的现象。

（三）资金困境

转产转业政策专项资金主要用于转岗渔民就业、促进渔区经济发展、保护海洋渔业环境等方面。"在三边渔业协定签订并生效后，2004 年初已有 1548 艘捕捞渔船从靠近日、韩一侧的传统渔区撤出，部分渔船转而在近海作业，导致近海出现过度捕捞的现象。"[2] 作为原先从事捕捞作业的渔民，他们在之前从事捕捞生产时投入了大量资金用以购买生产工具。渔民捕捞生产所必需的渔船、渔具以及其他生产必需品花销较高，其支出远高于农业用具。海洋捕捞业投入除了渔船、渔具等固定资产外，渔民在生产过程中的投入主要还有柴油消耗。从 20 世纪 90 年代起，油价不断攀升，表 6-4 可显示国家发改委关于我国 2015 年第一季度油价变动的最新进展情况。

由此可见，虽然我国油价有下降趋势，但紧接着将会以更大幅度的上升百分比呈现，摆在渔民面前的是日益增高的柴油价格。相比之下，鱼价一

① 崔旺来、李百齐：《当代中国渔民分化、调整与重构的变奏》，《中国水运》2008 年第 5 期。

② 中国农业网：《渔业资源匮乏近万渔民待登岸 渔民"弃舟"向何方》，2004 年 2 月 23 日，见 http：//www.zgny.com.cn/ifm/consultation/show.asp? n_con_id=53213。

直处于低价位水平，又加之海洋捕捞业持续低迷，投入与产出比显然对渔民不利，其收入只能维持日常生活，甚至没有生产积累，缺乏转产转业的经济基础。"此外，渔民退出捕捞行业进而转产转业的成本偏高。渔船具有一定的使用寿命且折旧费用很高。作为渔民基本生产资料的渔船和渔具，每户渔民的支出高达几万元至十几万元，这样的高投资要让渔民退出捕捞业进行转产转业显然是难以承受。这主要是因为渔船越大，投资成本就越高，如果渔民拥有大渔船，长期依靠借款，算上成本利息，将会造成巨大的经济损失。"①

表6–4 中国 2015 年第一季度成品油调价表

调价日期		成品油品种	价格变动（单位：人民币元/吨）	变动百分比	调价后实际价（单位：人民币元/吨）
2015	3月26日	汽油	−240	↓ −2.71%	8620
		柴油	−230	↓ −2.91%	7670
	2月27日	汽油	390	↑ 4.98%	8215
		柴油	375	↑ 5.28%	7460
	2月10日	汽油	290	↑ 3.38%	8860
		柴油	280	↑ 3.67%	7900
	1月26日	汽油	−365	↓ −4.46%	7825
		柴油	−350	↓ −4.71%	7085
	1月12日	汽油	−215	↓ −2.45%	8570
		柴油	−150	↓ −1.93%	7620

按照各地实行的转产转业计划，已有不少原本从事捕捞业的渔民转向海水或滩涂水产养殖业、水产加工业、海上运输业或其他非渔产业。但在此过程中，资金投入需求极大，就现代水产养殖业（特别是海水水产养殖业）和水产加工业来说，投入的资金将越来越多，少则几万元，多则上千万元。

因此，那些有意愿或者已经进行转产转业的捕捞渔民，大多数期望获得银行贷款。然而，银行规定了很多类似于企业担保这样的贷款限制条件，考虑到渔民从事捕捞作业风险大的因素，银行会对其贷款有所保留。渔民很

---

① 翟周：《湛江沿海渔民转产转业问题及对策》，《广东海洋大学学报》2007 年第 2 期。

难通过正规渠道得到他们所需要的贷款。这部分资金就要通过向亲友借债或向民间高利贷筹得，渔民要承受沉重的利息负担，而且筹资数额有限。这就限制了渔民自主创业或渔业企业的发展规模，同时他们的集约化、工厂化生产、新品种养殖、设备的更新改造等也受到影响，从而阻塞了转产转业捕捞渔民的创业和就业门路，使他们生活困难、陷入窘境。①

第三节　推行新型的就业保障体系

一、新型就业保障的目标与原则

（一）新型就业保障的目标

1. 发展经济、调整结构、积极创造就业岗位

我国政府首先应优先发展经济以扩大就业，将促进就业作为国民经济和社会发展的战略任务，将控制失业率和增加就业岗位作为宏观调控的主要目标，纳入国民经济和社会发展计划。坚持实行扩大内需的方针，实施积极的财政政策和稳健的货币政策，并积极调整经济结构，推动经济增长对就业的拉动能力，重点是开发社区公益性就业岗位，帮助和促进下岗失业人员和其他就业困难群体再就业。另外，还应鼓励发展多种所有制形式和灵活多样的就业形式，拓宽就业渠道，增加就业途径。注重发挥劳动力资源优势，积极发展具有比较优势和市场需求的劳动密集型产业。注重通过灵活多样的方式实现就业，积极发展劳务派遣组织和就业基地，为灵活就业提供服务和帮助。

2. 完善公共就业服务体系，培育发展劳动力市场

我国于1999年发布了《失业保险条例》，这标志着我国失业保险制度的进一步发展和完善。建立新型就业保障体系，失业保险制度将更加全面地继续为失业人员提供失业救济和失业相关补助，加强对失业人员的管理和服务，并充分发挥其促进就业和再就业的作用。

---

① 韩晓:《山东半岛沿海渔民转产转业面临的困境及路径选择》，硕士学位论文，中国海洋大学社会学专业，2011年，第32页。

同时，建立市场导向的就业机制，积极培育和发展劳动力市场，为失业人员提供良好的就业环境，发挥市场机制在劳动力资源配置中的基础性作用。在此基础上，大力加强劳动力市场科学化、规范化、现代化建设，建立公共就业服务制度。推行和完善基层就业服务组织网络和劳动力市场信息网络，逐步实现我国就业服务机构的信息计算机联网。在农村或偏远地区，鼓励和规范发展民办职业介绍机构。

3. 完善社会保障体系，维护劳动关系的和谐稳定

应积极探索建立独立于企事业单位之外、资金来源多元化、保障制度规范化、管理服务社会化的社会保障体系。自我国建立下岗失业人员的社会保险关系接续制度以来，对下岗人员再就业起到了良好的促进作用。今后，还应鼓励下岗人员以非全日制、弹性工作、临时性等灵活多样的形式就业，增加其选择就业的途径和机会。同时，积极探索和推动建立双方自主协商、政府依法调整的新型劳动关系协调机制和平等协商签订集体合同制度。全面启动建立符合本国国情的政府、工会和企业三方协商机制，对涉及劳动关系的重大问题进行沟通和协商。还建立了劳动争议协调、仲裁和法律诉讼制度，将劳动争议纳入依法处理的轨道，以保障劳动者就业权利。政府应加强监管，纠正劳动力市场上对劳动者的各种歧视行为；还应普及《劳动法》相关法律及知识，提高劳动者的维权意识和能力，支持和鼓励劳动者运用法律武器保护自己正当合法的劳动就业权益。[1]

4. 促进下岗人员再就业

首先，发动和组织各方力量在我国各地区普遍建立起再就业服务中心，为下岗职工提供基本就业保障，并为他们提供就业信息、职业指导和免费职业培训机会。其次，利用政策扶持刺激和鼓励下岗人员自主创业，对其提供小额担保贷款，由政府建立担保基金，并提供及时的财政贴息，并在有条件的地方设立专门窗口，实行工商登记、税务办理、劳动保障事务代理等一条龙服务。再次，将有就业愿望和就业能力但存在就业困难的50周岁以上失业男性和40岁以上失业女性，作为就业援助主要对象，提供多种促进其再

---

① 杨阿滨：《中外就业政策及其实践效应国际比较研究》，硕士学位论文，东北师范大学马克思主义理论与思想政治教育专业，2006年，第15页。

就业的帮助。政府投资开发的公益性岗位也会优先安排大龄就业困难对象。最后，扩大下岗人员的就业服务，对其实行求职登记、职业介绍、职业指导、社会保险关系接续"一站式"服务，并免费开展多形式、多层次的职业技术培训，通过现代化就业信息网，为其提供及时准确的就业信息。

（二）新型就业保障的原则

国际劳工组织认为制定就业政策要遵循或参考以下九大基本指导原则，以使就业政策的制定和实施建立在广泛、合理和公认的基础上，提高政策的科学性和有效性。包括可考核性原则、三方性原则、统计性原则、协调性原则、公平性原则、能力性原则、保障性原则、开放性原则和适用性原则。其中协调性原则、公平性原则、能力性原则、保障性原则和适用性原则也对新型就业保障的原则同样适用。具体内容为：

1. 协调性原则。就业政策要与全面的经济和社会政策相协调，并在经济和社会政策的总体框架范围内执行。在制定经济和社会政策时，要重点考虑与就业政策协调一致。包括：（1）投资、生产和经济增长政策；（2）收入增加和分配政策；（3）社会保障政策；（4）财政和货币政策，包括防止通货膨胀的政策和汇率政策；（5）促进各国间商品、资本和劳动力更自由流动的政策。此外，也要检查就业政策措施与经济社会政策领域的其他重大决定间的关系，使之相互促进。

2. 公平性原则。就业政策和计划应致力于消除一切歧视，并保证所有工人在求职、就业条件、工资和收入、职业指导、职业培训以及职业发展等方面得到平等的机会和待遇，要采取有效措施与非法就业（不符合国家法律法规和国情要求的就业）作斗争。要采取措施，使工人逐步从非正规部门向正规部门转移。

3. 能力性原则。人力资源开发、教育与培训是实施促进就业战略，实现充分就业的关键。教育、培训和终身学习是就业政策不可分割的组织部分。必要时要采取相应措施，帮助工人（包括青年人和新成长劳动力）实现适当的、生产性就业，使他们适应经济变化的需要。贯彻能力性原则要特别注意在职业指导、职业培训和就业服务方面制定配套政策。

4. 保障性原则。对适合工作、寻找工作但短期内找不到工作的失业人员，要研究制定政策满足他们的需求，并做好政策宣传解释工作；要在现有资源和经济发展水平允许的最大限度内，参照社会保障的国际标准和就业政策的能力性原则，帮助失业人员和不充分就业人员，满足他们及其家属在失业期间的基本需要，并采取有效措施使他们适应再就业的要求。

5. 适用性原则。就业政策要充分考虑本国法律和实践，也要考虑不同地区、产业、劳动者以及不同时期的实际情况。要根据全局性、局部性以及企业层面的结构变革，调整就业政策。要帮助因结构调整和技术变革的失业工人重新就业。在公司、企业或设备出咨、转让、关闭或迁移时，要保护受影响工人的工作或便于他们重新就业。

就我国目前的就业形势来看，新型就业保障的原则除以上基本原则以外，还应遵循以下新的原则：

1. 坚持统筹兼顾，促进协调发展的原则

要从我国的基本情况出发，促进就业、社会保障与国民经济和社会发展相适应，充分考虑城乡劳动者多方面需求，全面推进社会保障、就业和劳动关系等劳动和社会保障各项事业的协调发展。在促进就业的同时，更加注重提升就业质量；在扩大社会保险覆盖面的同时，更加注重完善就业保障体系；在帮助劳动者维权的同时，更加注重各类社会群体利益关系的协调平衡；在积极推进各项制度改革的同时，更加注重法制建设、规划统计、信息网络覆盖、监管和服务体系等基础性建设，促进新型就业保障的可持续发展。

2. 坚持深化改革，创新工作机制的原则

要从改革的思路出发，依靠改革的方法解决国内劳动就业和社会保障工作中的深层问题和主要矛盾；要有闯的胆量、冒的魄力、试的勇气，克服阻碍我国就业和社会保障事业发展的制度性难题；要以敢为人先、敢于创新的精神，探索出发展新道路，形成具有中国特色的新型就业保障体系；要注重把改革的力度、发展的速度和社会可承受的程度协调起来，正确处理好改革、发展和稳定的关系；要着眼于当下，又要将目光放远，在不断探索中建立就业保障的长效机制。

3. 坚持以人为本，努力维护劳动者合法权益的原则

要始终把维护人民群众的根本利益作为工作的出发点和落脚点，从解决人民群众最关心、最直接、最现实的利益问题入手，妥善处理好不同利益

间的关系，重点深入了解困难群体的生活，千方百计扩大就业，改革和完善
社会保障体系，全面维护劳动者的合法权益，进行合理的收入分配，使广大
劳动者都能够享受到改革发展成果，促进社会和谐稳定。①

二、新型就业保障体系

新型就业保障体系是国家就目前就业的新形势所制订和实施的各项就
业政策和措施的总称。根据我国新型就业保障的目标，目前的新型就业保障
体系主要包括以下内容：

（一）促进就业政策

各国政府普遍把促进就业作为基本优先目标，实施有利于促进就业的
各项政策措施。基于这一点，许多国家在 20 世纪 90 年代以来严峻的就业形
势下，通过积极的就业政策调整，缓和在此期间内产生的失业问题。在就业
优先地位的确认时间上，我国要比西方国家晚一些。

党的十六届三中全会指出："要把扩大就业放在经济社会发展更加突出
的位置，实施积极的就业政策。"2008 年 2 月，国务院发布了《关于做好促
进就业工作的通知》，在对象、范围、内容、时效等方面作了相应调整和内
容上的充实，并将工作重点从着力解决下岗失业人员再就业问题，逐步拓展
到统筹做好城乡各群体的就业工作上来。这个转变具有重大意义，这标志
着我国促进就业政策从起初的关注某类特定人群开始转为实行覆盖所有群
体的"普惠制"就业政策。我国尽管现在人口增长放缓，但由于人口基数
大，2010 年前每年仍以 800 万左右的规模递增。就业压力具有现实性和长
久性，因此，应将促进就业政策作为宏观经济调控目标和各级政府工作的重
中之重。

从 2008 年底开始，全球金融危机的影响逐渐渗入到我国的各个方面。
这个时期国家的促进就业政策呈现出以下特点：一是通过"保增长"来实现
"保就业"的目标。2008 年下半年以来，国家出台了一系列扩大内需以刺激
经济发展的相关政策，在创造经济增长点的同时，努力打造未来就业的制高

<hr>

① 十堰市人力资源和社会保障局：《浅议武汉城市圈"两型"社会建设中劳动就业和社会保障发
展的基本原则及配套改革思路》，2010 年 9 月 22 日，见 http://www.hbsyrss.gov.cn/hbwzweb/html/xxgk/
llyj/48010.shtml。

点，增加新的就业岗位。二是出台政策有针对性解决特殊群体的就业问题。如为了解决金融危机导致的就业难问题，中央还专门出台了针对性的政策加以应对。其中就把大学生和农民工的就业问题放在了政策的中心位置。三是加强对遭遇金融危机冲击群体的社会保障建设。为应对金融危机的冲击，政府在4万亿的经济刺激计划中，专门安排了一定资金投向受影响群体的就业保障。①

促进就业的政策，主要通过增加就业岗位、控制非正常失业、提高劳动力素质来降低失业率。常见的政策包括扩大内需、刺激经济增长，推动就业的政策；调整产业结构，积极发展第三产业、劳动密集型产业、中小企业和个体私营经济，提高就业弹性的政策；规范企业裁员制度，有效控制失业的政策；发展人力资源，提高劳动者素质的政策等。

（二）预防失业政策

所谓预防失业，主要是针对某些受到经济因素制约而不得不缩小规模的企业，政府通过资助的方式对过剩的职工进行转岗培训或岗位补贴，采取内部消化，力争不裁员。预防失业的根本目的是减少失业人员，增强职工就业的稳定性，并不是干扰正常情况下的市场竞争。大多数欧洲国家都是用国家财政来预防失业的，而日本、韩国、加拿大等国则是以失业保险金为基础预防失业。可以说，不管资金从何而来，实施预防失业政策已经成为各国共识。从国外经验上来看，在市场竞争与社会政策发生冲突时，应优先考虑社会政策，而预防失业就是各国最重要的社会政策之一。事实上，将企业与职工缴费形成的失业保险金按照一定比例用于二者自身是权利与义务对等的体现。从这个角度出发，将基金用于稳定和增加就业岗位、促进就业可以提前设置失业防线，也就是实现预防失业的功能。

（三）"再就业工程"

20世纪90年代早期，企业开始出现职工停工、待工现象，国务院办公厅于1990年12月发出《关于妥善处理部分全民所有制企业停工待工有关问题的通知》，主要是通过对下岗职工进行行政干预和企业职工的经济救济，

---

① 赖德胜、孟大虎、李长安、田永坡：《中国就业政策评价：1998—2008》，《北京师范大学学报》（社会科学版）2011年第3期。

以减轻带来的社会动荡。面对失业形势愈加严重，国务院于 1993 年又出台了《国有企业富余职工安置规定》，规定对受企业倒闭、破产影响而失业的国企职工的重新安置作出了明确规定。但毕竟范围有限，仅针对倒闭和破产的国有企业员工有效，并不涉及其他形式和其他所有制形式的企业下岗职工，加之某些细则规定并不具体、内容模糊，其实施效果不太理想。

下岗形势日益严峻加上部分旧有政策的覆盖面较窄，迫使国家开始推出一套系统的、长期的就业政策来解决上述问题。1994 年，劳动部组织上海、沈阳、青岛等 30 个城市进行了"再就业工程"试点工作，于 1995 年 4 月将其推广到全国范围。同时，国家及有关部委又在之后的两年时间里相继出台了一系列再就业政策，包括：(1) 下发了许多补充性的文件和通知；(2) 将其作为配套设施，从而实现该工程的进一步完善，得到地方政府的支持和企业的重视。由此，以保障下岗职工权益和解决第二次就业问题为目标的"再就业工程"在全国范围内逐渐开展起来。

所谓"再就业工程"是指"充分发挥政府、企业、劳动者和社会各方面的积极性，综合运用政策扶持和就业服务手段，实行企业安置、个人自谋职业和社会帮助安置相结合，重点帮助失业 6 个月以上的职工和生活困难的企业富余职工尽快实现再就业"。其具体做法是："利用各种就业服务设施和培训、安置基地，通过职业指导，为失业职工介绍职业信息和求职方法；通过开展转业训练，提高再就业的能力；通过提供求职面谈和工作试用，促进双向选择；通过兴办劳动就业服务企业，组织开展生产自救；通过政策指导，鼓励、支持失业职工和企业富余职工组织起来就业和自谋职业。"为此，国家预定"在 1995 年以后的 5 年时间内分三个阶段，将组织 800 万失业和企业富余职工参加再就业工程"。[①]

从"再就业工程"的各项政策规定可以看出，"再就业工程"的目标非常明确，那就是解决当前存在的就业问题。然而，由于这一目标的实现至少受到社会稳定和体制政革两个因素的影响，从而赋予了"再就业工程"多层次的政策含义，这不仅造成"再就业工程"政策内在的张力，而且削弱了对其行为主体的约束力。

---

① 参见《国务院办公厅转发劳动部关于实施再就业工程的通知（国办发［1995］24 号）》。

值得指出的是，"再就业工程"的政策制定是建立在几个试点城市中的实践经验之上的。正如相关文件里所说的，再就业工程是一项"因地制宜"的以解决现实就业问题为目标的政策。这样，对于该政策的具体执行者——地方政府和有关企业来说，无疑拥有了更多变通政策的合法权力，加之各地下岗人员状况和经济基础存在差异，这就使实行"再就业工程"更多地依赖于地方政府的扶持以及有关企业对政策的充分理解和有效执行，而国家的有关规定和政策意图就有可能在各地的执行过程中被忽略甚至被歪曲。这就是说，"再就业工程"的实施效果是本着"因地制宜"的前提而因"地"而异的，政策执行人在其中起着关键的作用。①

上述三方面的政策是相互联系、相互补充的，它们共同促进了就业保障体系的发展和完善。

三、新型就业保障在渔民失业中的应用

渔民是农民的特殊群体，同农民群体一样，从其生产生活方式来看，渔民也在从事第一产业的活动，对自然资源的依赖程度非常高，自身的综合素质和受教育程度都普遍偏低。但是，渔民和农民存在很大差异，他们无法像农民一样自给自足，也不能像城镇居民一样通过从事非农业生产获得稳定和持续的收入，以维持基本生计。因此，渔民群体具有一定的边缘性，是不同于农民和城镇居民的一个特殊群体。一直以来我国的就业保障主要是针对城镇居民，近年来国家加大了对农村的重视程度，农民的就业保障体系也逐步建立并完善起来。而渔业一直被归为大农业的范围内，渔民一直被归为农民行列，大多数人认为他们享受同农民一样的就业保障是理所当然的。但实际上原有的就业保障并未解决渔民这个特殊群体的失业问题，加之渔民在转产转业过程中遇到了种种困难，政策的实施并没有给渔民的转业和再就业带来预期的效果。利用新型的就业保障预防和调控渔民的失业问题迫在眉睫，因此，我们针对新型就业保障体系对应用在渔民失业问题上提出三方面的内容。

---

① 钱小慧:《我国劳动就业的制度化研究》，硕士学位论文，华东师范大学政治经济学专业，2009年，第17页。

（一）在促进就业方面

为切实解决好就业这个重大民生问题，党的十八大报告明确提出，要推动实现更高质量的就业，并将就业更加充分作为全面建成小康社会的重要目标，明确了促进就业的基本方针和政策措施。而渔民群体在促进就业方面同样需要这些方针政策来扶持，满足他们的就业需求。

第一，全面准确把握新的就业方针。党的十八大报告提出，要贯彻劳动者自主就业、市场调节就业、政府促进就业和鼓励创业的方针，第一次将鼓励创业纳入就业方针，并要求引导劳动者转变就业观念，鼓励多渠道多形式就业，促进创业带动就业。新的就业方针进一步明确了劳动者、市场、政府在促进就业中应发挥的作用，必须全面准确把握。

第二，认真贯彻落实促进就业的重大政策措施。党的十八大报告第一次将促进就业上升到新的战略高度，明确提出实施就业优先战略和更加积极的就业政策。在今后的工作中，要根据就业形势变化，及时充实和完善就业政策，加强就业政策与产业、贸易、财政、税收、金融等政策措施的协调，加大公共财政对促进就业的投入，完善促进就业的税收和金融扶持政策，实施更加积极的就业政策。

第三，加强对重点群体就业的扶持。党的十八大报告提出，"要做好以高校毕业生为重点的青年就业工作和农村转移劳动力、城镇困难人员、退役军人就业工作。采取有针对性的扶持政策，解决好重点群体的就业问题，是保持我国就业局势稳定的重要任务"。

第四，加强职业技能培训。为进一步提高就业质量，不断适应新的职业变化，增强就业稳定性，必须切实加强职业技能培训，注重提升劳动者就业创业能力。

第五，健全人力资源市场和就业服务体系。要发挥市场机制在配置人力资源中的基础性作用，加快统一规范灵活的人力资源市场建设，完善城乡劳动者平等就业制度，健全人力资源市场监管体系，发展人力资源服务业。要健全完善覆盖城乡的公共就业服务体系，加快以基层公共服务平台为重点的公共就业服务机构建设，建立全国就业信息网络。

第六，全面发挥失业保险对促进就业的作用。要进一步发挥失业保险在预防失业、促进就业等方面的功能，通过实行失业保险基金支付岗位补贴、社会保险补贴、培训补贴和就业补贴等政策，鼓励并帮助失业人员就业，构建促进就业的长效机制，切实增强失业保险对促进就业的作用。①

（二）在预防失业方面

应针对渔民群体建立健全符合其自身特点的预防失业和调控机制，完善失业保险制度。对结构调整和遭遇重大灾害时出现的失业风险进行积极预防和有效调控，制定应对应急预案，采取切实措施以保持就业稳定，并将失业控制在社会能够承受范围。引导企业自觉履行稳定就业的社会责任，优化企业结构，规范其裁员行为。将失业渔民组织起来，安排一系列相应的就业培训、指导、服务、援助等就业准备活动，缩短他们的失业周期，从而分散失业风险，提高就业的稳定性。

做好单一技能渔民安置工作。全面统筹考虑渔民退出与保障权益，完善失业渔民安置工作协调机制，采取多途径、多渠道的措施做好安置工作。发挥扶持和资金投入政策的积极作用，妥善处理好劳动关系，积极稳妥地做好社会保险关系接续和转移，帮助渔民开展好转产转业技能培训，稳定和促进就业，降低失业率。

加强对渔民群体的就业援助。建立健全就业援助制度，完善就业援助政策，开发公益性岗位，形成长效工作机制。全面推进充分就业社区建设，为率先实现部分地区充分就业奠定牢固基础。完善因从事捕捞作业致残的失业渔民就业促进和保护政策措施，推动党政机关、村委会按比例安排他们就业，加大残疾人集中用人单位的管理和扶持力度。②

（三）在增进再就业方面

做好下岗失业人员再就业工作，是党中央、国务院从当前改革发展稳定大局出发作出的重要决策。我们在考虑解决渔民失业的对策时，要注意借鉴其他国家针对特殊群体所制定的再就业政策，既要从长远利益考虑，又要立足当前实际问题所应采用的应急措施，标本兼治，走出一条符合渔民特点的解决失业与再就业问题的道路。

---

① 新华网：《促进就业的基本方针和政策措施是什么？》，2013年2月9日，见 http：//news.xinhuanet.com/politics/2013-02/09/c_114659738.htm。

② 中国新闻网：《"十二五"应采取多措施加强失业预防和调控》，2012年2月8日，见 http：//finance.chinanews.com/cj/2012/02-08/3653845.shtml。

1. 转变观念是解决失业与再就业问题的前提

观念与体制密切相关，传统体制造就了传统的就业观念，所以要想改变传统的就业观除了进行广泛的教育宣传和正确的舆论导向外，还应当与加快改革传统劳动就业制度相结合，以改革促进观念转变，以观念转变推动改革。失业渔民要积极转变传统守旧、过分依赖海洋的就业观念，努力学习其他技能，提高自身素质。选择职业时，改变那种分贵贱的陈腐观念，遇到困难时，要克服"等、靠、要"的消极情绪。我国正在加快建立市场就业机制，政府的确要大力促进就业、增进再就业，但政府不可能完全包揽再就业问题。实现再就业，失业渔民必须积极主动地去适应市场并找到最适合自己的工作岗位。

2. 加强技术培训是解决失业与再就业问题的基础

通过再就业技术培训，改变以往渔民单一的工作技能，帮助其学习新的技能。建立以职业训练、转岗培训为主体的培训就业制度是实现再就业的重要基础和有效手段，这对促进失业渔民再就业意义重大。职业培训是提高渔民自身素质，促进其再就业，化解渔民群体结构性、长期性失业矛盾的重要手段。在全面实行劳动技能培训、逐步形成职业资格证书系统、推动"市场引导培训、培训促进就业"机制形成的同时，为渔民建立起具备综合性、系统性、针对性的职业培训基地，鼓励和支持社会各方力量开展多层次、多形式的就业培训，提高渔民的再就业能力。要积极搞好创业培训，开展创业咨询，提供创业指导，提高创业能力，培养失业渔民的自主创业意识，带动更多的失业渔民再就业。

3. 采取正确的政策措施是解决失业与再就业问题的保障

在劳动就业制度改革过程中，政府应加强宏观调控，保证对就业形势的长期监控；从我国的基本国情出发，制定和完善与宏观经济配套的长期稳定的就业政策，正确处理好优化产业结构、转变经济增长方式、深化体制改革与增加就业机会、实行"再就业工程"的关系；采取各种倾斜性的就业政策和措施，对失业渔民的再就业采取社会消化、企业吸收与自主创业相结合的措施，调动劳动者再就业的积极性；采取灵活多样的用工方式和鼓励创办个体私营企业，进行自主创业是解决失业与再就业问题的有效途径；建立起完善的失业保险制度，制定合理救济标准，处理好失业救济与增进再就业的关系，保持社会稳定。

4.保持经济平稳增长，增加工作岗位，是解决失业与再就业问题的根本

从根本上解决渔民失业问题，必须发展渔区经济，只有经济发展了，才能提供更多的就业机会；只有实现经济平稳快速增长，才能避免因经济波动所产生的周期性失业。同时又要扩大就业规模，要明确并保持适当的经济发展速度，这是从根本上解决失业渔民再就业问题的出路所在。要大力发展新兴产业，如渔村旅游业，以指引失业渔民开辟新的就业领域；要根据我国的国情发展第三产业，尽快使社会服务业成为我国第三产业的新的经济增长点；发展多种所有制经济和渔村乡镇企业，兼顾不同层次、不同素质的劳动力。扩大失业渔民就业视野，多途径、多渠道、宽领域增加工作岗位，找寻就业机会。①

---

① 浙江工贸职业技术学院：《发达国家解决再就业问题的政策和措施及其对我们的借鉴与启示》，见 http://www.zjitc.net/pages.asp? pid＝8181。

第 七 章

海洋社会健康风险

第一节 概 述

健康是促进人的全面发展的必然要求，是幸福家庭的基础，是经济社会发展的目的，也是经济社会发展的手段。医疗卫生领域的研究早已证实，人们的健康状况受许多内外因素的影响，如环境、医疗服务、社会行为、生活方式等。这些因素均可能给人们带来不良的健康后果，使其面临一种风险，即健康风险。而现今的健康风险不仅仅指个人面临的风险，更是整个人类社会不可避免面临的风险。海洋社会作为人类社会的重要组成部分，是基于海洋、海岸带、岛礁形成的区域性人类生活的共同体，其面临的健康风险越来越受到人们的重视。关注海洋社会健康风险有利于海洋经济的迅速发展和整个海洋社会的可持续发展。

一、健康风险

（一）健康风险的概念

健康是人类的基本权利，健康状况的改善是一个国家、社会发展进步的直接体现。而风险是存在于人类生活中无时不在的现象，人类的发展进化史是不断认识和控制风险的历史。健康风险是人类社会风险中突出的问题，其中有自然的因素，也有人为的因素，以及这两者的共同作用。由此可见，健康问题不是纯粹的医学问题，它很大程度上是一个社会学的问题。健康风险的概念是一个不断演化的过程，国内外学者都提出了自己的观点。

世界卫生组织（WHO）关于健康的概念先后提出两种不同的观点。首先 1946 年 WHO 在世界卫生大会上提出健康的概念为："不单单指人没有生理疾病和身体强健，而是生理方面、心理方面和社会适应能力方面都达到相对完美的状态。"① 此后 1986 年 WHO 在第一届国际健康促进大会上签署了健康促进渥太华宪章，该宪章提出了关于健康概念的另一种观点："健康是人类日常生活的支撑条件，是一个积极的概念；健康注重社会和个人的资源以及个人躯体的能力。良好的健康是社会、经济和个人发展的主要资源，是生命质量的重要组成部分之一。"② 由此可以看出随着人类社会的发展，人们对健康概念的理解也在逐步加深，远远超过了"医疗卫生"的范围。而印度著名经济学家阿玛蒂亚·森（Amartya Sen）从"可行能力"的视角重新对健康进行定义，集中关注人们能够有效去做的事和成为他们想成为的状态，将健康视为一项有着深刻内在价值的"可行能力"，即生存下来而不至于过早死亡的能力。每一个人都想拥有长寿和健康地享受生活，这比任何的财富都重要。③ 世界著名医学期刊《柳叶刀（Lancet）》2009 年发起题为"什么是健康？人的适应能力"讨论，探讨了健康的概念和维度。通过讨论的结果指出随着人类社会的发展和医学技术的进步，完全没有健康风险或者说完全健康的人是不可能存在的，健康是指人的各个方面整体的健康。关于健康的维度，不仅包括身体、心理和社会适应三个方面，至少还应包括以下两个方面：一方面，人类健康与各种生物的健康密切相关；另一方面，健康应包含非生物领域。④

国内学者关于健康风险概念的研究相对较少，并且相比国外而言起步也比较晚。黄占辉认为对于健康的概念有传统和现代的两种理解。传统的也是较狭义的健康观是完全从生物医学的角度定义健康的，认为健康就是人的

---

① World Health Organization., *Constitution of the World health Organization*, Geneva; Reprinted in Basic Documents, 1946, p.3.

② Ottawa Charter for Health Promotion., *WHO First International Conference on Health Promotion*, Ottawa, 1986, p.7.

③ ［印］阿玛蒂亚·森：《以自由看待发展》，任赜、于真译，中国人民大学出版社 2002 年版，第 28 页。

④ What is health? *The ability to adapt*, Lancet, 2009, p.781.

机体强健，不存在任何疾病，人体的各个组织器官及其功能都运作良好。在这里，人完全被理解为一种生物人。但是随着社会的进步，随着社会经济、教育和医学科学的发展，对人的理解也不局限于生物人，而是兼有自然属性、社会属性和心理属性的统一体。这样，关于人的健康的概念也相应发生了变化，即健康是指人的生理、心理和社会的良好状态。① 赵卫华强调健康问题并不纯粹是一个医学问题，很大程度上是一个社会学的问题，健康和疾病与个人在社会中的特殊状态以及与社会参与性有关，还与他的社会文化传统有关。从健康和疾病的社会文化定义看，在不同的文化背景、医疗制度下，关于身体不同程度的不适状态，有的可能认为是疾病，需要就医，有的则不认为是疾病，不需要就医。② 王翌秋认为风险是指事件发生的不确定性和事件发生造成的结果，并根据风险的概念将健康风险定义为由于疾病损伤导致的损失不确定性，这些损失造成的结果包括人们身体的不适和痛苦、由于就诊产生的所有费用、由于劳动力丧失导致的收入减少等。③ 卢伟根据危害的定义推出了公共健康危害的定义，认为当生物体、组织系统或者人群暴露于某种物质或状况时，这种物质或者状况所具有的、可造成不良影响的固有属性，称之为危害。按照这个定义，发生在公共健康领域、可导致不良公共健康影响的某种物质或者状况的固有属性，可以视为公共健康危害。④

随着社会经济的发展和社会的转型，影响人们健康的因素和方式发生了很大的变化，从以往的自然原因如自然灾害转向社会因素，健康风险也越来越备受关注。在此我们认为，健康风险是指人们面临的影响自身健康状况或身体条件的外部和内部不确定因素，研究者一般关注这种不确定因素及其带来的健康损失，即健康风险是指产生不良后果的可能性或致使这种可能性增加的因素。加强对健康风险的控制对于国民健康水平的提高，甚至整个国家经济和社会的发展具有不容忽视的作用。

① 黄占辉、王汉亮：《健康保险学》，北京大学出版社2006年版，第3—4页。
② 赵卫华：《地位与健康：农民的健康风险医疗保障及医疗服务可及性》，社会科学文献出版社2012年版，第4—5页。
③ 王翌秋：《农户的健康风险与健康风险管理》，《台湾农业探索》2012年第1期。
④ 卢伟、吴立明：《公共健康风险评价》，上海科学技术出版社2013年版，第43页。

（二）健康风险的特点

拥有良好的健康状态不仅可以使人身心愉悦，增加寿命，还可以使人工作的时间延长，提高劳动生产率，使劳动者获得更多的收入。健康作为人力资本中的一个重要组成部分，它对个人收入、劳动生产率、经济增长具有重要意义。随着现代社会的发展，健康面临着各种各样的风险，不仅包括生理健康风险，还包括社会健康风险，了解健康风险的特点对于其预防有很大的帮助。而健康风险作为现代风险的一种，具有风险的一般特点。

1. 客观性

风险的客观性是指风险是一种不以人的意志为转移，独立于人的意识以外的客观存在。风险并不会因为人们主观意识的改变而发生变化，风险的产生与发展是由其内部因素所决定的，是作为一种客观事实而存在的。因此，人们只能在一定的时间和空间内变化风险存在和发生的条件，运用各种风险管理措施，以减少风险的可能性，降低风险造成的损失。然而，从总体上看，风险是不可能被彻底消除的。

2. 损失性

风险的损失性是指风险产生时必然会带来损失，只要风险存在，就肯定有发生损失的可能，这种损失有时能够用货币计量，有时却不行。这种损失是非故意的、非预期的和非计划的经济价值的减少，具体包含直接损失和间接损失两种。假如风险产生以后不会有损失，那么就没有必要研究风险了。风险造成的损失不单单体现在人员伤亡上，还体现在生产力的破坏和社会经济财富的损失上，因此人们才会研究风险管理的方法。

3. 不确定性

风险的不确定性是指就个体风险而言，其是否发生是偶然的，是一种随机现象，具有不确定性；但在总体上，风险的发生却往往呈现出明显的规律性，具有一定的必然性。风险的不确定性包括发生时间和产生结果的不确定性两类。总的来说，有一些风险是必定要发生的，但什么时候发生是不确定的；结果的不确定性，即指损失程度的不确定性。正是风险的这种总体上的必然性与个体上的偶然性的统一，形成了风险的不确定性。

健康风险属于风险，它除了具备一般风险所共有的客观性、危害性及不确定性的特征之外，因其作用对象及表现形式的不同，健康风险还有其自身的特点。①

1. 人身伤害性

健康风险的人身伤害性是指其作用的对象是人的身体，而不是物质财产。风险的发生往往会造成一定的损失，这种损失一般都是可以用货币来衡量的，并且可以通过一定的保险制度来弥补损失。但是健康风险是指由一定的不确定因素给人们的身体乃至精神上造成的损失，其带来的伤害性是无法用货币来衡量的，也不能完全由经济补偿来代替。人的生命是十分宝贵的，生命只有一次，一旦人的健康发生风险，其生命就会受到威胁。因此人身伤害性是健康风险的首要特点。

2. 频率高发性

健康风险的频率高发性是指其发生几率特别高。人的身体是脆弱的，很多因素都会对人身健康产生影响，这其中包括人体自身的因素和外部环境的因素等等。就人自身的影响因素而言，疾病是危害人身体健康最重要的因素，生活中的每一个人都会生病，尤其是随着年龄的增长，人们生病的频率也会增加，健康风险的发生频率也会逐渐提高；此外，随着人类生存环境的不断恶化，例如自然灾害逐年增加、人们的社会压力越来越大，危害人身健康风险的社会因素在无形中增加。因此频率高发性是健康风险的又一重要特点。

3. 原因复杂性

健康风险的原因复杂性是指健康风险的影响因素是多种多样、十分复杂的。其影响因素既包括人自身的影响因素，又包括外部环境的影响因素。就人自身的影响因素而言，疾病是对人身健康影响最大的因素，疾病的种类各种各样，并且其类别也在不断更新、难以穷尽；就外部环境影响因素而言，既包括自然环境因素又包括社会环境因素，随着近年来自然环境的不断恶化以及现代社会环境的日益复杂，一切不利的因素都可能给人身健康带来风险。因此，导致健康风险产生的原因是复杂多样的。

4. 社会蔓延性

健康风险的社会蔓延性是指某些类型的健康风险具有社会传播的扩展

---

① 黄占辉、王汉亮：《健康保险学》，北京大学出版社 2006 年版，第 4—5 页。

性。传染性疾病的社会蔓延性最为明显，人不是单独的个体，而是生活在社会之中，人患的某些疾病具有社会传染性。这些疾病一旦发生，若不采取有效预防、治疗和控制，很快会由一部分人传染给另一部分人，甚至蔓延到整个地区乃至社会，给较大人群的健康乃至生命造成严重的危害。因此，健康风险具有社会蔓延性，需要我们采取相应措施予以管理和控制。

二、海洋社会健康风险

（一）海洋社会健康风险的概念

海洋问题的研究是一个热点领域。在新世纪，"海洋社会"成为值得研究的课题。21 世纪是海洋的世纪，海洋社会的健康发展关系到国家的长治久安，更是我国成为海洋强国的关键。中国社会经济正处于快速发展时期，东部沿海是中国经济快速发展的引擎，特别是最近几年国家注重发展以海洋依托的蓝色经济，在开发利用海洋资源的同时也加剧了海洋社会的各种风险。其中海洋社会的健康风险问题越来越受到人们的关注，对其概念的理解及其特点的总结是我们认识海洋社会健康风险的第一步，为进一步了解海洋社会的新型健康风险及其风险管理奠定了坚实的基础。

要埋解海洋社会健康风险，首先我们要弄清楚海洋社会与健康风险的概念。杨国桢认为："海洋社会是指在直接或间接的各种海洋活动中，人与海洋之间、人与人之间形成的各种关系的组合，包括海洋社会群体、海洋区域社会、海洋国家等不同层次的社会组织及其结构系统。"[①] 崔凤认为："海洋社会是人类基于开发、利用和保护海洋的实践活动所形成的区域性人与人关系的总和。"[②] 而根据前文介绍的健康风险的概念，我们认为健康风险是指人们面临的影响自身健康状况或身体条件的外部和内部不确定因素，研究者一般关注这种不确定因素及其带来的健康损失。

在把握了海洋社会和健康风险的概念的基础上，我们可以进一步推出海洋社会健康风险的概念。在此我们认为，海洋社会健康风险是指在海洋社会中，即在直接或间接的各类海洋活动中，由于自然因素、经济因素、技术

---

① 杨国桢：《论海洋人文社会科学的概念磨合》，《厦门大学学报》（哲学社会科学版）2000 年第 1 期。

② 崔凤：《海洋社会学：社会学应用研究的一项新探索》，《自然辩证法研究》2006 年第 8 期。

因素和社会因素等方面的原因而引起的各种不良结果发生的可能性，或导致这种可能性增加的因素。海洋社会健康风险的概念是广义的，是整个海洋社会中面临的各种健康风险的总称。关注海洋社会健康风险既有利于海洋经济的迅速发展，又可以推动整个海洋社会的可持续发展。

（二）海洋社会健康风险的特点

在理解了海洋社会健康风险概念的基础上，我们要进一步探讨其特点，以便有针对性地对其风险进行管理。海洋社会健康风险作为健康风险的一部分，具备了健康风险的一般特点，人身伤害性、频率高发性和原因复杂性。但其主要涉及的是海洋社会方面的健康风险，因此海洋社会健康风险还体现出了与海洋社会的相关性。

1. 全球性

这是相对"陆地社会"而言的，也是对"陆地社会"的发展。"陆地社会"是一种"国家型"社会，这主要是指以一定的领土也即国土面积、主权也即政治实体和人口也即国人所属的国籍而形成的社会关系，强调地域性、民族性、主权性、管理性，突出关系性、封闭性、拒斥性。而"海洋社会"是一个"全球型"社会，这是一个以海洋为纽带和平台所形成的具有海洋性、开放性、多元性和包容性的新的社会形态。事实上，陆地仅占地球面积的21%，而海洋则占71%，是陆地面积的3.5倍。此外，陆地是分割而居的，而且更多的是因海洋才联系为一体的；但海洋却是一体的，是天然的相互联系的，而且这种联系是不以人的意志为转移的，也不因陆地的阻隔而断裂的，既是全球性的，又是一体的。由此可知，全球化就是海洋化。海洋社会健康风险作为海洋社会的一个组成部分，也体现出了海洋社会的全球性特点，其健康风险并不仅仅是指某个地区或者某个国家的区域性风险，更多情况下是指全球性的普遍性的健康风险，覆盖面积庞大，社会蔓延性极强。

2. 公共性

传统的"社会"是一种"陆地社会"或"关系社会"。它主要强调社会的乡土性、封闭性和伦理性，尤其突出其"家庭性"和"血缘性"。① 即是以血缘关系为纽带而把人们联系成社会群体或者集体的状态。家庭是其中最

---

① 费孝通：《乡土中国 生育制度》，北京大学出版社2003年版，第11页。

基本的组成单位，其他所有的社会关系都是以家庭为基础而发展出来的，因此陆地社会具有一定的封闭性。而"海洋社会"是一种以海洋为纽带或以海洋为平台和载体而发生的关系，不过人们发生关系的公共空间及公共平台是"海洋"而已，或者说人们是因"海洋"而发生关系的，也即"海洋"是人类的一个"公共池塘"。由此看来，"社会"具有的社会性和公共性发生了变化，由血缘性转变为了非血缘性和非伦理性，又由非血缘性变为了自然性。因此说，"海洋社会"是一种"公共性"社会。进一步可以推出，海洋社会健康风险属于公共健康风险的一部分，发生在公共健康领域，会导致不良的公共健康影响，危害到海洋社会中各种公共关系的健康发展。

　　3. 系统性

　　"陆地社会"的"社会"是一个"大社会"概念，是一个复杂的系统，不仅具有经济、政治、文化、社会及管理等横向子系统，也具有个体、群体、社会和公共等纵向子系统。而"海洋社会"也是一个复杂的系统社会，具有海洋经济、海洋政治、海洋文化等子系统。其中，"卡尔·博兰尼（Carle Polanyi）所提出的'社会转型'并不是社会适应市场经济扩张的被动调整，而是社会及其组织在市场经济扩张中通过'反向运动'（Counter-movement）对其进行控制和驾驭的过程"①。近年来，人类人力发展海洋经济，而在开发海洋的过程中，一味追求经济利益最大化，而忽视海洋的社会性以及公共性和未来性，以至于海洋保护等工作严重滞后，出现海洋污染、海洋生态破坏等严重威胁人类生存和发展的问题。更有甚者，一些个体为了追求本人、本部门、本地区乃至本国的利益最大化，不惜违背已有的"海洋社会"的正常秩序，破坏当下稳定、和谐的正常运行的良好局面。其实，海洋在人类的日常生活中发挥着关键作用，是可持续发展的重要组成部分。可是，人类活动使世界上的海洋环境受到严重威胁，使海洋社会面临严重的健康风险。人类过分开采、非法捕捞、污染海洋等行为，特别是从陆地排放到海洋中的污染物，使海洋生态系统正遭受严重的破坏。因此，海洋社会的健康风险不单单指某个健康风险，而要放在一个系统中去分析与管理，以实现

---

　　① 冯钢：《何为"社会转型"？——站在卡尔·博兰尼的立场上思考》，2011 年 11 月 6 日，见 http：//www.aisixiang.com/data/46089.html。

海洋经济、海洋社会和海洋生态的和谐统一及健康发展。

第二节　海洋社会新型健康风险

21 世纪是全球大力开发利用海洋的新世纪。随着人们对海洋社会的进一步开发，海洋社会面临的健康风险也发生着改变，原来影响相对较小的健康风险现在可能对海洋社会造成极大的影响，甚至于原来不存在的健康风险，现在成为影响海洋社会的新型健康风险。在这种社会转型期，我们应该具备现代的海洋意识，以便抓住机遇，迎接各种类型的现代化、全球化的海洋社会健康风险的挑战。

一、海洋社会新型健康风险的类型

（一）海洋生态系统的健康风险

生态系统为人类的生存和发展提供了各种各样的生态系统服务，如食物、清洁空气、饮用水、能源等。然而随着全球经济的快速发展、人口数量的急剧增加，出现了一系列的全球性环境问题，严重破坏了人类赖以生存的生态系统，同时也对人类自身的健康构成了威胁。面对这种困境，生态系统健康学诞生了。将健康的概念应用于生态系统，意味着地球上生态系统的健康已经成为人类关心的主要问题。生态系统健康最初在20世纪40年代提出，而对其的研究正式起源于 20 世纪 70 年代，[1] 但学术界对于生态系统健康的定义尚未取得共识。国际生态系统健康学会提出了比较权威的定义，该学会将生态系统健康学定义为研究生态系统管理的预防性的、诊断性的和预兆的特征，以及生态系统健康与人类健康关系的一门科学。[2] 健康的海洋生态系统是指拥有正常的海洋生态系统的结构（现存物种类别、种群规模和构成）和功能（食物网的物质流和能量流），并且可以保持长时间处于这种状态。

---

[1]　Schaeffer D. J.、Henricks E. E.、Kerster H. W. Ecosystem health：*Measuring ecosystem health*，Environmental Management，1988，pp.445-455.

[2]　Michael A. J.、Bolin B. Costanza R.：*Globalization and the Sustainability of Human Health*：*An Ecological Perspectives*，Bioscience，1999，pp.205-210.

海洋生态系统是一个复杂的生态大系统，海洋与大气、陆地之间存在着密不可分的关系。例如世界上近 80% 的国际贸易由海运承载，海洋渔业年产量约为 1.2 亿吨，提供全球约 20% 的动物蛋白质。在海洋生态系统中，近海对人类社会的发展尤其重要，近海虽仅占海洋总面积的 8%，但占全球海洋 25% 以上的初级生产力，同时还是各国国防安全的重要保证。海岸带和沿海生态系统为人类社会的发展提供了丰富的资源，同时也面临着巨大的环境污染和生态恶化的压力。例如，中国海洋环境质量公报显示，在中国 2004 年，约 16.9×104 平方千米区域的海水达到干净水域的标准，近岸海域污染严重，对当地海洋生物的污染仍然很严重，加剧了其污染程度，导致我国的大部分海湾、河口、沿海湿地等生态系统是亚健康或不健康的；而到了 2005 年我国约 13.9×104 平方千米的海域达到清洁海域水质的标准，海洋总体污染状况仍未好转，且近岸海域污染情况更为严重。[①] 可见，我国海洋生态系统面临极大的健康风险，严重影响了其健康发展，进而影响了全人类的健康状况，迫切需要引起学术界及国家政府对海洋生态系统健康风险的关注。

（二）海洋经济系统的健康风险

海洋经济是国民经济的重要组成部分。国内学者目前对于海洋经济系统的认识仍处于零散阶段，大多研究局限在海洋经济系统中的某一个具体子系统的问题，没有从真正意义上对其概念进行界定。现有研究大多从生态学或者经济地理的角度分析海洋经济系统，没有从经济学角度对海洋经济系统进行科学分析，也就无法准确定位海洋经济与国民经济的关系。[②] 海洋经济系统并不是一直就有的，它的产生晚于海洋经济活动。海洋经济是指人类以海洋资源为对象而展开的一系列生产、交换、分配和消费活动。人类利用和开发海洋资源具有悠久的历史，改革开放以来，我国的海洋资源已经被越来越广泛地应用，海洋产业已经得到了迅速的发展，逐年增加的海洋产业总产值更是证明了这一点。现代海洋经济系统和陆域经济系统相对独立，二者共同构成了国民经济系统。20 世纪 90 年代，随着大规模海洋资源利用和海洋

---

① 国家海洋局：《中国海洋环境质量公报》，2011 年 4 月 15 日，见 http：//www.coi.gov.cn/gongbao/huanjing。

② 姜旭朝、刘铁鹰：《海洋经济系统：概念、特征与动力机制研究》，《社会科学辑刊》2013 年第 4 期。

经济对国民经济贡献的增加，海洋经济系统在国民经济体系中的地位进一步提高。而对海洋经济系统空间边界的界定，除了有关沿海地区的行政界定外，还需要明确"海域"、"海岸带"等自然空间内涵，在这里我们界定的海洋经济系统的空间范围是指包括海岸带地区以及由此向海洋延伸的人类开发利用海洋资源所进行的生产、分配、交换、消费等经济活动的区域，[①] 这期间海洋经济的演变具备自身的相对独立性。

如今，全球经济的发展已进入资源环境瓶颈期，陆域资源、能源和空间的压力越来越大，海洋经济越来越成为全球经济发展、产业集聚的空间载体。而我国作为一个海洋大国，海洋经济一直在高速发展。2011年中国海洋经济统计公报显示，2011年我国海洋生产总值为44570亿元，同比增长10.4%，海洋生产总值占国内生产总值的9.7%，占沿海地区生产总值的15.9%。[②] 可以看出，海洋经济在整个国民经济体系中的地位越来越重要，但是海洋经济快速增长的同时也带来了一系列的问题。随着越来越多的海洋经济活动的开展，传统的、粗放型的经济发展方式对海洋经济发展的制约问题越来越突出。各种各样的社会经济活动不断加大对海洋的压力和需求，由此带来的海洋资源枯竭、环境污染与生态恶化等问题，日益影响到海洋经济系统的持续健康发展。如何促进海洋经济、资源环境与社会系统间的协调健康发展，已经成为实现海洋经济系统可持续发展的关键所在，也是管理海洋社会健康风险的重要方面之一。

（三）海洋社会系统的健康风险

人类社会正逐步由低级向高级发展。进入21世纪，人类社会系统几乎覆盖地球表面，政治、经济、文化、科学和技术、军事、宗教和其他子系统在各个国家和地区混杂交错之间，形成了各种类似的组织和机构；人与人之间身份背景、思想观念、个性能力等方面的不同决定了社会系统的复杂性；人与自然生态系统之间物质、能量和信息的交换使人类社会始终处于开放状态。总之，人类社会是一个非线性的复杂系统，它由大量的组成部分构成，

---

① 姜旭朝、刘铁鹰：《海洋经济系统：概念、特征与动力机制研究》，《社会科学辑刊》2013年第4期。

② 国家海洋局：《2011年中国海洋经济统计公报》，2012年3月15日，见 http://www.cme.gov.cn/hyjj/gb/2011/index.html。

具有自相似的特性，远离平衡态和开放性。[①] 工业革命以来，虽然人类社会的各个方面都处于高速发展的状态，但随之而来的问题也日益突出，如人口爆炸、环境污染和资源枯竭等。海洋社会系统作为人类社会系统的一部分，同样面临着这些问题。此外海洋社会系统是这三个系统中最为复杂的系统，主要原因在于人类行为模式的复杂性，具体包括海洋渔民的社会保障问题、沿海城市的社会化进程问题、海上恐怖主义问题和海洋权益问题等等。因此需要协调人类社会与海洋社会及人类社会内部的矛盾，整合人类的需求和海洋的最大承载能力，塑造正确的海洋价值理念和先进的海洋文化，以此达到人类社会与海洋社会的和谐共荣。

具体来说，我国海洋社会系统面临的健康风险主要包括以下三个方面：首先，失海渔民的社会保障问题。长期以来，渔民一直为沿海地区的经济发展作出贡献，但在我国的城市化进程中，渔民积极响应国家政策，大量渔民进行转产转业，却因此失去了赖以生存的生产资料——海洋。失地农民在失去土地之后可以得到国家相应的补偿；但对于失海渔民来说，失去海洋之后其就业、社会保障等问题得不到合理解决，致使减船减员难以实现，转产转业工作进程步履维艰，社会不稳定因素不断增加。其次，海洋权益问题。我国海疆面积广阔，资源丰富，然而由于"大陆意识"的束缚以及资金和政策的限制，对海洋的开发利用相对缓慢。特别是我国南海海域，因其重要的战略位置和丰富的资源储备，长久以来一直遭到东南亚一些国家的疯狂掠夺，岛礁也被不断侵占，现在南海问题日益成为国际社会关注的焦点问题。最后，海上恐怖主义问题。海上恐怖主义是一种通过组织恐怖袭击活动而引发公众恐慌，或者威胁政府进行的破坏国际海运安全或反过来利用国际海运危害国家安全的行为。[②] 恐怖分子更容易在海上组织恐怖主义活动，因此海上是国际安全事业的薄弱环节。海洋运输在全球贸易中的地位十分重要，而海上恐怖分子正是看准这一点，海上劫持才屡屡得手。这些海洋社会系统的健康风险时刻威胁着海洋社会的健康发展，预防和管理这些健康风险对于维持海洋社会的稳定至关重要。

---

① 林菲、柴立和：《人类社会系统形态结构的理论分析及数值模拟》，《科技导报》2007 年第 16 期。

② 张湘兰、郑雷：《论"船旗国中心主义"在国际海事管辖权中的偏移》，《法学评论》2010 年第 6 期。

二、海洋社会新型健康风险的形成因素

现今的社会已经成为一个"风险社会"，例如"9·11"恐怖袭击事件和"SARS"流行之类的风险所带来的破坏性后果引起了社会和公众的关注，当代中国社会同样由于面临巨大的社会变迁而逐渐进入一个"风险社会"，甚至是"高风险社会"①。可见，社会变迁是社会风险形成的重要因素之一。社会变迁包含的内容十分广泛，从个人群体到全球性人类生活里各种现象的改变，都是社会变迁研究的对象。海洋社会作为人类社会的一个重要组成部分，也无时无刻不发生着社会变迁，这些变迁不仅影响着海洋社会的发展，更对海洋社会的健康构成了新的威胁，使其面临新的健康风险，例如环境污染、生态恶化、贫困、失业、老龄化等海洋社会的具体变迁都使海洋社会面临着新的更严重的健康风险。

（一）环境污染

环境与健康的关系日益变得密切。近年来，全球已经发生很多由环境污染造成的严重的健康危害的事件，如伦敦烟雾事件、洛杉矶光化学污染事件、日本水俣病事件等。近年来，我国同样面临着由环境污染引发的健康损害的问题。据统计，在我国"十一五"期间发生的 232 起较大环境事件中，其中有 56 起是由环境污染造成的健康损害事件；更有 37 起环境污染事件演变为群体性事件，19 起涉及环境与健康的问题。② 环境污染已经成为影响我国公众健康的危险因素之一，此外因为环境污染对造成的健康危害具有滞后效应，所以今后还可能爆发更多环境污染与健康损害的情况，环境污染健康风险将长期存在。

从环境污染与健康风险的关系可以看出，海洋社会健康风险的形成必然也深受海洋环境污染的影响。海洋环境污染是指人类通过各种直接或间接的活动将污染物引入到海洋系统中，进而对海洋生物资源造成损害，危害人类的身心健康，妨碍正常的海上活动，降低海洋环境的质量的环境污染。我国海洋污染严重地区主要分布于东海和南海。近年来，随着我国沿

---

① 李路路：《社会变迁：风险与社会控制》，《中国人民大学学报》2004 年第 2 期。

② 环保部：关于印发《国家环境保护"十二五"环境与健康工作规划的通知》，2011 年 9 月 20 日，见 http://www.zhb.gov.cn/gkml/hbb/bwj/201109/t20110926_217743.html。

海地区经济的高速发展，近岸海域的海洋环境出现恶化趋势。尽管国家和社会采取了许多方法去防止和治理海洋环境污染，但是我国海洋环境污染的情况仍然十分严峻。2008 年中国海洋环境质量公报显示，虽然 2008 年我国全海域未达到清洁海域水质标准的面积较 2007 年有所减少，近岸部分海域水质略有好转，但仍有 88.4% 的入海排污口超标排放污染物，导致部分排污口邻近海域环境污染现象十分严重。① 海洋环境总体污染程度依然较高，给海洋社会带来了新型的健康风险。自 20 世纪 80 年代开始，随着我国经济的高速发展，我国海洋污染问题也日益严重。而到了 20 世纪 90 年代，我国近岸海域的污染问题已经相当严重。中国近海水质较差的一类海水水质标准区，从 1992 年的 100000 平方千米增加到 1999 的 202000 平方千米，年平均增长率为 14.6%。② 在海洋污染加剧的同时，国家相关部门也加强了对海洋环境污染治理的工作。从 1999 年开始，我国海洋环境污染的治理已经取得了一些成果，海洋污染加重的趋势得到遏制，未达到清洁海域水质标准的面积正逐年减少。据相关资料记载，2007 年我国海域总面积达不到标准的洁净水质量的面积约为 145000 平方千米，相较于上一年减少了 4000 平方千米。③2008 年整个海域没有达到标准的洁净水面积约 137000 平方千米，比上一年减少了 8000 平方千米。④ 虽然近年来我国海洋环境污染的治理工作取得了一定的成效，但我国近岸海域污染的总体情况仍然不容乐观。经济发展较快、人口密度较大的海湾沿岸和主要河流的入海口附近是污染海域主要分布的区域，如渤海湾、长江口、珠江口和部分大中城市近岸局部水域。⑤ 无机氮、活性磷酸盐和石油类废物是海水中的主要污染物，这些污染物损害了海洋生物的健康，如人类食用的各种海鲜都受到了污染，进而危害人类自身的健康，妨碍捕鱼等人类在海上的各种活动。

---

① 中国海洋信息网：《2008 年中国海洋环境质量公报》，2009 年 2 月 15 日，见 http：//www.soa.gov.cn/hyjww/hygb/hyhjzlgb/2009/02/1225332550476526.html。

② 王淼、胡本强、辛万光、戚丽：《我国海洋环境污染的现状、成因与治理》，《中国海洋大学学报》2006 年第 5 期。

③ 中国海洋信息网：《2007 年中国海洋环境质量公报》，2009 年 2 月 15 日，见 http：//www.soa.gov.cn/hyjww/hygb/hyhjzlgb/2008/01/1200011789153325.html。

④ 中国海洋信息网：《2008 年中国海洋环境质量公报》，2009 年 2 月 15 日，见 http：//www.soa.gov.cn/hyjww/hygb/hyhjzlgb/2009/02/1225332550476526.html。

⑤ 严金海、李克才：《海洋生态环境损害赔偿法律问题研究》，《法律适用》2011 年第 12 期。

（二）生态恶化

众所周知，当前全球气候变暖、森林面积减少、海洋污染等大量的"变化"正影响着全球生态环境的状况，不仅破坏了生态系统的平衡，更危害了人类的健康。科学研究和现实早已证明，一般生态平衡未遭到破坏的地区，不仅没有流行病的蔓延，人们的健康水平也比较高。因此，生态环境与健康密不可分。但在过去的几十年中，人类活动所导致的我国地理环境变化的幅度和速率都明显超过历史上的任何时期，由此引发的生态恶化问题已经显现，有些环境变化是不可逆转的，严重阻碍了社会发展，有些还未被认识的潜在威胁可能更为严重。[①] 在未来全球变暖的背景下，我国将面临快速城市化、能源结构性匮乏、水危机、耕地与粮食保障及环境进一步恶化等诸多问题，人类社会面临的健康风险将会加剧，如何促进社会和谐发展将成为一大难题。

海洋生态环境作为全球生态的重要组成部分，其恶化也给海洋社会带来了新的健康风险。海湾、河口、滨海湿地、珊瑚礁、红树林和海草床等生态系统是我国典型的海洋生态系统。这些海洋生态系统富含丰富的海洋资源，合理地开发和利用这些资源是沿海地区经济和社会发展的重要基础。但近年来的统计结果表明，我国近海海域生态系统在逐步恶化，主要海湾、河口及滨海湿地生态系统健康状况不容乐观，大部分都处于亚健康或不健康状态，其中比较严重的锦州湾、杭州湾和珠江口地区的生态系统仍处于不健康状态。连续五年的统计结果表明，无机氮含量持续增加、氮磷比失衡趋势不断加重是我国海湾、河口及滨海湿地生态系统存在的主要生态问题；环境污染、生物生存环境丧失或改变、生物群落结构异常状况没有得到根本改变。[②] 随着社会经济的高速发展，沿海地区开发强度不断加大，给海岸带及近岸海洋生态系统的健康带来了严重的威胁。而逐渐扩大的海岸带及近岸海域生态脆弱区威胁了周边地区群体的健康，给海洋社会带来了新型的健康风险。

（三）贫困

贫困问题及贫困对健康和经济发展的影响日益引起国际社会的关注。现有的研究表明，健康水平与收入之间具有正相关的联系，但这种联系极不

---

① 王五一、杨林生、李海蓉：《我国的环境变化与健康风险》，《科学对社会的影响》2007年第4期。
② 中国海洋信息网：《2008年中国海洋环境质量公报》，2009年2月15日，见 http://www.soa.gov.cn/hyjww/hygb/hyhjzlgb/2009/02/1225332550476526.html。

统一。关于贫困与健康之间的联系，世界银行进行了大量的研究，研究表明社会中高收入人群和低收入人群之间的健康状况存在着巨大差异，例如在玻利维亚和土耳其地区，最贫困儿童的死亡率是最富有者的 4 倍。贫困人群的疾病负担高于普通人群。国际研究表明，其疾病负担不断加重的原因至少有 3 个方面：第一，贫困人群更容易患病，由于缺乏干净的饮用水和食物、健全的医疗卫生设施，也得不到疾病预防方面的知识教育，因此更易于患上各种疾病；第二，贫困人群更少求医，即使在患大病、患急病时他们也不求医，因为他们的医疗服务可及性差，或者他们支付不起医疗保健费用，并且他们缺乏如何应对发病的相关知识；第三，重大的疾病支出可能将他们推进贫困循环的怪圈，迫使他们不得不通过借债、出卖土地等方式来换取其就医所需的医疗费用，进一步加重他们的贫困程度。①

　　20 世纪 70 年代以来，人类健康水平有了很大提高，但在大多数贫困地区（如偏远渔村），结核病、乙型肝炎、AIDS 等传染病的流行趋势仍在扩大，同时世界各国、各地区人们之间的健康状况存在很大差异。例如，发展中国家的孕产妇死亡率高达 471/10 万，是发达国家的 15 倍，在发展中国家大约有 1/15 的人口在 40 岁以前死亡，大约 1700 万人口由于未得到及时治疗而死于可治愈疾病，近 8 亿人口缺乏基本卫生服务。② 在 1997 年的《人类发展报告》中，联合国计划开发署用缺乏基本卫生服务的人的比例，低于 5 岁的儿童营养不良率，寿命预期低于 40 岁和不安全饮用水的人口比例来衡量发展中国家的贫困人口负担比例，发现这些贫困人口中得不到基本健康服务的人群及营养不良的儿童占绝大部分。③ 中国贫困人口的健康状况同样十分严峻，因为我国国土面积庞大，相对边远地区的贫困人口容易患传染病及寄生虫病，大约有至少一半处于绝对贫困线以下家庭的儿童患有轻度营养不良，最贫困的 1/4 农村人口的传染病发病率是最富裕的 1/4 农村人口的 3 倍。在我国发现有 11 种几乎完全与贫困相关的主要疾病，这些疾病共同构成

---

　　① 任蒋：《贫困及其影响与千年发展目标》，《中国卫生经济》2004 年第 12 期。

　　② World Health Organization，*The Report of Health Research 1999*，Switzerland；the Global Forum for Health Research，1999，p.1223.

　　③ 陈文贤、聂敦凤、李宁秀、毛萌：《健康贫困与反贫困策略选择》，《中国卫生事业管理》2010 年第 11 期。

了 1990 年中国疾病负担的 23%。[①] 在我国，渔民作为特殊的农民群体，与城市居民相比属于相对贫困的群体，再加上近年来渔民面临着转产转业的风险，个人及家庭收入逐渐失去保障，更加重了其贫困的水平，使其不得不减少在健康方面的投资，无形地增加了渔民自身及海洋社会面临的健康风险。

（四）失业

失业与健康紧密相关。失业不仅仅是意味着暂时或者永久地离开工作岗位，对于失业者来说，失业更是一种环境与心理状态的变化。和退休人群不一样，大多数失业人群并非由于超出劳动年龄而主动退出劳动力市场，而是由于无法在市场上按照自己满意的价格出售自己的劳动力，所以被迫离开工作岗位，这样带来的后果是多方面的，而不仅仅限于经济收入的减少，其社会危害也十分严重。经济学家早就意识到了这一点，例如保罗·萨缪尔森（Paul A Samuelson）在其书中就提到："高失业率不仅是个经济问题而且是个社会问题，一方面失业是经济问题，因为它意味着浪费宝贵的资源，如劳动力；另一方面，失业又是一个社会问题，因为它使数百成千上万的失业的人陷入收入减少的困境，影响着人们的情绪和家庭生活。"[②] 从健康经济学的观点来看，健康不仅仅由人们的生理条件决定，还会受到收入、住房、饮水、卫生条件等因素的影响。[③] 失业不仅会通过减少收入而影响人们的健康，而且会给失业者个人及其家庭带来心理上的压抑，进而影响失业人群及其家庭成员的健康水平。

渔民是以海为生的特殊群体，海域和滩涂是渔民基本的生产资料和生活保障。但近年来，随着海域污染加重、渔业资源枯竭，传统作业的渔场大量收缩，许多渔民赖以生存的海洋渔业捕捞生产正在受到冲击，渔民失业现象十分严重。[④] 顾名思义，渔民失业就是指其失去了赖以生存的水域、滩涂

---

① 世界银行、卫生保健筹资：《中国的问题和选择》，中国财政经济出版社 1998 年版，第 214—225 页。

② [美] 保罗·萨缪尔森、威廉·诺德豪斯：《经济学》，华夏出版社 1999 年版，第 454 页。

③ Fuchs Victor R. *Time preference and health*：*economic aspects of health*. Chicago：The University of Chicago Press，1982，p.93.

④ 宋富军、张义浩、张滢：《关于浙江捕捞渔民基本生活保障问题的调研》，《渔业经济研究》2006 年第 5 期。

或者丧失了从事海上生产的能力。由于渔民常年在海上生活，在其失海失业后不能马上适应陆地上的生活，同时要面临着转产转业带来的压力，部分失业渔民受老龄化、生存技能缺乏等因素影响，贫富分化加剧，部分失业渔民的水域被占用后得不到应有的补偿，失业渔民的利益受损，身心健康受到影响，社会矛盾加剧。早期的研究表明，失业对心理健康有负面影响，那些非自愿失业的人会有各种各样的心理问题。研究人员发现，失业者容易出现明显的沮丧反应及消沉焦虑的症状；另外一些研究者认为失业者容易因为失业而丧失自尊。现在，大量的研究已经表明，失业人员不仅有心理健康问题，而且容易作出危害健康的行为。例如，失业者似乎抽更多的烟，还有学者发现失业的学生比就业的学生喝更多的酒，甚至更容易沾染毒品，[①] 这些不断增加的不健康行为可能会增加人们疾病和死亡的可能性。以上研究证明，失业对于人们的心理健康及健康行为都会产生重大的影响。因此，若渔民面临失业问题，其身心健康必然受到影响。

（五）老龄化

当今世界，人口老龄化已成为一个热门话题。如何维持老年人的身心健康，提高老年人的生活质量，现在是一个值得探讨的重要课题。早在 20 世纪中叶，一些经济发达国家就已经进入了老龄化社会，在 21 世纪中后期发展中国家也将迎来老龄化的高峰。2000 年之后，我国正式跨入老龄化社会，这不仅使我国成为世界上老龄人口数量最多的国家，更成为世界上老龄人口增加最快的国家。在我国，大多数渔村老龄化现象严重，如我国的渔业大省浙江，2004 年渔村年龄超过 60 岁的人口比例已超过 10%，4∶2∶1 的家庭结构逐渐形成，渔民的家庭负担不断加重。此外，由于年龄、体力、反应能力的局限，到了一定年纪的老年渔民是不适合、也不应该在海上继续作业的，只能被迫退休，这是不能被渔民个人的意志所左右的客观现实。[②] 凡此种种，都直接影响到渔民的健康水平及收入的提高。

根据健康的定义可发现由于身体机能的退化，大部分老年人的健康处于相对弱势的状态，面临的健康风险很大，具体包括生理健康风险和心理健

---

① Lee A. J.、Crombie I. K.、Smith W. C. S., et al.: *Cigarette smoking and employment status*, Soc Sci Med, 1991, pp.1309-1312.

② 张晓鸥：《渔民迫切需要国家提供社会保障》，《调研世界》2005 年第 7 期。

康风险两个方面。一方面，老年人面临着生理健康风险。具体来说，老年人生理健康呈现出明显的"一降三多"现象，即生活自理能力下降，健康疾患增多，慢性病增多，残疾或因病致残增多。[1] 第一，老年人生活自理能力下降，目前有 8.9% 的老年人生活不能自理，而且老年人生活不能自理的比例在快速增加；第二，老年人健康疾患增多，65 岁以上老年人两周患病率为338.3‰，两周就诊率为280.6‰，住院率为84.1‰，均高于其他年龄段人群；第三，老年人慢性疾病高发，约 60%—70% 的老年人有慢性病史，慢性病患病率为538.8‰，是总人口的 3.2 倍；[2] 第四，老年人残疾或因病致残率高，2006 年全国 60 岁及以上的残疾人约有 4416 万人，占残疾人总数的 53%。[3]另一方面，老年人在生理健康改变的同时，心理健康也发生着变化。首先，老年人自评健康情况差，在城市只有 27.9% 的老人认为自己健康状况好，而在农村只有 23.1%；[4] 其次，老年人认知功能下降，调查显示，我国 65 岁以上老年人认知不健全的占 38.9%；再次，大多数老年人有负性情绪，57%的老年人对生活失去兴趣，有孤独感占 50%，有抑郁感占 45%，有衰老感占 40%；最后，家庭"空巢化"也是影响老年人心理健康状态的重要因素之一，空巢老人普遍都有孤独感和无助感。

第三节　海洋社会健康风险管理

风险是伴随着人们日常生活的一种普遍状况。广义而言，人们使用"风险"来描述结果的不确定，即当实际结果与预期结果不同时，风险就产生了。生活本身就是充满风险的，健康风险又是生活中最常见的风险之一。人类总是在寻找各种安全，这种寻求促进人类不断地了解风险、规避风险、

① 郝晓宁、胡鞍钢：《中国人口老龄化：健康不安全及应对政策》，《中国人口、资源与环境》2010年第 3 期。

② 卫生部信息统计中心：《中国卫生服务调查研究第三次国家卫生服务调查分析报告》，中国协和医科大学出版社 2004 年版，第 172—215 页。

③ 第二次全国残疾人抽样调查领导小组、中华人民共和国国家统计局：《2006 年第二次全国残疾人抽样调查主要数据公报》，《中国康复理论与实践》2006 年第 12 期。

④ 中国老龄科学研究中心：《中国城乡老年人口一次性抽样调查数据分析》，中国标准出版社 2003年版，第 235 页。

预防风险，直到建立制度系统，使用技术手段，从而实现风险管理。可以说，认识风险、规避风险、管理风险等伴随着人类社会发展的整个过程，没有对风险足够的认识和有效的管理，就没有人类社会今天的繁荣昌盛。同样，没有对健康风险的认识和有效的管理，就没有人类及社会的健康发展，海洋社会作为人类社会的一部分更是如此。

一、健康风险管理与海洋社会健康风险管理

（一）健康风险管理的内涵

1. 风险管理

因为风险具有客观性，是客观存在的事实，促使了风险管理的产生，而现代风险管理活动于 20 世纪 30 年代产生。1956 年，美国学者加拉格尔（Russell B. Gallagher）在其调查报告《风险管理——成本控制的新阶段》中首次使用了风险管理（Risk Management）一词，由此，风险管理的概念开始广为传播①。到了 19 世纪 80 年代，德国社会理论家乌尔里奇·贝克（Ulrich Beck）提出，我们"生活在文明的火山上"，人类社会已进入一个风险社会。②贝克将风险管理定义为"应对现代化本身导致和诱发的危险和不安全因素的系统方式"。他对当时西方社会的全景分析已被誉为经典。贝克极具远见地洞察到风险和对风险的管理已经成为现代社会的基本特征，自他第一部作品以来的社会发展已证实了他的观点。③毫无疑问，关于风险管理的争论正变得越来越重要。随着经济发展和社会进步，人们所面临的风险和其对风险的理解已经发生了变化，对风险管理概念的新理解和风险管理方法的新应用不断出现。1996 年，彼得·伯恩斯坦（Peter Bernstein）在撰写《与天为敌：风险的探索传奇》一书中所说的："风险管理有助于我们在一个非常广泛的领域中做决定，从财富分配到公共健康的保护，从战争到家庭计划安

---

① Russell B.Gallagher.Risk management：*a new phase of costcontrol*，Harvard Business Review. 1956，pp.34-39.

② Ulrich · Beck.Rick Society：*Toward a New Modernity*，London：Sage Publications，1992，p.2.

③ William Leiss.Review on Risk Society：*Toward a New Modernity by Ulrich · Beck*，*translated from the German by Mark Ritter*，*and with an Introduction by Scott Lash and Brian Wynne*，London：Sage Publications，1992，p.260.

排，从支付保费到系安全带，从玉米种植到玉米片的市场营销。"[1] 这段话使我们重新理解了风险管理的概念，即风险管理不再只是针对纯粹风险，其原则应该同样适用于对投资和保障、期望获利和希望避免损失等风险的管理方面。近年来，国内学者对于风险管理的内涵研究也在不断地深入。陈继儒等指出所谓风险管理，是在风险评估和对法律、政治、社会、经济等综合考虑的基础上所采取的一种风险控制措施，是风险单位通过风险识别和估测，对风险实施有效的控制和尽量减少风险所造成的损失，期望以最小的成本获得最大安全保障的一项管理活动。[2] 孙立新认为风险管理是一个组织或个人用以降低风险的负面影响的决策过程。具体而言，就是组织或个人通过风险识别、风险评定、风险决策，并在此基础上优化组合各种风险管理措施，有效地控制风险并尽可能减少风险导致的损失，以最小的成本获得最大安全保障。[3] 本文认为，风险管理可以被定义为一门新的管理科学，主要研究风险发生规律和风险控制措施，各风险主体通过风险识别、风险评估、风险控制及风险管理绩效评价等风险管理过程，并在此基础上优化组合各种风险管理措施，有效地控制风险的发生并减少风险带来的损失，期望达到以最少的成本获得最大安全保障的目标。事实上，人类对风险的关注一直是在不断变化的，除不可控制的自然灾害，人们越来越认识到现代化进程本身产生的风险，从船舶风险到火灾风险，再到生命和健康风险，之后又发展到了金融工具的风险等等。

2. 健康风险管理

健康风险管理是风险管理在健康方面的具体应用。科学技术的发展极大地推动了人类社会文明的进步，而庞大和复杂的技术在为人类社会带来巨大利益的同时，也对人类的健康和安全带来了一定的风险，这是不以人的意识为转移的客观规律。健康风险管理的目的就是对可能产生的健康风险进行系统分析和评价，并采取有效的措施减小或避免健康风险事件发生的可能性。本书认为，健康风险管理是指利用风险管理的基本理论和方法，研究公

---

① [美] 彼得·伯恩斯坦：《与天为敌：风险的探索传奇》，穆瑞年、吴伟、熊学梅译，机械工业出版社 2010 年版。

② 陈继儒、肖梅花：《保险学》，立信会计出版社 2002 年版。

③ 孙立新：《风险管理：原理、方法与应用》，经济管理出版社 2014 年版，第 25—26 页。

共卫生领域内可能存在的各类健康风险的发生规律和控制技术，通过对风险的辨识、分析、评估和控制等处理过程，使之达到社会或人群可接受的风险程度。风险管理在公共卫生范围内应用十分广泛，应用比较多的领域包括药品风险管理、食品安全风险评估、环境风险评估、职业病危害风险评估以及重大事件公共卫生安全保障。与风险管理的目标类似，健康风险管理的目标也由两部分组成：一是在健康风险发生前，有效减少或避免风险形成的机会或者延缓风险的发生；二是在健康风险发生后，尽量减少风险带来的损失，弥补风险已经造成的损失。两者有效结合，力争实现公共卫生资源效益最大化，减少人类社会面临的健康风险。

（二）海洋社会健康风险管理的概述

1. 海洋社会健康风险管理的概念

海洋社会健康风险管理是社会风险管理在健康领域的具体应用。要理解海洋社会健康风险管理的概念，我们可以从社会风险管理的概念入手。社会风险管理是世界银行在经济全球化背景下于 1999 年提出的一个全新理念，目的在于拓宽现有社会保障政策的思路，巩固社会保障的基础，更好地实现社会保障的政策目标，进而减少贫困，缓解由于经济全球化带来的两极分化。[1] 社会风险管理是指从个人和家庭收入风险管理的角度出发，把各种社会力量提供的各种保障机制统一在社会风险管理框架之下，以便充分利用各种社会资源，发挥各种保障机制的作用，并实现优势互补，从而有效地控制贫困人口和贫困家庭的收入风险，实现缓解贫困，提高人民生活水平并最终消除贫困、实现社会和谐发展的目标。[2] 社会风险管理强调从综合、动态的角度分析社会风险，通过公共政策来帮助个人、家庭和社会团体管理自身面临的风险，从而降低社会损失，维护社会稳定，促进社会公平。之所以要在此领域提出这个创新的理念，号召人们进行创新性的制度安排，是因为新形势下世界各国都面临着日趋严峻的社会风险。社会风险管理是在全面地分析了社会风险的基础上，综合运用各种风险管理措施，合理分配政府、市场、社会组织及个人的风险管理责任，有效地管理社会风险，实现经济、社会和

---

① World Bank, *Social Protection Sector Strategy: From Safety Net to Springboard*, Washington Dc: World Band, 2000.

② 毛淑娟：《论社会风险管理与商业保险新功能》，《海南金融》2010 年第 8 期。

个人的协调发展。简言之，社会风险管理的制度框架具有非常重要的理论意义和实践价值。

海洋社会健康风险管理是在社会风险管理上进一步提出来的新型管理理念。海洋社会健康风险管理是指针对海洋社会面临的健康风险实施相应的管理手段，降低风险发生的概率，减轻其造成的损失。它是具体化的社会风险管理，注重海洋社会的实际情况，在对海洋社会健康风险分析、评价的基础上开展风险管理，保障海洋社会的健康安全。通过对海洋社会存在或可能存在的健康风险的大小、种类、危险程度、触发的容易程度等进行分析和识别，评估其风险发生的概率以及风险触发后的健康影响，最终为海洋社会制定相应的健康风险管理体系。

2. 海洋社会健康风险管理的特点

任何事物都有其自身的特殊规律及特点，是该事物区别于其他事物的标志。了解和掌控海洋社会健康风险管理的特征及其规律性，有利于我们更好地运用它为实现海洋社会健康发展提供保障。而海洋社会健康风险管理作为风险管理的具体应用实例之一，具有风险管理的一般特点，主要表现在以下几点：

（1）未来性

由于风险具有不确定性，而凡是不确定性都具有未来性，所以管理风险就是管理未来的不确定性。不确定性一旦成为确定的有益或无益的事实，它也就不是风险了。所以海洋社会健康风险管理的效果是管理海洋社会未来的影响其社会健康发展的各种不确定因素，同时也避免了不利因素，为实现目标提供保障。

（2）增值性

长期以来人们总认为风险就是危险，是"全负面性"的影响，使风险管理几乎成为"避免损失"的代名词，谈及风险管理就是如何降低损失，避免损害。而实际上，风险具有双重性质——机会和威胁，机会是对目标有增值意义，威胁是说含有损害，所以风险管理要求"抓住机遇，避免威胁"，两者归纳起来即风险管理具有增值性的特征。海洋社会健康风险管理的增值性体现在不仅可以减轻海洋社会面临的健康风险，还可以促进海洋社会的健康发展。

（3）目标性

风险管理的最终目的是确保风险管理完全侧重于目标的实现，风险管理向目标聚焦是必不可少的。目标是风险管理主体的目标，风险与目标不可分割，有目标就有风险，风险管理的目标性对于界定风险管理主体，划分风险管理范围，确定风险管理过程，实现风险管理措施都具有重要意义。海洋社会健康风险管理的目标不仅在于解决海洋社会面临的各种健康问题，更在于要实现海洋社会的可持续健康发展。

（4）主动性

长期以来人们总认为其在面对损失、伤害、灾难等不安全因素时是被动的。但随着人们认识的不断深化，对风险的定义不仅是对目标的威胁，更是机会的发现。因此风险管理不只是避免威胁、减少损害，还应积极主动抓住"机会"、创造价值，克服消极被动的观念，主动迎接面临的风险，才能实现风险管理的最终目的。人们在管理海洋社会中的健康风险的时候，也不应采取消极应对的态度，应该不惧艰险，迎难而上，及时发现其面临的健康风险并加以管理。

二、海洋社会健康风险管理过程

风险管理就是一个识别、确定和评估风险，并制定、选择和实施风险管理措施，最后对其管理效果进行评价的过程。风险管理应是一个系统的、完整的过程，一般也是一个循环的过程。风险管理过程一般包括风险识别、风险评估、风险控制和风险管理绩效评价四个基本阶段，体现了事前预防、事中响应和事后恢复的高效管理策略。这四个阶段周而复始，构成了风险管理循环的过程（见图 7–1）。①

海洋社会健康风险管理的过程同样包括这四个主要的阶段，具体情况如下：

（一）海洋社会健康风险识别

风险识别是风险管理的第一步，也是风险管理的基础。只有在正确识别自身所面临的风险的基础上，人们才能够主动选择有效的方法进行风险的

---

① 谢非：《风险管理原理与方法》，重庆大学出版社 2013 年版，第 23 页。

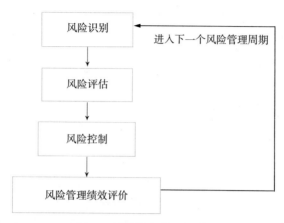

图 7-1　风险管理的一般过程

管理。风险识别是对已知和潜在风险进行识别、分类和鉴定的过程。[①]从风险识别的定义，可以看出其主要有两个方面的内容，首先是要找到风险来源，分析风险类型、受险范围、风险损失程度等；其次是找出风险因素诱发风险事故而导致风险损失的原理。[②]作为风险管理过程的起点，风险管理者应通过正式的检查程序来全面分析风险和损失。风险识别具体包括两个环节——感知风险和分析风险，感知风险是基础，分析风险是关键。感知风险即了解各种风险事故，分析风险即分析引起风险事故的各种风险因素，[③]事实上，风险识别的环节在实际的风险识别工作中是很难划分的，因为很难对其界定。因此，风险识别分几个环节并不重要，重要的是列出目标主体面临的全部风险，列出每一种风险产生的具体原因，从而建立、健全风险数据库，它们在被执行时可能是重复，也可能是同时进行的。因为风险处于不断变化之中，所以风险识别是一项持续和系统的工作，这就要求风险管理者时刻关注原有风险的变化，并及时发现新的风险。

海洋社会健康风险的识别是海洋社会健康风险管理体系的源头和基础，识别海洋社会健康风险及判定重大健康风险，有利于海洋社会掌握其健康风险的影响，并作出有次序的改善。识别海洋社会中存在的健康风险，应考虑

①　李扬、杨思群：《企业融资与银行》，上海财经大学出版社 2001 年版，第 79 页。

②　王周伟：《风险管理》，机械工业出版社 2012 年版，第 17 页。

③　孙立新：《风险管理：原理、方法与应用》，经济管理出版社 2014 年版，第 52 页。

到其社会变迁或发展中的各种自然因素的变化（包括环境污染、生态恶化等）造成的环境健康风险以及由此带来的影响，此外还包括由于人类社会自身的发展导致的一系列社会问题的产生（包括贫困、失业、老龄化等），进而引发的海洋社会群体的健康风险等。

（二）海洋社会健康风险评估

风险评估在风险管理中占有重要地位，具体包括风险分析、风险估计与风险评价几个环节。一般来说，风险管理者应当从可能性、影响和发生时间这三个角度对风险事项进行分析，既要考虑固有风险，也要考虑剩余风险，并分别根据两者来进行风险分析，确定风险的可能性、影响程度和风险管理重点；[①] 风险估计是对识别出的风险因素进行量化分析和描述，探求各主要影响因素可能的变化范围以及对主体目标实现可能产生的有利或不利的影响；与风险估计相比风险评价还要考虑风险主体的整体风险，各风险之间的相互影响与相互作用，对风险主体的影响以及风险主体的承受能力。在风险管理的过程中，若要进行风险决策，风险管理者必须从定性和定量两个方面弄清楚风险的属性，对于每一个具体的风险来说，需要评估以下四个方面：一是每一风险因素最终转化为风险事项的概率及其相应的损失分布；二是单一风险的损失程度；三是若干关联的风险导致同一风险单位损失的概率和程度；四是所有风险单位的损失期望值和标准差。[②] 风险评估对风险管理决策的影响比较大，科学地分析和准确地评估风险是至关重要的，采用适当的风险评估方法具有重要意义。风险评估应将定性与定量方法结合起来，定性方法可采用问卷调查、集体讨论、专家咨询等，定量方法可采用统计推论、计算机模拟、事故树分析等。

对已识别的海洋社会健康风险因素和风险类型进行风险评估，主要是指通过分析风险发生的可能性和影响后果的大小来确定各健康风险水平的大小，然后估计发生某类健康风险的多种形式，为拟定相应的各种级别的预防、应急海洋社会健康风险管理措施提供决策信息。常用的风险评估方法有很多，虽然评估风险的方法很多，但现在无论是国内还是国外，由于健康风

---

① 王周伟：《风险管理》，机械工业出版社 2012 年版，第 40 页。
② 王周伟：《风险管理》，机械工业出版社 2012 年版，第 42—43 页。

险定量数据难以获得，所以大都采用的是定性分析方法，至于定量分析海洋社会健康风险则还需研究者进行进一步的探索。

（三）海洋社会健康风险控制

风险管理者在风险识别和风险评估以后，需要进一步考虑选择风险控制技术的问题，以达到减少事故损失的目的。风险控制是指风险管理者采取各种措施和方法，消灭或减少风险事故发生的可能性，或者减少风险事故发生时造成的损失。[①] 风险伴随着社会发展的整个过程，风险的出现会增加社会发展的成本，减缓社会发展的速度，从而影响社会发展水平。因此，对社会风险进行分析，并探讨如何有效地控制风险就变得十分必要。一般来说，风险控制技术主要包括风险规避（Avoidance）、损失控制（Loss Control）和风险转移（Transfer-Control Type）三种。[②] 风险规避是一种有意识不让个人、家庭或者组织面临特定风险的行为。在某种意义上，风险规避是将风险发生的概率降低为零，风险规避是各种风险控制技术中最简单的方式，但同时也是较为消极的方式；损失控制是指风险管理者有意识地采取措施，防止风险事故的发生，控制和减少风险事故造成的经济和社会损失。由于在风险管理中，风险规避具有一定的局限性，即不适用于正在实施的项目或工程，因此针对正在施工的项目或工程，风险管理者可以采取损失控制的技术，以防止风险事故的发生或者抑制损失的扩大。风险转移主要分为两类，一类是非保险转移，另一类是保险转移。非保险转移风险是指风险管理者将风险和损失转移给非保险业的另一个单位承担和管理，例如签订合同就是非保险转移风险的有效方法之一，而保险是另一种风险转移机制，通过这一机制风险管理者将风险和损失转移给保险公司，然后由保险公司将众多的风险结合在一起，建立保险基金，共同应对风险的发生。

海洋社会健康风险管理的目的是在海洋社会健康风险基础之上，在行动方案效益与其实际或潜在的风险以及降低的代价之间谋求平衡，以选择较佳的管理方案。在对海洋社会的健康风险和基本对策有了足够认识的基础上，可以制定相应的风险控制对策、管理与工程措施和应急风险管理计划等

---

① 卢伟、吴立明：《公共健康风险评价》，上海科学技术出版社 2013 年版，第 260 页。

② 刘钧：《风险管理概论》（第二版），清华大学出版社 2008 年版，第 112 页。

来避免潜在的重大风险事故的发生，若发生健康危害事故，则需立即启动应急计划，实施应急程序，力争减小其影响。实际上很多影响健康的因素一旦进入海洋，就很难采取措施控制其危害，因此海洋社会健康风险管理的重点还是在于风险的控制与预防，其次是突发事故的快速、果断和有效的应急处置。

（四）海洋社会健康风险管理绩效评价

风险管理绩效评价虽是最后的步骤，但也相当重要。在这个阶段，风险管理者不但可以了解过去一段时间以来的工作绩效，也可以发现风险控制对策执行时的困难与产生的新风险[1]。风险管理绩效评价是通过评价风险管理计划、风险管理决策和风险管理实施情况，分析、比较已实施风险管理的预期目标适应度的结果，并为风险管理者制定新的风险管理规划提供参考。风险管理绩效评价是以风险管理措施实施后的实际结果为依据，分析风险管理手段和方法的科学性和适用性，分析风险管理的实际收益。[2] 风险管理绩效评价具有以下两个方面的作用：一方面有助于降低风险事故发生的概率，提高风险管理的水平；另一方面可以根据风险管理中存在的实际问题，提出一些建设性意见，改进风险管理措施。风险管理绩效评价的任务是客观地评价风险管理决策方案，总结风险管理工作的经验和教训，分析风险管理决策所导致失误偏差的程度，这不仅可以提高风险管理决策的有效性，充分地利用各种资源，而且可以防止或者减少风险事故的发生。[3] 风险管理绩效评价的内容包括管理决策的效果（如针对某疾病的行为干预是否降低了相应疾病的发病率）、管理者的管理水平和管理决策的执行情况。由于风险的可变性，人们对风险的认识以及风险管理技术处于不断提高与完善之中。因此，对风险管理进行效果评价，既有助于提高风险管理效率，也有助于风险管理体系的不断改进。

海洋社会健康风险管理同样需要进行效果评价，必须对其健康风险管理的具体措施进行分析、检验、评估和修订，是以健康风险管理措施实施后的实际资料为依据分析海洋社会健康风险管理的实际收益。其任务是客观地

---

① 宋明哲：《现代风险管理》，中国纺织出版社 2003 年版，第 230 页。

② 刘钧：《风险管理概论》（第二版），清华大学出版社 2008 年版，第 222 页。

③ 谢非：《风险管理原理与方法》，重庆大学出版社 2013 年版，第 253—254 页。

评价海洋社会健康风险管理措施，总结健康风险管理的经验和教训，分析健康风险管理决策所导致失误的程度，这不仅可以提高海洋社会健康风险管理决策的有效性，充分有效地利用资源，而且可以防止或者减少海洋社会健康风险事故的发生，维护海洋社会的安全稳定和谐发展。

三、海洋社会健康风险管理措施

风险管理并非完全消除风险，而是通过一系列风险管理措施，在风险限制范围内追求风险收益的最佳配比，即以最小的成本获得最大的保障。从管理程序的角度，风险管理可粗略划分为三个阶段：预先控制（如一些准入制度、技术标准、上市前检验）、同步控制（如信息的实时跟踪与动态监测）、反馈控制（再评价）。风险管理措施是解决实际问题的具体措施和行动，是在风险识别和风险分析的基础上进行的，是风险管理的重中之重。管理措施的制定与风险分析的结果是对应的，通常越高的风险等级需要越严格的管理措施，这也体现了风险分级管理的原则。实际工作中，管理措施都是具体的，随风险事件的不同而不同，并且受现实的社会、经济和技术条件所限，但基本的处理办法不外乎是规避、预防、转移、自留四种。[1] 健康风险是若干风险之一，按照风险管理的一般原理——规避、自留、预防、抑制、转移风险等基本管理措施都是适用的。但是鉴于健康风险的特殊性，回避和自留风险有时很难做到。[2] 海洋社会健康风险作为健康风险在海洋社会中的具体体现，这四种手段同样适用，具体应用情况如下：

（一）源头控制，杜绝海洋污染源产生

当风险分析的结果显示风险实在太大，且现实条件下难以消除时，则应考虑规避风险，即主动避开损失发生的可能性。例如，职业病危害源头控制提倡对毒物采取无毒或低毒物质代替有毒或高毒物质的防护措施，这种前期预防就是一种规避风险的方法。如果通过风险分析与估计得知海洋社会可能会面临某种极大的、难以消除的健康风险，则从源头上避免这种风险的产生不失为一种好的办法。举例来说，海洋社会生态系统作为海洋社会的重要

---

[1]　卢伟、吴立明：《公共健康风险评价》，上海科学技术出版社 2013 年版，第 261 页。

[2]　黄占辉、王汉亮：《健康保险学》，北京大学出版社 2006 年版，第 5 页。

组成部分，其面临健康风险与海洋社会的健康风险密切相关。但近年来，海洋生态系统的环境污染情况严重，生态恶化情况也十分严峻，这时采取规避风险的方法便十分奏效，关闭一些污染严重的工业项目，从源头上杜绝污染源的产生，降低海洋生态系统面临的健康风险。规避风险是一种最为彻底的风险管理措施，这种方法虽然能从根本上消除隐患，但明显其可行性较差，因为并不是所有的风险都可以规避或应该规避的。很多情况下，风险是一种客观存在，是不可避免的，无法彻底消除，就如人们不可能因为害怕出车祸就拒绝乘车。因此，海洋社会健康风险的管理还需借鉴其他类型的风险管理措施。

（二）防患未然，完善公共卫生预防措施

预防风险要求在风险管理中树立防患于未然的意识，通过采取科学合理的预防措施（通常包括管理措施和技术措施），尽可能地降低风险事故发生的可能性或减少风险事故可能造成的损失。预防风险和规避风险有共同的侧重点，那就是提前采取行动，职业病危害预评价机制就是典型的风险预防的例子。在建设项目的可行性论证阶段，对项目可能产生的职业病危害因素、危害程度、健康影响、防护措施等进行预测性卫生学评价，以了解项目在职业病防治方面是否可行。预评价的分析、结论和对策措施不仅为项目的分类管理提供依据，也为建设单位职业卫生管理的系统化、标准化和科学化提供依据。在健康方面，采取公共预防措施，防范健康风险，这是当今世界都很盛行的做法。就防范健康风险的疾病而言，国际上成立了世界卫生组织（WHO），说到底是为人类健康服务的。这种服务，一方面是为了改善健康的宣传教育，提高人们的健康风险意识；另一方面，采取了若干具体措施，努力防止健康风险的发生。对于海洋社会健康风险的管理，这些预防措施同样适用，如改善沿海人类的生活环境，扼制不良因素对人类生存环境的污染；建立各种卫生保健和疾病预防机构，监督制止与海洋社会相关的疾病的产生、蔓延之源；发明制造各种先进的医疗设备和研制疾病疫苗，定期给涉海人员检查、接种，增强人体免疫力，使之防患于未然等等。

（三）风险转移，建立海洋社会健康保险

尽管采取了很多公共预防措施，但健康风险还是不可能完全避免的。

其中的疾病或意外事故总会防不胜防地降临到某些人头上，并给人们带来意想不到的痛苦和惨重损失，这就引至风险转移问题。所谓转移健康风险，是指一些单位或个人为避免承担健康风险造成的损失，有意识地将此风险转嫁给某一单位承担。通过风险转移而得到健康保障，是应用范围最广、最有效的健康风险管理措施，健康保险就是其中之一。在公共健康领域，风险转移常常会以风险分散的方式进行，例如北京奥运会的公共卫生保障工作，其指挥中心就由市委市政府、北京奥组委、北京市卫生局等相关部门共同承担，全面负责政策制定及部门协调工作，各部门共同做好奥运会的公共卫生安全保障以及反恐、突发公共卫生事件应急处理等工作，共同分担风险。在海洋社会健康风险管理中，风险转移具体表现为保险的应用也十分普遍，如渔业互助保险、渔船保险、海洋渔民的健康保险等，都体现了风险分担的原则，降低海洋社会健康风险造成的损失。

另一种转移健康风险的方式是自留风险，即预留部分的家庭收入，实现健康风险的自我承担。自留风险是指对风险的自我承担，即将风险保留在风险管理主体内部，以其内部资源来弥补损失。风险自留需要提前做好预案以及人力和财力准备，一般适用于处理发生概率小且损失程度低的风险。风险自留与其他风险管理措施的根本区别在于：它不改变风险的客观性质，即既不改变风险的发生概率，也不改变风险潜在损失的严重程度。风险自留在医疗风险管理中应用的相对多些，食品药品安全性管理中的召回制度也是一种自留风险。在管理海洋社会系统的健康风险时，当涉海人员面临着相对较小的人身风险时，可以通过人身风险自留，即通过预留部分家庭收入，处理可能发生的收入损失和医疗费用支出。

索 引

参 考 文 献

（一）中文图书文献

1. ［印］阿马蒂亚·森：《以自由看待发展》，任赜、于真译，中国人民大学出版社 2002 年版。

2. ［英］安东尼·哈尔、詹姆斯·梅志里：《发展型社会政策》，罗敏等译，社会科学文献出版社 2006 年版。

3. 白秀雄：《社会福利行政》，三民书局出版社 1981 年版。

4. ［美］保罗·萨缪尔森、威廉·诺德豪斯：《经济学》，萧琛译，华夏出版社 1999 年版。

5. 北京大学社会学系：《社会学教程》，北京大学出版社 1997 年版。

6. 边燕杰：《关系社会学：理论与研究》，社会科学文献出版社 2011 年版。

7. 陈继儒、肖梅花：《保险学》，立信会计出版社 2002 年版。

8. 陈明义：《海洋战略研究》，海洋出版社 2014 年版。

9. 程胜利：《社会政策概论》，山东人民出版社 2012 年版。

10. 崔凤：《海洋社会学的建构——基本概念与体系框架》，社会科学文献出版社 2014 年版。

11. 崔凤：《海洋发展与沿海社会变迁》，社会科学文献出版社 2015 年版。

12. ［美］戴维·波普诺：《社会学》，中国人民大学出版社 1999 年版。

13. ［美］迪帕·纳拉扬等著：《谁倾听我们的声音》，付岩梅等译，中国人民大学出版社 2001 年版。

14. 费孝通：《乡土中国》，三联书店 1985 年版。

15. 费孝通：《乡土中国　生育制度》，北京大学出版社 2003 年版。

16. 关信平：《社会政策概论》，高等教育出版社 2009 年版。

17. 国家海洋局海洋发展战略研究所课题组：《中国海洋发展报告（2010）》，海洋出版社 2010 年版。

18. 国家海洋局海洋发展战略研究所课题组：《中国海洋发展报告（2011）》，海洋出版社 2011 年版。

19. 黄占辉、王汉亮：《健康保险学》，北京大学出版社 2006 年版。

20. ［美］赖特·米尔斯等：《社会学与社会组织》，何维凌、黄晓京译，浙江人民出版社 1986 年版。

21. 雷洪：《社会问题——社会学中的一个中层理论》，社会科学文献出版社 1999 年版。

22. 廖益光：《社会救助概论》，北京大学出版社 2009 年版。

23. 李扬、杨思群：《企业融资与银行》，上海财经大学出版社 2001 年版。

24. 梁漱溟：《乡村建设理论》，上海世纪出版社 2006 年版。

25. 刘钧：《风险管理概论》，中国金融出版社 2005 年版。

26. 刘钧：《风险管理概论（第二版）》，清华大学出版社 2008 年版。

27. 刘民权等：《健康的价值与健康不平等》，中国人民大学出版社 2010 年版。

28. 卢伟、吴立明：《公共健康风险评价》，上海科学技术出版社 2013 年版。

29. 陆学艺：《社会学》，知识出版社 1996 年版。

30. 路易斯·卡普洛等：《公平与福利》，冯玉军等译，法律出版社 2007 年版。

31. 《马克思恩格斯选集》第 2 卷，人民出版社 1995 年版。

32. ［美］F.H. 奈特著：《风险、不确定性与利润》，安佳译，商务印书馆 2006 年版。

33. 农业部渔业网：《中国渔业统计年鉴》，中国农业出版社 2010 年版。

34. [美] 彼得·伯恩斯坦著，《与天为敌：风险的探索传奇》，穆瑞年，吴伟，熊学梅译，机械工业出版社 2010 年版。

35. [美] 乔恩·谢泼德、哈文·沃思：《美国社会问题》，乔寿宁、刘云霞译，山西人民出版社 1987 年版。

36. 沈佳强：《海洋社会哲学—哲学视阈下的海洋社会》，海洋出版社 2010 年版。

37. 石莉、林绍花、吴克勤：《美国海洋问题研究》，海洋出版社 2011 年版。

38. 世界银行·卫生保健筹资：《中国的问题和选择》中国财政经济出版社 1998 年版。

39. 世界银行：《2000/2001 年世界发展报告》，中国财政经济出版社 2001 年版。

40. 孙本文：《社会学原理（下册）》，商务印书馆 1945 年版。

41. 孙立新：《风险管理：原理、方法与应用》，经济管理出版社 2014 年版。

42. 孙宪忠：《中国渔业权研究》，法律出版社 2006 年版。

43. 宋林飞等：《变迁之痛——转型期的社会失范研究》，社会科学文献出版社 2006 年版。

44. 宋明哲：《现代风险管理》，中国纺织出版社 2003 年版。

45. 唐国建：《海洋渔村的终结——海洋开发、资源再配置与渔村的变迁》，海洋出版社 2012 年版。

46. 卫生部信息统计中心：《中国卫生服务调查研究第三次国家卫生服务调查分析报告》，中国协和医科大学出版社 2004 年版。

47. 王宏：《2014 年中国海洋年鉴》，海洋出版社 2014 年版。

48. 王巍：《国家风险—开放时代的不测风云》，辽宁人民出版社 1987 年版。

49. 王小林：《贫困测量理论与方法》，社会科学文献出版社 2012 年版。

50. 王周伟：《风险管理》，机械工业出版社 2012 年版。

51. [日] 武川正吾：《福利国家的社会学》，李莲花等译，商务印书馆 2011 年版。

52. 伍启元：《公共政策》，商务印书馆 1989 年版。

53. 向德平：《社会问题》，中国人民大学出版社 2011 年版。

54. 谢非：《风险管理原理与方法》，重庆大学出版社 2013 年版。

55. 许传新、祝建华、张翼：《社会问题概论》，华中科技大学出版社 2011 年版。

56. 杨桂华：《转型社会控制论》，山西教育出版社 1998 年版。

57. 杨雪冬：《风险社会与秩序重建》，社会科学出版社 2006 年版。

58. 于川等：《风险经济学导论》，中国铁道出版社 1994 年版。

59. 袁方：《社会学百科词典》，中国广播电视出版社 1990 年版。

60. 袁方：《社会风险与社会风险管理》，经济科学出版社 2013 年版。

61. 岳经纶等：《中国公共政策评论（第一卷）》，上海人民出版社 2007 年版。

62. 岳经纶等：《中国社会政策》，格致出版社 2009 年版。

63. 岳经纶：《社会政策与社会中国》，社会科学文献出版社 2014 年。

64. 张开城：《海洋社会学概论》，海洋出版社 2010 年版。

65. 赵家祥：《历史哲学》，中共中央党校出版社 2003 年版。

66. 赵卫华：《地位与健康：农民的健康风险医疗保障及医疗服务可及性》，社会科学文献出版社 2012 年版。

67. 中国海洋年鉴编纂委员会：《中国海洋年鉴》，海洋出版社 2013 年版。

68. 中国老龄科学研究中心：《中国城乡老年人口一次性抽样调查数据分析》，中国标准出版社 2003 年版。

69. 中国现代化战略研究课题组：《中国现代化报告 2005—经济现代化研究》，北京大学出版社 2004 年版。

70. 周达军、崔旺来：《海洋公共政策研究》，海洋出版社 2009 年版。

71. 朱力：《当代中国社会问题》，社会科学文献出版社 2008 年版。

（二）中文期刊文献

1. 鲍谦、黄硕琳：《中国渔民"失海"现状的分析研究》，《海洋开发与管理》2012 年第 9 期。

2. 毕天云：《论社会政策时代的农村社会政策体系建构》，《学习与实践》2007 年第 8 期。

3. 蔡禾：《利益诉求与社会管理》，《广东社会科学》2012 年第 1 期。

4. 陈鹏、黄硕琳、陈锦辉：《沿海捕捞渔民转产转业政策的分析》，《上海水产大学学报》2005 年第 4 期。

5. 陈文贤、聂敦凤、李宁秀、毛萌：《健康贫困与反贫困策略选择》，《中国卫生事业管理》2010 年第 11 期。

6. 程玲：《社会转型时期的社会风险研究》，《学习与实践》2007 年第 10 期。

7. 崔凤：《海洋与社会协调发展：研究视角与存在问题》，《中国海洋大学学报（社会科学版）》2004 年第 6 期。

8. 崔凤：《海洋社会学：社会学应用研究的一项新探索》，《自然辩证法研究》2006 年第 8 期。

9. 崔凤：《改革开放以来我国海洋环境的变迁：一个环境社会学视角下的考察》，《江海学刊》2009 年第 2 期。

10. 崔旺来、李百齐：《当代中国渔民分化、调整与重构的变奏》，《中国水运》2008 年第 5 期。

11. 邓为民：《关注民生　关心渔民　全面推进专业捕捞渔民解困工作》，《中国水产》2011 年第 2 期。

12. 第二次全国残疾人抽样调查领导小组、中华人民共和国国家统计局：《2006 年第二次全国残疾人抽样调查主要数据公报》，《中国康复理论与实践》2006 年第 12 期。

13. 段世江、石春玲：《"能力贫困"与农村反贫困视角选择》，《中国人口科学》2005 年第 1 期。

14. 冯必扬：《我国转型期竞争导致社会风险的原因探析》，《江苏行政学院学报》2001 年第 1 期。

15. 冯必扬：《社会风险：视角、内涵与成因》，《天津社会科学》2004 年第 2 期。

16. 葛京、赵士超、高倩、田铁锋：《白洋淀纯水区村留守渔民经济收入调查》，《河北渔业》2013 年第 11 期。

17. 巩建华：《海洋政治分析框架及中国海洋政治战略变迁》，《新东方》2011 年第 6 期。

18. 国俊明、张开城：《我国现时期海洋社会问题与对策研究》，《济源职业技术学院学报》2010 年第 12 期。

19. 郝晓宁、胡鞍钢：《中国人口老龄化：健康不安全及应对政策》，《中国人口、资源与环境》2010 年第 3 期。

20. 何兴强、史卫：《健康风险与城镇居民家庭消费》，《经济研究》2014 年第 5 期。

21. 黄凤兰、王溶媖、程传周：《我国海洋政策的回顾与展望》，《海洋开发与管理》2013 年第 12 期。

22. 嵇绍乾：《社会政策的新范式：从规范性社会政策到发展型政策》，《社会工作（学术版）》2011 年第 2 期。

23. 蒋传光：《构建和谐社会与当代中国社会控制模式选择》，《上海师范大学学报（哲学社会科学版）》2006 年第 2 期。

24. 姜旭朝、刘铁鹰：《海洋经济系统：概念、特征与动力机制研究》，《社会科学辑刊》2013 年第 4 期。

25. 江燕娟、韦汉吉：《渔民失海现象的成因及对策探讨》，《甘肃农业》2006 年第 5 期。

26. 居占杰、刘兰芬：《我国沿海渔民转产转业面临的困难与对策》，《中国渔业经济》2010 年第 3 期。

27. 赖德胜、孟大虎、李长安、田永坡：《中国就业政策评价：1998—2008》，《北京师范大学学报（社会科学版）》2011 年第 3 期。

28. 雷新兰：《海洋生态道德：人类文明的新征程》，《广州航海高等专科学校学报》2010 年第 4 期。

29. 李飞龙：《建国初期社会问题研究综述》，《桂海论丛》2009 年第 2 期。

30. 李会民、王洪礼、郭嘉良：《海洋生态系统健康评价研究》，《生产力研究》2007 年第 10 期。

31. 李俊：《当前我国社会风险的体制根源》，《理论月刊》2002 年第 6 期。

32. 李路路：《社会变迁：风险与社会控制》，《中国人民大学学报》2004 年第 2 期。

33. 李萍、梁宁、原峰、刘强:《广东省沿海渔民转产转业政策实施效果研究》,《中国渔业经济》2009 年第 1 期。

34. 李巧稚:《国外海洋政策发展趋势及对我国的启示》,《海洋开发与管理》2008 年第 12 期。

35. 李艳霞:《中国"失海"渔民转产转业的现状及支持路径——基于青岛市的调查》,《经济研究导刊》2013 年第 35 期。

36. 李勇:《近代苏南渔民贫困原因探究》,《安徽史学》2010 年第 6 期。

37. 李永超:《和谐社会构建与社会风险治》,《学习论坛》2006 年第 3 期。

38. 林丹:《风险社会理论对中国社会发展的启示》,《大连理工大学学报(社会科学版)》2011 年第 4 期。

39. 林菲、柴立和:《人类社会系统形态结构的理论分析及数值模拟》,《科技导报》2007 年第 16 期。

40. 林兴发:《当前中国的社会风险及其治理》,《云南行政学院学报》2008 年第 1 期。

41. 刘勤、周静:《海洋渔业资源均衡方式的变迁》,《中国经贸导刊》2010 年第 12 期。

42. 刘庆珍:《转型期的社会风险及防范机制》,《大连海事大学学报(社会科学版)》2007 年第 1 期。

43. 刘昕:《等待性失业及其制度基础与制度变革——关于下岗职工再就业问题的思考》,《财经问题研究》1998 年第 11 期。

44. 刘新山、白秀芹、柳岩:《论渔业行政管理主体》,《中国渔业经济》2009 年第 2 期。

45. 刘岩:《当代社会风险问题的显与理论自觉》,《社会科学战线》2007 年第 1 期。

46. 罗楚亮:《健康风险与贫困人口的消费保险》,《卫生经济研究》2006 年第 1 期。

47. 毛淑娟:《论社会风险管理与商业保险新功能》,《海南金融》2010 年第 8 期。

48. 宁波:《关于海洋社会与海洋社会学概念的讨论》,《中国海洋大学学报(社会科学版)》2008 年第 4 期。

49. 潘进：《阿马蒂亚·森贫困理论研究》，《商业时代》2012 年第 4 期。

50. 潘新春、黄凤兰、张继承：《论海洋观对中国海洋政策形成与发展的决定作用》，《海洋开发与管理》2014 年第 1 期。

51. 庞玉珍、蔡勤禹：《关于海洋社会学理论建构几个问题的探讨》，《山东社会科学》2006 年第 10 期。

52. 庞玉珍：《海洋发展与社会变迁研究导论》，《中国海洋大学学报（社会科学版）》2009 年第 4 期。

53. 祁帆、李晴新、朱琳：《海洋生态系统健康评价研究进展》，《海洋通报》2007 年第 3 期。

54. 钱宁、陈立周：《当代发展型社会政策研究的新进展及其理论贡献》，《湖南师范大学社会科学学报》2011 年第 4 期。

55. 钱雪飞：《安东尼·吉登斯的社会风险思想初探》，《社会科学家》2004 年第 4 期。

56. 全永波、胡瑕：《"失海"渔民权益保障的公共政策分析》，《中国水运》2008 年第 5 期。

57. 任蒋：《贫困及其影响与千年发展目标》，《中国卫生经济》2004 年第 12 期。

58. 宋富军、张义浩、张滢：《关于浙江捕捞渔民基本生活保障问题的调研》，《渔业经济研究》2006 年第 5 期。

59. 宋林飞：《中国社会风险预警系统的设计与运行》，《东南大学学报（社会科学版）》1999 年第 1 期。

60. 宋广智：《海洋社区渔民社会保障问题探讨》，《法制与社会》2009 年第 7 期。

61. 孙吉亭：《我国海洋渔业可持续发展研究》，博士学位论文，中国海洋大学渔业资源，2003 年。

62. 孙新：《教育控制的社会学分析》，《教育评论》2005 年第 6 期。

63. 孙荫众、王伟：《从社会风险谈人民身心健康与幸福感》，《中国医学伦理学》2011 年第 5 期。

64. 孙颖士：《何处是我避风的港湾？——关注渔船船员职业风险和渔业保险》，《现代职业安全》，2006 年第 9 期。

65. 唐国建:《村改革与海洋渔民的社会分化——基于牛庄的实地调查》,《科学经济社会》2010 年第 1 期。

66. 同春芬、安招:《我国海洋渔业政策价值取向的几点思考》,《中国渔业经济》2013 年第 4 期。

67. 同春芬、张曦兮、黄艺:《海洋渔民何以边缘化——海洋社会学的分析框架》,《社会学评论》2013 年第 3 期。

68. 同春芬、黄艺、张曦兮:《中国渔民收入结构的影响因素分析》,《中国人口科学》2013 年第 4 期。

69. 同春芬、于聪聪:《海洋渔民人力资本存在的问题及制约因素分析》,《绥化学院学报》2013 年第 2 期。

70. 同春芬、黄艺:《我国海洋渔业转产转业政策导致的双重困境探析——从"过度捕捞"到"过度养殖"》,《中国海洋大学学报(社会科学版)》2013 年第 2 期。

71. 同春芬、冯浩洲:《社会转型期海洋捕捞渔民健康风险的影响因素探析》,《医学与社会》2014 年第 5 期。

72. 田毅鹏、陶宇:《"单位人"集体行动的实践——基于东北老工业基地 H 厂的个案考察》,《学术研究》2011 年第 2 期。

73. 王芳:《我国海洋政策的回顾与展望》,《经济要参》2009 年第 3 期。

74. 吴景城:《论新＜海洋环境保护法＞的基本原则和法律制度》,《苏州城市建设环境保护学院学报》2000 年第 9 期。

75. 王磊、姚玉琴、彭铃铃:《"失海"渔民社会保障体系的构建》,《水利经济》2012 年第 1 期。

76. 王淼、胡本强、辛万光、戚丽:《我国海洋环境污染的现状、成因与治理》,《中国海洋大学学报》2006 年第 5 期。

77. 王淼、贺义雄:《完善我国现行海洋政策的对策探讨》,《海洋开发与管理》2008 年第 5 期。

78. 王全印:《"社会风险"内涵的多维度解读》,《长春工业大学学报(社会科学版)》2008 年第 6 期。

79. 王思斌:《当前我国社会变迁中的社会政策》,《中国社会保险》1998 年第 1 期。

80. 王思斌:《改革中弱势群体的政策支持》,《北京大学学报 (哲学社会科学版)》2003 年第 6 期。

81. 王思斌:《社会政策时代与政府社会政策能力建设》,《中国社会科学》2004 年第 6 期

82. 王五一、杨林生、李海蓉:《我国的环境变化与健康风险》,《科学对社会的影响》2007 年第 4 期。

83. 王翌秋:《农户的健康风险与健康风险管理》,《台湾农业探索》2012 年第 1 期。

84. 王芸:《当前我国渔业产业结构调整的方向和重点》,《中国渔业经济》2008 年第 1 期。

85. 韦璞:《贫困、贫困风险与社会保障的关联性》,《广西社会科学》2015 年第 2 期。

86. 吴雪明等:《中国转型期的社会风险分布与抗风险机制》,《上海行政学院学报》2006 年第 3 期。

87. 吴忠民:《从平均到公正:中国社会政策的演进》,《社会学研究》2004 年第 1 期。

88. 吴忠民:《中国现阶段社会风险增多的原因分析》,《中共中央党校学报》2006 年第 6 期。

89. 吴忠民:《中国现阶段社会矛盾凸显的原因分析》,《马克思主义与现实》2013 年第 6 期。

90. 向德平:《发展型社会政策及其在中国的建构》,《河北学刊》2010 年第 7 期。

91. 谢棋君:《当代中国社会风险研究的演进轨迹》,《理论研究》2014 年第 3 期。

92. 谢俊贵:《当代社会风险源:特征辨识与类型分析》,《西南石油大学学报 (社会科学版)》2009 年第 4 期。

93. 熊光清:《当前中国社会风险形成的原因及其基本对策》,《教学与研究》2006 年第 7 期。

94. 薛晓源等:《全球风险世界:现在与未来》,《马克思主义与现实》2005 年第 1 期。

95. 许丽娜等:《我国现行海洋政策类型分析》,《海洋开发与管理》2014年第1期。

96. 徐月宾、刘凤芹、张秀兰:《中国农村反贫困政策的反思——从社会救助向社会保护转变》,《中国社会科学》2007年第3期。

97. 严金海、李克才:《海洋生态环境损害赔偿法律问题研究》,《法律适用》2011年第12期。

98. 闫臻:《海洋社会如何可能———一种社会学的思考》,《文史博览》2006年第24期。

99. 姚云云、郑克岭:《发展型社会政策嵌入我国农村反贫困路径研究》,《中国矿业大学学报（社会科学版）》2012年第2期。

100. 杨立雄、谢丹丹:《"绝对的相对",抑或"相对的绝对"——汤森和森的贫困理论比较》,《财经科学》2007年第1期。

101. 杨多贵、高飞鹏:《人类健康风险的定量评估与分析》,《中国人口·资源与环境》2007年第3期。

102. 杨国祥:《"失海"渔民权益保障问题的调查与对策》,《政策瞭望》2006年第10期。

103. 杨国桢:《关于中国海洋经济社会史的思考》,《中国社会经济史研究》1996年第2期。

104. 杨国桢:《中国需要自己的海洋社会经济史》,《中国经济史研究》1996年第6期。

105. 杨国桢:《论海洋人文社会科学的概念磨合》,《厦门大学学报（哲学社会科学版）》2000年第1期。

106. 杨敏、郑杭生:《中国理论社会学研究:进展回顾与趋势瞻望》,《思想战线》2010年第6期。

107. 杨青,陈文俊:《中国社会风险成因研究》,《武汉理工大学学报（信息与管理工程版）》2007年第8期。

108. 殷文伟、陈静娜、李隆华:《沿海失海渔民补贴政策之效果研究》,《中国渔业经济》2008年第2期。

109. 翟周:《湛江沿海渔民转产转业问题及对策》,《广东海洋大学学报》2007年第2期。

110. 张国玲：《全球化视野下的海洋社会问题与控制》，《魅力中国》2008 年第 19 期。

111. 张国玲：《和谐海洋社会建设中的问题与对策》，《中国集体经济》2009 年第 4 期。

112. 章国森：《苍南捕捞渔民转产转业的困境和对策》，《中国渔业经济》2006 年第 3 期。

113. 张国霞：《河北省沿海渔民素质提升对策分析》，《河北渔业》2009 年第 4 期。

114. 张开城：《应重视海洋社会学学科体系的建构》，《探索与争鸣》2007 年第 1 期。

115. 张晓春：《浅析毒品问题的社会控制手段》，《广西警官高等专科学校学报》2005 年第 1 期。

116. 张晓鸥：《渔民迫切需要国家提供社会保障》，《调研世界》2005 年第 7 期。

117. 张湘兰、郑雷：《论"船旗国中心主义"在国际海事管辖权中的偏移》，《法学评论》2010 年第 6 期。

118. 张义浩：《关于建立捕捞渔民基本生活保障体系的探讨》，《中国渔业经济》2006 年第 4 期。

119. 张伟兵：《发展型社会政策理论与实践——西方社会福利思想的重大转型及其对中国社会政策的启示》，《世界经济与政治论坛》2007 年第 1 期。

120. 张英：《关于建立渔民最低生活保障制度的探讨》，《管理科学文摘》2006 年第 10 期。

121. 张玉强、孙淑秋：《和谐社会视域下的我国海洋政策研究》，《中国海洋大学学报（社会科学版）》2008 年第 2 期。

122. 赵慧珠：《中国农村社会政策的演进和问题》，《东岳论丛》2007 年第 1 期。

郑杭生等：《中国转型期的社会安全隐患与对策》，《中国人民大学学报》2004 年第 2 期。

123. 左晓斯、刘小敏、缪怀宇：《城乡移民与乡村重构》，《广东社会科学》2011 年第 6 期。

（三）中文学位论文

1. 陈天霞：《江苏省沿海地区渔民体育现状与对策研究》，硕士学位论文，南京师范大学体育教育训练学专业，2007 年。

2. 丁芮：《近代湖南社会控制研究（1840—1949)》，硕士学位论文，湖南师范大学中国近现代史专业，2006 年。

3. 葛音：《社会贫困问题与政府反贫困政策》，博士学位论文，南开大学历史学专业，2012 年。

4. 韩晓：《山东半岛沿海渔民转产转业面临的困境及路径选择》，硕士学位论文，中国海洋大学社会学专业，2011 年。

5. 黄烜：《论突发事件报道中的信息公开和舆论控制》，硕士学位论文，西南政法大学新闻学专业，2009 年。

6. 黄敏：《当前我国社会冲突与社会控制研究》博士学位论文，中共中央党校马克思主义哲学专业，2011 年。

7. 贾欣：《山东省海洋渔业转型的问题与对策》，硕士学位论文，中国海洋大学工商管理专业。

8. 李文睿：《试论中国古代海洋管理》，博士学位论文，厦门大学中国古代史，2007 年。

9. 陆游：《发展型社会政策视域下的农村贫困治理》，硕士学位论文，西安理工大学马克思主义基本原理专业，2009 年。

10. 骆勇：《发展型社会政策视角下的城乡社保一体化问题研究》，博士学位论文，复旦大学社会管理与社会政策专业，2011 年。

11. 忻佩忠：《沿海捕捞渔民转产转业的实证分析与政策研究》，硕士学位论文，浙江大学公共管理专业，2006 年。

12. 钱小慧：《我国劳动就业的制度化研究》，硕士学位论文，华东师范大学政治经济学专业，2009 年。

13. 申小菊：《转型时期我国农村社会救助制度的完善》，硕士学位论文，华中科技大学社会保障专业，2006 年。

14. 宋立清：《中国沿海渔民转产转业问题研究》，博士学位论文，中国海洋大学渔业经济与管理专业，2007 年。

15. 汤连云：《苍南县失海渔民就业保障研究》，硕士学位论文，福建农林大学公共管理专业，2014 年。

16. 王中媛：《关于我国伏季休渔制度绩效的初步研究》，硕士学位论文，中国海洋大学渔业资源专业，2008 年。

17. 辛卫振：《中国农村扶贫政策价值取向研究》，硕士学位论文，中国海洋大学行政管理专业，2012 年。

18. 许光：《社会排斥与社会融合：福利经济视角下的城市贫困群体现象研究》，博士学位论文，上海社会科学院政治经济学专业，2008 年。

19. 杨阿滨：《中外就业政策及其实践效应国际比较研究》，硕士学位论文，东北师范大学马克思主义理论与思想政治教育专业，2006 年。

20. 杨晖玲：《日本福岛核泄漏事件的案例分析》，硕士学位论文，郑州大学公共管理专业，2012 年。

21. 杨洋：《发展型社会政策视角下汶川地震灾区贫困村的减贫研究》，硕士学位论文，华中师范大学社会学专业，2013 年。

22. 于思浩：《中国海洋强国战略下政府海洋管理研究体制研究》，博士学位论文，吉林大学政治学理论专业，2013 年。

23. 张晓鸥：《对渔民社会保障的法律思考》，硕士学位论文，华东政法学院法律专业，2004 年。

24. 钟萍：《发展型社会政策与城市贫困治理》，硕士学位论文，南京师范大学社会学专业，2007 年。

（四）外文文献

1. Edwards, R. D, "*Health Risk and Portfolio Choice*", Journal of Business and Economic Statistics, Vol, 2008, pp.472-485.

2. Edwards, R.D, "*Optimal Portfolio Choice when Utility Depends on Health*", International Journal of Economic Theory, Vol 6, 2010, pp.205-225.

3. Fuchs Victor R.*Time preference and health: economic aspects of health*, Chicago: The University of Chicago Press, 1982, p.93.

4. Heaton, J., and D. Lucas, "*Portfolio Choice in the Presence of*

Background Risk", Economic Journal, Vol. 2000, pp.1-26.

5. Lasswell H. D. K. aplana. *Power and Society*, New Haven: Yale University Press, 1970, pp.177-189.

6. Lee A J、Crombie I K、Smith W C S: *Cigarette smoking and employment status*, Soc Sci Med, 1991, pp.1309-1312.

7. Michael A J.Bolin B Costanza R: *Globalization and the Sustainability of Human Health: An Ecological Perspectives*, Bioscience, 1999, pp.205-210.

8. Ottawa Charter for Health Promotion., *WHO First International Conference on Health Promotion*, Ottawa, 1986, p.7.

9. Richard M.Titmuss.*Commitment to welfare*, Allen and Unwin London, 1976.

10. Russell B.Gallagher. Risk management: *a new phase of cost control*, Harvard Business Review. 1956, pp.34-39.

11. Schaeffer D J、Henricks E E、Kerster H W.Ecosystem health: *Measuring ecosystem health*, Environmental Management, 1988, pp.445-455.

12. Scott Lash. Social Culture. In Barbara Adam, Ulrich Beck, Joostvan Loon eds.*The Risk Society and Beyond: Critical Issues for Social Theory*, London: Sage Publications, 2000, p.50.

13. Ulrich · Beck. Rick Society: Toward a New Modernity, London: Sage Publications, 1992.

14. What is health? *The ability to adapt*, Lancet, 2009, p.781.

15. William Beveridge, *Social Insurance and Allied Services: A Report by Sir William Beveridge*, London, 1942.

16. William Leiss.Review on Risk Society: *Toward a New Modernity by Ulrich · Beck, translated from the German by Mark Ritter, and with an Introduction by Scott Lash and Brian Wynne*, London: Sage Publications, 1992, p.260.

17. World Health Organization., *Constitution of the World health Organization*, Geneva: Reprinted in Basic Documents, 1946, p.3.

18. World Health Organization, *The Report of Health Research 1999*,

Switzerland：the Global Forum for Health Research，1999，p.1223.

19. World Bank，*Social Protection Sector Strategy*：*From Safety Net to Springboard*，Washington Dc：World Band，2000.

（五）其他参考资料

1. 崔凤、张双双：《海洋渔民群体分层现状及特点——对山东省长岛县北长山乡和砣矶镇的调查》，2012 年中国社会学年会暨第三届中国海洋社会学论坛：海洋社会学与海洋管理论文集，2012 年 6 月。

2. 范英，黎明泽：《海洋社会学研究对象》，2011 年中国社会学年会暨第二届海洋社会学论坛论文集，2011 年 2 月。

3. 冯钢：《何为"社会转型"？——站在卡尔·博兰尼的立场上思考》，见 http：//www.aisixiang.com/data/46089.html。

4. 国家海洋局：《2010 年中国海洋环境状况公报》，2011 年 5 月 25 日，见 http：//www.coi.gov.cn/gongbao/huanjing/201107/t20110729_17486.html。

5. 国家海洋局：《2011 年中国海洋经济统计公报》，2012 年 3 月 15 日，见 http：//www.cme.gov.cn/hyjj/gb/2011/index.html。

6. 国家海洋局：《2011 年中国海洋灾害公报》，2012 年 9 月 1 日，见 http：//www.soa.gov.cn/soa/hygbml/zhgb/eleve/webinfo/2012/07/.htm。

7. 国家海洋局：《2013 年中国海洋灾害公报》，2014 年 3 月 14 日，见 http：//www.mlr.gov.cn/zwgk/tjxx/201403/t20140326_1309196.htm。

8. 国家海洋局：《中国海洋经济统计公报》，2013 年 3 月 23 日，见 http：//www.soa.gov.cn/zwgk/hygb/zghyjjtjgb。

9. 胡锦涛：《坚定不移沿着中国特色社会主义道路前进，为全面建成小康社会而奋斗——在中国共产党第十八次全国代表大会上的报告》，2012 年 11 月 8 日。

10. 环保部：关于印发《国家环境保护"十二五"环境与健康工作规划的通知》，2011 年 09 月 20 日，见 http：//www.zhb.gov.cn/gkml/hbb/bwj/201109/t20110926_217743.html。

11. 李晗：《贫困对社会稳定的影响及控制》，第 19 届中国社会学年会社会稳定与社会管理机制研究论文集，2009 年 11 月。

12. 刘赐贵：《关于建设海洋强国的若干思考》，国家海洋局网站，见 http：//www.soa.gov.cn/xw/hyyw_90/201212/t20121204_19335.html。

13. 宁波：《从海洋文化视角看上海城市变迁》，首届海洋文化与城市发展国际研讨会论文集，2010 年 7 月。

14. 《钦州市被征地农民、失海渔民培训就业和社会保障试行办法》，钦州市人民政府办公室。

15. 邵好：《渤海生态忧思》，《经济导报》2011 年 8 月 15 日。

16. 同春芬、黄艺：《海洋社会变迁过程中海洋渔民的地位变迁初探》，2013 年中国社会学年会暨第四届海洋社会学论坛论文集 2013 年 9 月。

17. 田小明：《29 名专家联名上书：成立国家海洋局》，《中国海洋报》2009 年 10 月 20 日。

18. 王琪、赵璟：《海洋环境突发事件应急管理中的政府协调问题探析》，2011 年全国环境资源法学研讨会（年会）论文集（第二册），2011 年 5 月。

19. 汪树民：《论海洋政治对海洋社会的功用》。第二届海洋文化与社会发展研讨会论文集，2011 年 5 月。

20. 杨国桢：《海洋世纪与海洋史学》，《光明日报》2005 年 5 月 17 日。

21. 张瑞丹：《海洋治污体系瘫痪，渤海或成下一个死海》，《财经国家周刊》2011 年 8 月 8 日。

22. 中国新闻网：《蓬莱 19–3 油田溢油事故调查处理报告发布（全文）》，2012 年 6 月 12 日，见 http：//www.chinanews.com/gn/2012/06-21/3980404.html。

23. 《中国海洋环境年报》，2010 年 9 月 22 日，见 http：//www.coi.gov.cn/hygb/hjzl/hjzl1995.

24. 中国海洋信息网：《2008 年中国海洋环境质量公报》，2009 年 2 月 15 日，见 http：//www.soa.gov.cn/hyjww/hygb/hyhjzlgb/2009/02/1225332550476526.html。

25. 中国海洋信息网：《2007 年中国海洋环境质量公报》，2009 年 2 月 15 日，见 http：//www.soa.gov.cn/hyjww/hygb/hyhjzlgb/2008/01/1200011789153325.html。

26. 中国农业网：《渔业资源匮乏近万渔民待登岸 渔民"弃舟"向何方》，2004 年 2 月 23 日，见 http：//www.zgny.com.cn/ifm/consultation/show.asp? n_con_id=53213。

后　记

　　海洋与社会间关系研究近年来不断升温，它对人类福利的影响更是引起了广泛思考。从海洋社会风险的角度去探讨海洋与人类福利间关系，目前相关研究成果呈现不多。本书以海洋社会风险作为研究切入点，系统分析了风险所造成的社会问题及其后果，阐述了海洋社会政策在预防海洋社会风险、控制海洋社会问题方面的作用，并结合贫困、失业与健康等典型问题，证论了海洋社会政策发展的战略价值。

　　作为一种探索性研究，本书没有面面俱到地去探讨海洋对人类福利的总体影响，而是从海洋社会风险入手，选取贫困、失业与健康等几个典型的社会问题进行研究，避免落入空泛。尽管如此研究难度依然出乎预料，尤其是对"海洋社会政策"这个问题的研究，由于类似研究成果缺乏，可资借鉴的文献和资料不足，给研究工作带来极大挑战。好在经过不断探讨最终初步成文，但研究还是粗线条的，尚有许多问题有待日后深入挖掘。

　　作为海洋公共管理丛书的一个组成部分，中国海洋大学的王琪教授对拙作的立项与顺利开展给予了支持和帮助。感谢中国海洋大学法政学院领导和同人的支持和帮助，尤其感谢刘海英副教授、吴宾副教授、刘红梅副教授给予的启迪与鼓励。

　　中国海洋大学社会保障专业的研究生张浩、严煜、李静恬、栾丽、王赛男、王珂、董林、曹倩倩承担了资料收集、初稿撰写与文字校对工作。耿爱生、同春芬负责全书的总体设计、统改和定稿工作，曹倩倩负责统稿、文字核对与其他事务性工作。各章撰写分工如下：第一章：同春芬、严煜；第二章：耿爱生、同春芬、王赛男；第三章耿爱生、同春芬、王珂；第四章：耿爱生、同春芬、董林；第五章：耿爱生、同春芬、张浩；第六章：耿爱生、同春芬、李静恬；第七章：耿爱生、同春芬、栾丽。

本书能够出版得益于中国海洋大学文科处、海洋发展研究院提供的经费资助，在此表示感谢！

本书在出版过程中，得到了人民出版社王萍主任给予的支持与帮助，责编老师工作高效、严谨、专业，为本书的编撰与出版付出了辛苦劳动，在此一并奉上诚挚谢意。

最后，还要感谢所有学术前辈和同行专家为本书提供了丰富的理论参考。当然由于书写时间较短与写作水平有限，书中不妥之处，敬请学界同人批评指正。

作　者

2015 年 7 月

责任编辑:宫　共
封面设计:徐　晖

图书在版编目(CIP)数据

海洋社会风险与社会政策转型升级:贫困、失业与健康等相关福利问题/
　耿爱生,同春芬 著. -北京:人民出版社,2015.12
(海洋公共管理丛书/娄成武主编)
ISBN 978－7－01－015448－0

Ⅰ.①海…　Ⅱ.①耿…②同…　Ⅲ.①海洋开发-社会政策-研究-中国
　Ⅳ.①P74

中国版本图书馆 CIP 数据核字(2015)第 261329 号

海洋社会风险与社会政策转型升级

HAIYANG SHEHUI FENGXIAN YU SHEHUI ZHENGCE ZHUANXING SHENGJI
——贫困、失业与健康等相关福利问题

耿爱生　同春芬　著

人民出版社 出版发行
(100706　北京市东城区隆福寺街 99 号)

北京龙之冉印务有限公司印刷　新华书店经销

2015 年 12 月第 1 版　2015 年 12 月北京第 1 次印刷
开本:710 毫米×1000 毫米 1/16　印张:14.75
字数:242 千字

ISBN 978－7－01－015448－0　定价:36.00 元

邮购地址 100706　北京市东城区隆福寺街 99 号
人民东方图书销售中心　电话 (010)65250042　65289539